高等院校计算机任务驱动教改教材

网络设备配置项目教程
（微课版）（第3版）

杨 云 戴万长 孙大伟 主 编
王俞力 薛安康 高 静 副主编

清华大学出版社
北 京

内 容 简 介

本书面向华为设备,以一个真实的企业网搭建项目贯穿全书,共分四篇。第一篇为教学项目准备,通过引入教学项目,引导学生了解课程目标,提高学生学习兴趣;第二篇为教学项目实施,紧紧围绕引入的教学项目,按照一般网络项目实施的工作流程分成四大步,即从企业总部内网搭建,到企业内外网路由连通,再到企业网络安全控制,直至无线网络配置,同时分成11个项目,包括登录与管理交换机,实现 VLAN 间通信,防止二层环路,内外网连接,添加静态路由,配置动态路由,接入广域网,控制子网间的访问,转换网络地址,建立安全隧道,无线局域网搭建,逐步讲述网络组建相关理论和操作技能;第三篇为综合教学项目,给出了教学项目的完整配置命令和解决方案;第四篇为综合实训,提供了3个与教学项目类似的网络搭建项目,以备课程设计时选用。

本书是微课版教材,以附加二维码的纸质教材为载体,嵌入视频、音频、主题讨论等数字资源,实现了线上线下有机结合,为翻转课堂和混合课堂改革奠定了基础。

本书适合作为本科及高职高专院校计算机类专业网络设备配置与管理的"教、学、做"一体化教材,也适合作为计算机网络爱好者和有关技术人员的参考用书。

图书在版编目(CIP)数据

网络设备配置项目教程:微课版/杨云,戴万长,孙大伟主编. —3 版. —北京:清华大学出版社,2023.5
(2024.7 重印)
高等院校计算机任务驱动教改教材
ISBN 978-7-302-63058-6

Ⅰ.①网… Ⅱ.①杨… ②戴… ③孙… Ⅲ.①网络设备-配置-高等职业教育-教材 Ⅳ.①TN915.05

中国国家版本馆 CIP 数据核字(2023)第 045075 号

责任编辑:张龙卿
封面设计:曾雅菲 徐巧英
责任校对:袁 芳
责任印制:杨 艳

出版发行:清华大学出版社
　　　网　　址:https://www.tup.com.cn,https://www.wqxuetang.com
　　　地　　址:北京清华大学学研大厦 A 座　　　　　　邮　　编:100084
　　　社 总 机:010-83470000　　　　　　　　　　　　邮　　购:010-62786544
　　　投稿与读者服务:010-62776969,c-service@tup.tsinghua.edu.cn
　　　质量反馈:010-62772015,zhiliang@tup.tsinghua.edu.cn
　　　课件下载:https://www.tup.com.cn,010-83470410
印 装 者:三河市人民印务有限公司
经　　销:全国新华书店
开　　本:185mm×260mm　　　印　　张:20.75　　　字　　数:501 千字
版　　次:2015 年 1 月第 1 版　　2023 年 5 月第 3 版　　印　　次:2024 年 7 月第 5 次印刷
定　　价:59.00 元

产品编号:100738-01

前言（第3版）

党的二十大报告指出"科技是第一生产力，人才是第一资源，创新是第一动力"。大国工匠和高技能人才作为人才强国战略的重要组成部分，在现代化国家建设中起着重要的作用。高等院校肩负着培养大国工匠和高技能人才的使命，近几年在技能型人才培养方面得到了迅速发展。

网络强国是国家的发展战略。要做到网络强国，不但要在网络技术上领先和创新，而且要确保网络不受国内外敌对势力的攻击，保障重大应用系统正常运营。因此，自主可控的网络技能型人才的培养显得尤为重要，国产网络设备的应用更是重中之重。

1. 编写本书的初衷

"网络设备配置"课程是计算机网络技术专业的核心课程之一，是考取网络管理员、网络工程师、网络安全工程师和5G网络认证等证书所必须重点学习的课程。本课程操作性、实用性强，是专业学生的兴趣所在，但网络设备的管理需要通过命令配置实现，而有些学生的英语底子薄，记命令是他们感到十分头疼的事情，因此给本课程的学习带来了很大的障碍。目前许多院校急需一本能帮助学生高效掌握各设备配置命令，并能引导学生系统掌握企业网络搭建的思想和流程，逐步提高职业能力，实现职业技能与岗位需求的无缝连接的教材，这正是本书的编写目标。本书与第2版的最大区别是选用华为公司的设备及命令。

2. 本书特点

（1）真实企业网搭建项目贯穿整本教材，有助于提高学生的职业能力。本书以一个真实的企业网搭建项目作为贯穿全书始终的情境载体，并沿项目实施流程顺序组织内容，将所有网络设备配置相关知识凝结为一个有机的整体，学生借助教材学习的过程即实施项目的过程，这样做一是可以持久地调动学生学习的积极性；二是可以帮助学生在掌握网络设备配置技能的同时，从实际应用的角度理解各种网络设备的作用，了解一般网络项目的实施流程，并获得相应的职业经验。

（2）校企"双元"合作开发"任务驱动、项目导向"工学结合教材。在"教学项目实施"篇，紧紧围绕引入的教学项目，按照一般网络项目实施的工作流程分为四大步，即从企业总部内网搭建，到企业内外网路由连通，再到企业网络安全控制，直至无线网络配置，为方便"教"与"学"，此篇被分成11个项目，各项目均设计了"项目导入、职业能力目标和要求、相关知识、项目设计与准备、项目实施、项目验收、项目小结、知识扩展、练习题、项目实训"等10个环节。

（3）对应"学、练、做"逐步提升的环节设计知识点和技能点，真正解决了命令难记的问题。本书坚持"工作过程系统化"职业教育理念下的"一事三成"原则,为每个项目学习任务设计了"相关知识带着学""项目实施的引导练""项目实训的独立做"等学习环节,可以帮助学生"从点到面""从易到难""从生到熟"逐步掌握各配置命令,克服了命令难记这一学习障碍,符合"以学生为主体的工作导向式"教学模式特点,因此本书非常适合直接应用于"教、学、做"一体化课堂。

(4)基于华为 eNSP 模拟软件的项目实施过程讲解,有助于拓展实训时空。为了方便学生课内外自主练习,解决网络设备数量和使用时间上的不足问题,本书以华为模拟软件——eNSP 1.3.0 为操作软件蓝本,给出了用模拟软件完成各任务的详细配置步骤,为帮助学生熟记命令提供了保障。

(5)全部章节的知识点微课和全套的项目实训慕课(扫描书中二维码)可助力随时随地地学习。本书配备了较多的知识点微课和技能点项目实训慕课,以内附的二维码为载体,嵌入视频、音频、主题讨论等数字资源,将教材、课堂、教学资源、LEEPEE 教学法四者融合,实现了线上线下有机结合,为翻转课堂和混合课堂改革奠定了基础。

(6)提供了其他丰富的教学资源。本书配备授课计划、课程标准、电子教案、电子课件、授课计划、实训项目任务书、实训项目指导书、项目实训实现、习题及答案、试卷等相关资源。所有配套资源可通过清华社官网向编者索要。

3. 教学参考学时

本书的参考学时为 96 学时,其中综合实训为 20 学时。

4. 本书常用图标

路由器	集线器	核心交换机	接入交换机	无线控制器(AC)
接入点(AP)	服务器	客户端	PC 终端	笔记本电脑	移动终端

5. 其他

本书由杨云、戴万长、孙大伟担任主编,王俞力、薛安康、高静担任副主编。胡江伟、王瑞和杨昊龙参加了部分章节的编写工作。特别感谢华为技术有限公司和浪潮集团的大力支持和帮助。

编 者

2023 年 1 月

目　录

第三篇　综合教学项目

第四篇　综 合 实 训

第一篇
教学项目准备

合抱之木,生于毫末;九层之台,起于累土;千里之行,始于足下。

——《老子》

绪　论

课程思政

- "博学之,审问之,慎思之,明辨之,笃行之。"培养学生的爱国情怀,具有基本的职业道德和职业素养;在网络管理过程中遵守法律法规、道德规范,树立诚信意识,承担社会责任。
- "莫等闲,白了少年头,空悲切。"坚定文化自信,培养学生的工匠精神、劳动意识和创新思维,通过项目法教学模式,让学生亲身体验项目的设计、管理和实施,培养一定的项目管理能力。

0.1　教学项目导入

0.1.1　教学项目描述

某知名外企 AAA 公司步入中国,在上海浦东新区成立了自己的国内总部。为满足公司经营、管理的需要,现在准备建立公司信息化网络。总部办公区设有市场部、财务部、人力资源部、总经理及董事会办公室、信息技术部 5 个部门,各部门办公地点并不集中。为了业务的开展需要,又在浦西设立了一个分部。

各部门信息点具体需求数目如表 0-1 所示。

表 0-1　各部门信息点具体需求数目

部　　门	信　息　点
市场部	100
财务部	40
人力资源部	17
总经理及董事会办公室	10
信息技术部	13
公司分部	30

网络拓扑结构如图 0-1 和图 0-2 所示。

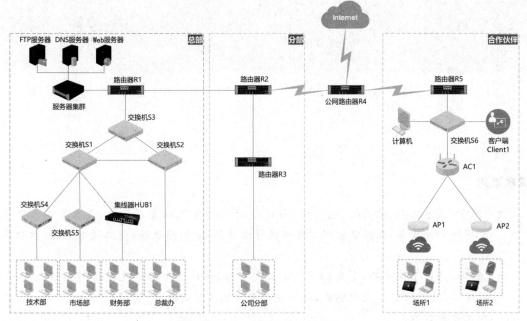

图 0-1　AAA 公司网络拓扑结构一

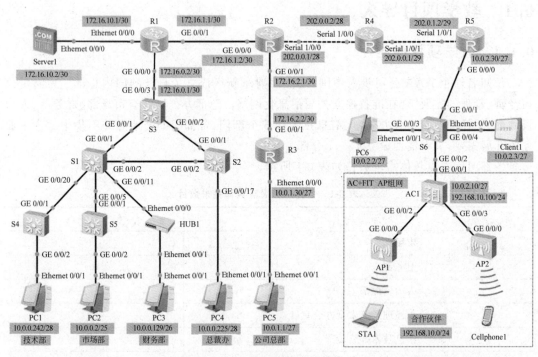

图 0-2　AAA 公司网络拓扑结构二

0.1.2　教学项目要求

请根据图 0-1 和图 0-2 的公司网络拓扑结构及下面的具体要求搭建网络,并将所有设备上的最终配置结果保存到各自启动配置中。

1. 网络物理连接

网络物理连接如表 0-2 所示。

表 0-2　网络物理连接

源设备名称	设备接口	目标设备名称	设备接口
S1	G0/0/1	S3	G0/0/1
S1	G0/0/2	S2	G0/0/2
S2	G0/0/1	S3	G0/0/2
S3	G0/0/3	R1	G0/0/0
R1	G0/0/1	R2	G0/0/0
R1	E0/0/0	Server1	E0/0/0
R2	S1/0/0	R4	S1/0/0
R2	G0/0/1	R3	G0/0/1
R3	E0/0/0	PC4	E0/0/1
S1	G0/0/20	S4	G0/0/1
S1	G0/0/5	S5	G0/0/1
S1	G0/0/11	HUB1	E0/0/0
S4	G0/0/2	PC1	E0/0/0
S5	G0/0/2	PC2	E0/0/0
HUB1	E0/0/1	PC3	E0/0/1
S2	G0/0/17	PC4	E0/0/1
R4	S1/0/1	R5	S1/0/1
R5	G0/0/0	S6	G0/0/1
S6	G0/0/3	PC6	E0/0/1
S6	G0/0/4	Client1	E0/0/0
S6	G0/0/2	AC1	G0/0/1
AC1	G0/0/2	AP1	G0/0/0
AC1	G0/0/3	AP2	G0/0/0

2. 网络设备配置

（1）网络设备基本配置。根据表 0-3 为网络设备配置主机名。

表 0-3　网络设备主机名

设备名称	配置主机名	说　　明
S1	S1	总部接入层交换机
S2	S2	总部接入层交换机
S3	S3	总部核心层交换机

设备名称	配置主机名	说 明
S4	S4	技术部二层交换机
S5	S5	市场部二层交换机
S6	S6	合作伙伴接入交换机
HUB1	——	财务部集线器
R1	R1	公司总部路由器
R2	R2	公司出口路由器
R3	R3	分部路由器
R4	R4	公网路由器
R5	R5	合作伙伴路由器

(2) VLAN 配置。为了做到各部门二层隔离,需要在交换机上进行 VLAN 划分与端口分配。根据表 0-4 完成 VLAN 配置和端口分配。

表 0-4　VLAN 配置和端口分配

VLAN 编号	VLAN 名称	说 明	端口映射
VLAN 10	Marketing	市场部	S1 与 S2 上的 G0/0/5～G0/0/10
VLAN 20	Finance	财务部	S1 与 S2 上的 G0/0/11～G0/0/13
VLAN 30	HR	人力资源部	S1 与 S2 上的 G0/0/14～G0/0/16
VLAN 40	CEO	总经理及董事会办公室	S1 与 S2 上的 G0/0/17～G0/0/19
VLAN 50	IT	信息技术部	S1 与 S2 上的 G0/0/20～G0/0/22
VLAN 1	Manage	交换机管理 VLAN	——

(3) 网络可靠性实现。在交换机上配置 RSTP,防止二层环路。

(4) IP 地址规划与配置。由于公网地址紧张,所以只能在公司的总部和分部使用私网地址。计划使用 10.0.0.0/23 地址段。IP 地址规划如表 0-5 所示,IP 地址配置如表 0-6 所示。

表 0-5　IP 地址规划

区 域	IP 地址段	网 关
市场部	10.0.0.0/25	10.0.0.126
财务部	10.0.0.128/26	10.0.0.190
人力资源部	10.0.0.192/27	10.0.0.222
总经理及董事会办公室	10.0.0.224/28	10.0.0.238
信息技术部	10.0.0.240/28	10.0.0.254
公司分部	10.0.1.0/27	10.0.1.30
合作伙伴	10.0.2.0/27	10.0.2.30
交换机管理 VLAN	192.168.100.0/29	——

表 0-6 IP 地址配置

设 备	接 口	IP 地 址	默认网关
R1	G0/0/0	172.16.0.2/30	不适用
	G0/0/1	172.16.1.1/30	不适用
	VLAN 10（E0/0/0）	172.16.10.1/30	不适用
R2	G0/0/0	172.16.1.2/30	
	G0/0/1	172.16.2.1/30	202.0.0.6
	S1/0/0	202.0.0.1/28	
R3	G0/0/1	172.16.2.2/30	172.16.2.1
	E0/0/0	10.0.1.30/27	
R4	S1/0/0	202.0.0.6/28	不适用
	S1/0/1	202.0.1.1/29	不适用
R5	G0/0/0	10.0.2.30/27	202.0.1.1
	S1/0/1	202.0.1.2/29	
S1	VLAN 1	192.168.100.1/29	不适用
S2	VLAN 1	192.168.100.2/29	不适用
S3	VLAN 1	192.168.100.3/29	不适用
	VLAN 2（G0/0/3）	172.16.0.1/30	不适用
	VLAN 10（G0/0/5～G0/0/10）	10.0.0.126/25	不适用
	VLAN 20（G0/0/11～G0/0/13）	10.0.0.190/26	不适用
	VLAN 30（G0/0/14～G0/0/16）	10.0.0.222/27	不适用
	VLAN 40（G0/0/17～G0/0/19）	10.0.0.238/28	不适用
	VLAN 50（G0/0/20～G0/0/22）	10.0.0.254/28	不适用
S4	VLAN 1	10.0.0.241/28	不适用
S5	VLAN 1	10.0.0.1/25	不适用
PC1	E0/0/1	10.0.0.242/28	10.0.0.254
PC2	E0/0/1	10.0.0.2/25	10.0.0.126
PC3	E0/0/1	10.0.0.129/26	10.0.0.190
PC4	E0/0/1	10.0.0.225/28	10.0.0.238
PC5	E0/0/1	10.0.1.1/27	10.0.1.30
PC6	E0/0/1	10.0.2.2/27	10.0.2.30
Server1	E0/0/0	172.16.10.2/30	172.16.10.1
Client1	E0/0/0	10.0.2.3/27	10.0.2.30
AC1	VLAN 1	10.0.2.10/27	10.0.2.30
	VLAN 10（G0/0/2～G0/0/3）	192.168.10.100/24	

（5）路由配置。公司总部配置为 OSPF 的骨干区域。公司分部使用静态路由,将公司分部的静态路由引入 OSPF 中。

（6）广域网链路配置。R2 与 R4 使用广域网串口线连接,使用 PPP 的 CHAP 验证,为

R4 和 R5 之间添加 PPP 的 PAP 验证。

3. 网络安全配置

（1）控制子网间的访问。在总部路由器 R1 上配置扩展的 ACL，以禁止分部访问公司总部的财务部；在分部路由器 R3 上配置标准的 ACL，以禁止公司总部的市场部访问分部。

（2）转换网络间的地址。在接入路由器 R2 上配置 PAT，使总部、分部所有主机（服务器除外）能通过申请到的一组公网地址（202.0.0.0/29）中的地址池 202.0.0.2/29～202.0.0.4/29 用于总部访问外网与 202.0.0.6/29～202.0.0.8/29 用于分部访问外网，并在 R2 上配置静态 NAT，使用公网地址 202.0.0.5/29 将公司总部的 WWW、FTP 服务器 Server1 发布到 Internet，允许公网用户访问；在合作伙伴路由器 R5 上配置 PAT，以使用其申请到的唯一公网地址（202.0.1.2）接入 Internet。

（3）建立安全隧道。为了传输机要信息，分部与总部总经理及董事会办公室之间采用安全隧道的方式通信。在总部路由器 R1 上及分部路由器 R3 上配置 IPSec VPN，使用 ESP 加 3DES 加密并使用 ESP 结合 SHA 做 HASH 计算，以隧道模式封装，设置密钥加密方式为 3DES，并使用预共享的密码进行身份验证。

（4）设备安全访问设置。为网络设备开启远程登录（SSH）功能以及本地密码，按照表 0-7 为网络设备配置相应密码，并且只允许信息技术部的工作人员可以通过 SSH 访问设备。

表 0-7　网络设备的密码

设备名称（主机名）	账号	远程登录密码	本地密码
R1	root	111111	123456
R2	root	111111	123456
R3	root	111111	123456
R5	root	111111	123456
S3	root	111111	123456
S2	root	111111	123456
S1	root	111111	123456

4. 无线网络配置

合作伙伴计算机设备分散，其中的计算机数目也在逐步增加。在这种情况下，全部用有线网连接终端设施，从布线到使用都会极不方便；有的房间是大开间布局，地面和墙壁已经施工完毕，若进行网络应用改造，敷设缆线工作量巨大，而且位置无法十分固定，导致信息点的放置也不能确定，这样构建一个无线局域网络就会很方便。若整个 WLAN 完全暴露在一个没有安全设置的环境下，是非常危险的。因此需要在无线接入点或无线路由器上进行安全设置。

（1）本项目的网络架构为 WLAN 和有线局域网混合的非独立 WLAN。

（2）在无线路由器上进行安全设置。

① SSID 为 HZHB。

② 无线路由器设置 WPA-PSK 密钥验证，密钥为 12345678。

0.2　教学项目分析

本项目是一个有关企业网搭建的网络工程项目。作为一个完整的网络工程项目,从网络系统集成技术角度看,一般工作流程为:网络的规划与设计→网络综合布线→交换机与路由器配置→服务器配置→网络安全配置→无线路由配置→网络故障的分析与排除→网络的测试与验收。

因本项目中指定了具体的网络规划,未涉及综合布线与服务器配置问题,因而也不再涉及网络验收问题,只保留了网络设备配置相关部分。按工作过程先后顺序,为方便学习,将本企业网搭建项目设计成以下 11 个独立的项目。

项目 1　登录与管理交换机

项目 2　实现 VLAN 间通信

项目 3　防止二层环路

项目 4　内外网连接

项目 5　添加静态路由

项目 6　配置动态路由

项目 7　接入广域网

项目 8　控制子网间的访问

项目 9　转换网络地址

项目 10　建立安全隧道

项目 11　无线局域网搭建

这 11 个独立项目是教学项目的主体,作为本书第二篇。在完成第二篇的基础上,读者有了初步的项目实践经验,可以进行第三篇的学习。第三篇是一个综合的教学项目,是对第二篇知识和技能的提升。第四篇是综合实训。通过这样的设计,读者可以由浅入深、由简单到复杂、由易到难地掌握网络设备的基本配置技能,从而积累一定的项目经验。

第二篇
教学项目实施

不积跬步，无以至千里；不积小流，无以成江海。

——荀子 《劝学》

项目 1
登录与管理交换机

课程思政

- "高山仰止,景行行止。"通过对交换机相关技术的学习,特别是华为在该领域的领先技术,使学生领略中国智慧,坚定学生的中国道路自信和行业领域的发展信心。
- "盛年不重来,一日难再晨。"通过对比分析国外和我国国内交换器技术的发展趋势、应用现状和技术更新,激发学生爱国主义情怀和主人翁意识。

1.1　项目导入

从项目引入与分析中可知,搭建 AAA 公司的网络需要 3 台交换机、5 台路由器(其中 1 台本书中表示为 Internet),这些网络设备仅仅接通电源及连接好网络线路是无法满足企业要求的,需要根据业务要求进行相关参数的配置,参数配置的第一步就是登录到交换机。本项目的任务就是选择合适的管理方式,登录并管理交换机。

1.2　职业能力目标和要求

- 能够识别交换机的类型,了解相应的工作原理及特点。
- 能够根据实际需要选择相应类型的交换机进行组网。
- 掌握交换机的常用管理方式,能够根据业务需要选择合适的方式登录并管理交换机。
- 掌握交换机的常用配置命令。
- 掌握华为模拟软件 eNSP 1.3.0 的使用方法。

1.3　相关知识

1.3.1　认识交换机

以太网是局域网的成功典范,交换机是构建以太网的最重要设备。

1. 以太网的发展

以太网从诞生到现在经历了从共享式以太网到交换式以太网的飞跃。

1) 共享式以太网

共享式以太网(即使用集线器或共用一条总线的以太网)采用了载波检测多路侦听(carries sense multiple access with collision detection,CSMA/CD)机制来进行传输控制,基于广播的方式来发送数据。共享式以太网的典型代表是使用 10Base2、10Base5 的总线型网络和以集线器为核心的 10Base-T 星形网络。在使用集线器的以太网中,集线器将很多以太网设备(如计算机)集中到一台中心设备上,这些设备都连接到集线器中的同一物理总线结构中。

集线器也就是常说的 HUB,处于 OSI 的物理层,是一种共享的网络设备。在局域网中,数据都是以"帧"的形式传输的,而集线器不能识别帧,不知道一个端口收到的帧应该转发到哪个端口,所以只好把帧发送到除源端口以外的所有端口。这就造成了只要网络上有一台主机在发送帧,网络上所有其他的主机都只能处于接收状态,无法发送数据,其结果是所有端口共享同一冲突域、广播域和带宽。当网络中有两个或多个站点同时进行数据传输时,将会产生冲突,如图 1-1 所示。

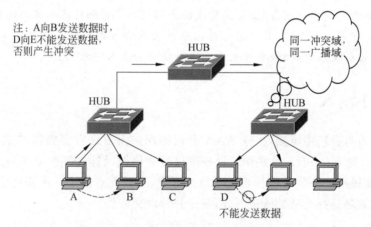

图 1-1　数据帧在集线器中的传输过程

2) 交换式以太网

交换式以太网是指以数据链路层的帧为数据交换单位,把以太网交换机作为基础而构成的网络。交换式以太网允许多对节点同时通信,每个节点可以独占传输通道和带宽,它从根本上解决了共享以太网所带来的问题。

(1)交换机的内部结构。交换机可以"学习"MAC 地址,并把其存放在内部地址表中,通过在数据帧的始发者和目标接收者之间建立临时的交换路径,使数据帧直接由源地址到达目的地址。交换机拥有一条很高带宽的背部总线和内部交换矩阵。交换机的所有的端口都挂接在这条背部总线上。

控制电路收到数据包以后,处理端口会查找内存中的 MAC 地址(网卡的硬件地址)对照表以确定目的 MAC 的 NIC(网卡)挂接在哪个端口上,通过内部交换矩阵直接将数据包迅速传送到目的节点,而不是所有节点。目的 MAC 若不存在,才会广播到所有的端口。从这种方式我们可以明显地看出:一是效率高,不会浪费网络资源,只是对目的地址发送数据,一般来说不易产生网络堵塞;二是数据传输安全,因为它不是对所有节点都同时发送,发送数据时其他节点很难侦听到所发送的信息。这也是交换机会很快取代集线器的重要原因之一。

交换机是一种存储转发设备。以太网交换机采用存储转发(store-forward)技术或直通(cut-through)技术来实现信息帧的转发,也称为交换式集线器。交换机和网桥的不同在于:交换机端口数较多,数据传输效率高,转发延迟很小,吞吐量大,丢失率低,网络整体性能增强,远远超过了普通网桥连接网络时的转发性能。一般用于互连相同类型的局域网,如以太网与以太网的互联。

使用交换机也可以把网络"分段",通过对照 MAC 地址表,交换机只允许必要的网络流量通过交换机。通过交换机的过滤和转发,可以有效地隔离广播风暴,减少误包和错包的出现,避免共享冲突。交换机在同一时刻可进行多个端口对之间的数据传输。每一端口都可视为独立的网段,连接在其上的网络设备独自享有全部的带宽,无须同其他设备竞争使用。当节点 A 向节点 D 发送数据时,节点 B 可同时向节点 C 发送数据,而且这两个传输都享有网络的全部带宽,都有着自己的虚拟连接。假使这里使用的是 10Mbps 的以太网交换机,那么该交换机这时的总流通量为 $2\times10\mathrm{Mbps}=20\mathrm{Mbps}$,而使用 10Mbps 的共享式 HUB 时,一个 HUB 的总流通量也不会超出 10Mbps。

交换机是一种基于 MAC 地址识别并能完成封装转发数据包功能的网络设备。交换机可以"学习"MAC 地址,并把其存放在内部地址表中,通过在数据帧的始发者和目标接收者之间建立临时的交换路径,使数据帧直接由源地址到达目的地址。

(2) 交换机的工作原理。以太网交换机(以下简称交换机)是工作在 OSI 参考模型数据链路层的设备,外表和集线器相似,它通过判断数据帧的目的 MAC 地址,从而将帧从合适的端口发送出去。以太网交换机实现数据帧的单点转发是通过 MAC 地址的学习和维护更新机制来实现的。以太网交换机的主要功能包括 MAC 地址学习、帧的转发及过滤和避免回路。

交换机的 MAC 地址学习过程如下(假定主机 A 向主机 B 发送数据)。

① 当交换机加电启动初始化时,MAC 地址表是空的,如图 1-2 所示。

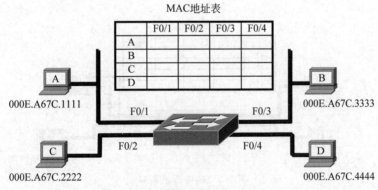

图 1-2　交换机初始化时 MAC 地址

② 当主机 A 发送且交换机接受帧时,交换机根据收到数据帧中的源 MAC 地址来建立主机 A 的 MAC 地址与交换机端口 F0/1 的映射,并将其写入 MAC 地址表中,如图 1-3 所示。

③ 由于目的主机 B 的 MAC 地址未知,所以交换机把数据帧泛洪(采用广播帧和组播帧形式向所有的端口转发)到所有的端口,如图 1-4 所示。

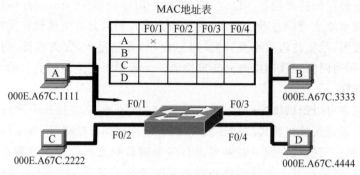

图 1-3　构建 MAC 地址表

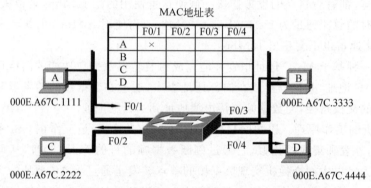

图 1-4　把数据帧泛洪到交换机的所有端口

④ 主机 B 向主机 A 发出响应,所以交换机也知道了 B 的 MAC 地址。同样交换机会建立主机 B 的 MAC 地址与交换机端口 F0/3 的映射,并将其写入 MAC 地址表,如图 1-5 所示。

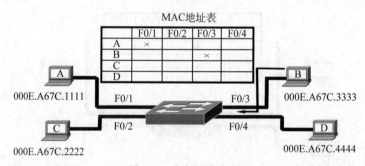

图 1-5　响应泛洪消息

⑤ 需要指出的是,当主机 B 的响应数据帧进入交换机时,由于交换机已知主机 A 所连接的端口,所以交换机并不对响应数据帧进行泛洪,而是直接把数据帧传递到接口 F0/1,如图 1-6 所示。

(3) 交换机的工作特点。

① 交换机的冲突域仅局限于交换机的一个端口上。比如,一个站点向网络发送数据,交换机将通过对帧的识别,只将帧单点转发到目的地址对应的端口。

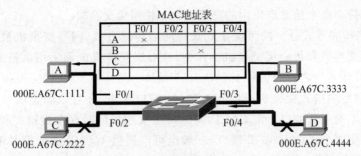

图 1-6 传送数据帧到已知端口

② 交换机的所有端口同属于一个广播域。当 MAC 地址表中没有目标地址时,交换机将发送帧广播至所有端口,所以当网络规模太大时,也容易产生广播风暴,如图 1-7 所示。

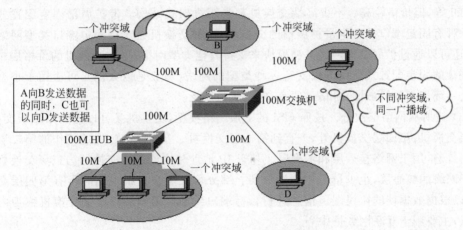

图 1-7 交换机的冲突域和广播域

 图 1-7 中的 M 及后面描述中的 10M/100M 端口中的 M 都是表示带宽的一种简写形式,完整单位为 Mbps。

2. 交换机分类

根据不同的分类标准,交换机可以分为多种类型。主要有以下 8 个分类标准。

(1) 从广义角度分。从广义上来看,交换机分为两种:广域网交换机和局域网交换机。广域网交换机主要应用于电信领域,提供通信用的基础平台;局域网交换机则应用于局域网络,用于连接终端设备,如 PC 及网络打印机等。

(2) 按传输介质和传输速度分。从传输介质和传输速度上可分为以太网交换机、快速以太网交换机、千兆以太网交换机、FDDI 交换机、ATM 交换机和令牌环交换机等。

(3) 按规模应用分。从规模应用上又可分为企业级交换机、部门级交换机和工作组交换机等。各厂商划分的尺度并不是完全一致的,一般来讲,企业级交换机都是机架式,部门级交换机可以是机架式(插槽数较少),也可以是固定配置式,而工作组级交换机为固定配置式(功能较为简单)。另外,从应用的规模来看,作为骨干交换机时,支持 500 个信息点以上大型企业应用的交换机为企业级交换机,支持 300 个信息点以下中型企业的交换机为部门级交换机,而支持 100 个信息点以内的交换机为工作组级交换机。

(4) 按网络构成方式分。按照现在复杂的网络构成方式,网络交换机被划分为接入层交换机、汇聚层交换机和核心层交换机。其中,核心层交换机全部采用机箱式模块化设计,已经基本上都设计了与之相配备的 1000Base-T 模块。接入层支持 1000Base-T 的以太网交换机基本上是固定端口式交换机,以 10M/100M 端口为主,并且以固定端口或扩展槽方式提供 1000Base-T 的上联端口。汇聚层 1000Base-T 交换机同时存在机箱式和固定端口式两种设计,可以提供多个 1000Base-T 端口,一般也可以提供 1000Base-X 等其他形式的端口。接入层和汇聚层交换机共同构成完整的中小型局域网解决方案。

(5) 按架构特点分。根据架构特点,人们还将局域网交换机分为机架式、带扩展槽固定配置式、不带扩展槽固定配置式三种产品。机架式交换机是一种插槽式的交换机,这种交换机扩展性较好,可支持不同的网络类型,如以太网、快速以太网、千兆以太网、ATM、令牌环及 FDDI 等,但价格较高。不少高端交换机都采用机架式结构。带扩展槽固定配置式交换机是一种有固定端口并带少量扩展槽的交换机,这种交换机在支持固定端口类型网络的基础上,还可以通过扩展其他网络类型模块来支持其他类型网络,这类交换机的价格居中。不带扩展槽的固定配置式交换机仅支持一种类型的网络(一般是以太网),可应用于小型企业或办公室环境下的局域网,价格最便宜,应用也最广泛。

(6) 按所属网络层次分。按照 OSI 的七层网络模型,交换机又可以分为第二层交换机、第三层交换机、第四层交换机等,一直到第七层交换机。基于 MAC 地址工作的第二层交换机最为普遍,用于网络接入层和汇聚层。基于 IP 地址和协议进行交换的第三层交换机普遍应用于网络的核心层,也少量应用于汇聚层。部分第三层交换机也同时具有第四层交换功能,可以根据数据帧的协议端口信息进行目标端口判断。第四层以上的交换机称为内容型交换机,主要用于互联网数据中心。

(7) 按可否管理分。按照交换机的可管理性,又可把交换机分为可管理型交换机和不可管理型交换机,它们的区别在于对 SNMP、RMON 等网管协议的支持。可管理型交换机便于网络监控、流量分析,但成本也相对较高。大中型网络在汇聚层应该选择可管理型交换机,在接入层视应用需要而定,核心层交换机则全部是可管理型交换机。

(8) 按可否堆叠分。按照交换机是否可堆叠,交换机又可分为可堆叠型交换机和不可堆叠型交换机两种。设计堆叠技术的一个主要目的是增加端口密度。

3. 交换机内存体系结构

交换机相当于一台特殊的计算机,同样有 CPU、存储介质和操作系统,只不过这些都与 PC 有些差别而已。交换机也由硬件和软件两部分组成,软件部分主要是 IOS(互联网操作系统),硬件主要包含 CPU、端口和存储介质。交换机的端口主要有以太网端口(Ethernet port)、快速以太网端口(fast Ethernet port)、千兆以太网端口(gigabit Ethernet port)和控制台端口(Console port)。存储介质主要有 ROM(只读存储设备)、FLASH(闪存)、NVRAM(非易失性存储器)和 DRAM(动态随机存储器)。

其中,ROM 相当于 PC 的 BIOS,交换机加电启动时,将首先运行 ROM 中的程序,以实现对交换机硬件的自检并引导启动 iOS。该存储器中的程序在系统掉电时不会丢失。

FLASH 是一种可擦写、可编程的 ROM,FLASH 包含完整的 iOS 系统及微代码。FLASH 相当于 PC 的硬盘,但速度要快得多,可通过写入新版本的 iOS 来实现对交换机的升级。FLASH 中的程序在掉电时不会丢失。

　　NVRAM 用于存储交换机的启动配置文件,该存储器中的内容在系统掉电时也不会丢失。

　　DRAM 是一种可读写存储器,相当于 PC 的内存,存储交换机的当前配置文件,其内容在系统掉电时将完全丢失。

　　交换机加电后,即开始了启动过程,首先运行 ROM 中的自检程序,对系统进行自检,然后引导运行 FLASH 中的 iOS,并在 NVRAM 中寻找交换机的配置,然后将其装入 DRAM 中运行。

1.3.2　交换机的几种管理模式

　　交换机一般情况下都可以支持多种方式进行管理,用户可以选择最合适的方式管理交换机,以下是交换机支持的 5 种管理模式。

- 利用终端通过 Console 口进行本地管理。
- 通过 Telnet 或 SSH 方式进行本地或远程方式管理。
- 启用 Web 配置方式,通过浏览器进行图形化界面的管理。
- 预先编辑好配置文件,通过 TFTP 方式进行网络管理。
- 利用异步口连接 Modem 进行远程管理。

下面介绍两种常用的管理模式。

1. 超级终端管理模式

　　对于第一次安装的交换机来说,只能通过控制台 Console 端口进行初始配置。具体设备连接与配置情况如下。

　　(1) 设备连接。设备连接情况如图 1-8 所示。将如图 1-9 所示配置线的 RJ-45 接头的一端连接到交换机的控制台端口,另一端(通常为 DB-9 或 DB-25)连接计算机的串行接口 COM1,即完成了设备连接。

图 1-8　设备连接图

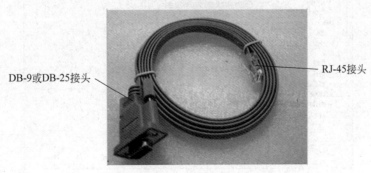

图 1-9　配置线

（2）设备配置。正确连接好线缆之后，进行如下操作（这里使用 Xshell，也可以使用其他客户端登录软件，如 CRT 软件）。

① 完成 Xshell 软件的安装后，打开该软件，在菜单栏中选择"文件"→"新建"命令，如图 1-10 所示。

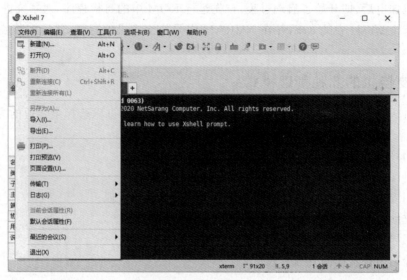

图 1-10　建立连接

② 在弹出的"新建会话属性"对话框中输入名称为 S1，协议选择 SERIAL，如图 1-11 所示。

图 1-11　"新建会话属性"对话框

③ 在左边栏中单击"串口"选项,选择端口 COM1,波特率一般都是 9600bps,如图 1-12 所示。

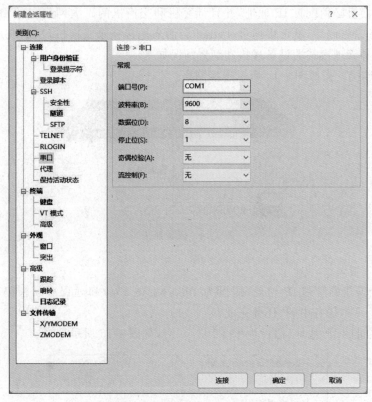

图 1-12 设置 COM1 的属性

④ 设置好后,单击"确定"按钮,此时就开始连接登录交换机了,如图 1-13 所示。对于新购或首次配置的交换机,没有设置登录密码,因此不用输入登录密码就可连接成功。

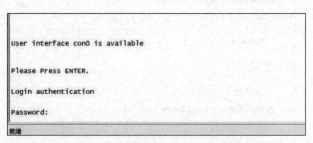

图 1-13 连接成功后的超级终端

提 示

若超级终端窗口上没有出现命令提示符"<Huawei>",应确定以下几个问题。

- 计算机的 COM 口和超级终端所设定的口是一致的。
- 使用的连接线最好是设备自带的连接线,以免线序有错。
- 连接参数是:每秒位数值为 9600,数据位值为 8,停止位值为 1,其他值为无。
- 确定交换机没有故障,最好找个别的交换机再试。

2. Telnet 管理模式

在首次通过控制台端口完成对交换机的配置,并设置交换机的管理 IP 地址(该管理模式配置要求交换机必须配置 IP 地址,并且计算机和交换机的以太网接口的 IP 地址必须在同一网段)和登录密码后,就可以通过 Telnet 会话来连接登录交换机,从而实现对交换机的远程配置。这种管理模式的设备连接和配置情况如下。

(1)设备连接。按照图 1-14 所示连接网络。

图 1-14　设备连接

(2)设备配置。

① 设置交换机的管理 IP 地址(假设为 192.168.56.254)和远程登录密码(假设为 s1)。(具体配置命令见本任务中的"任务完成")

② 设置主机的 IP 地址(假设为 192.168.56.8),如图 1-15 所示。

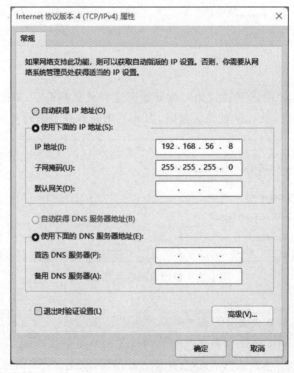

图 1-15　设置主机 IP 地址

③ 远程登录。选择"开始"→"运行"→cmd 命令（进入 Windows 的 MS-DOS 方式），在命令窗口中输入 Telnet 192.168.56.254，再输入 Telnet 的登录密码，校验成功后，即可登录到交换机，出现交换机的命令行提示符＜Huawei＞，如图 1-16 所示。

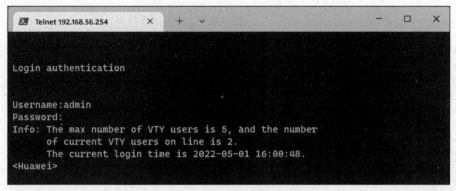

图 1-16　在命令窗口中执行 telnet 命令

1.3.3　交换机的常用配置命令

1. 交换机的配置

华为交换机的大多数查询命令在任意一个视图下都能完成。

（1）用户模式。在用户视图下，用户可以了解设备的基础信息，查询设备状态。

```
<Huawei>          //用户视图：查看运行状态或其他参数
```

　　　初次登录交换机时，会显示＜Huawei＞提示符，表明已经进入交换机用户视图。

（2）系统视图。在用户视图下，使用 system-view 命令可以进入系统视图，可以使用绝大部分的基础功能配置命令。若进入其他视图，必须先进入系统视图。

```
<Huawei>system-view    //进入系统视图的命令
[Huawei]               //系统视图的命令状态行提示符
[Huawei]quit           //退出当前模式，返回上一级模式的命令
<Huawei>               //用户视图的命令状态行提示符
```

　　　离开系统视图并返回用户视图，可执行 quit 或 return 命令，也可以使用快捷键 Ctrl＋Z。

（3）接口视图。如果需要对 GigaEthernet 0/0/1 接口进行配置，首先使用 system-view 命令进入系统视图，再使用 interface 命令，并指定接口类型及接口编号命令，进入相应的接口视图。

```
[Huawei]interface GigabitEthernet 0/0/1        //进入千兆接口 g0/0/01
```

提示 如果是 s3700 的百兆接口,命令是 interface Ethernet 0/0/1。

```
[Huawei-GigabitEthernet0/0/1]    //接口视图的命令状态行提示符
```

(4) 协议视图。在系统视图下,使用路由协议进程运行命令,可以进入相应的路由协议视图。

```
[Huawei]ospf                    //进入 ospf 协议视图
[Huawei-ospf-1]                 //ospf 协议视图的命令状态行提示符
```

2. 交换机的基本配置命令

交换机的基本配置命令有很多,常用的有以下几个。

(1) 设置主机名。设置交换机名称也就是设置出现在交换机 CLI 提示符中的名字。一般以地理位置或行政划分来为交换机命名。当我们需要 Telnet 登录到若干台交换机以维护一个大型网络时,通过交换机名称提示符提示自己当前配置交换机的位置是很有必要的。

下面是配置交换机的主机名命令。该命令在全局配置模式下执行,其中 hostname 代表主机名,在使用时将用真实主机名称代替。默认情况下,交换机的主机名为 Huawei。

```
[Huawei]sysname hostname
```

例如,若要将交换机的主机名设置为 sw1,则配置命令为:

```
[Huawei]sysname S1              //配置交换机的主机名为 S1
[sw1]                           //此时交换机的主机名已重命名为 S1
```

(2) 配置管理 IP 地址。在二层交换机中,IP 地址仅用于远程登录管理交换机,对于交换机的正常运行不是必需的。若没有配置管理 IP 地址,则交换机只能采用控制端口进行本地配置和管理。

在交换式局域网中,为减小广播风暴,可以把一个局域网划分成几个逻辑子网进行管理,每一个逻辑子网叫作一个 VLAN。默认情况下,交换机的所有端口均属于 VLAN 1,VLAN 1 是交换机自动创建和管理的。除了 VLAN 1 以外,用户还可以根据需要创建其他 VLAN(后面详细介绍)。每个 VLAN 只有一个活动的管理地址,因此,对二层交换机设置管理地址之前,首先应选择合适的 VLAN 虚拟接口,然后再利用 ip address 配置命令设置管理 IP 地址。

```
[Huawei]interface Vlanif vlan-id
//选择将作为管理交换机的 VLAN 虚接口(vlan-id 代表要选择设置的 VLAN 号)
[Huawei-Vlanif1]ip address address netmask
//为 VLAN 虚接口配置 IP 地址(address 为要设置的管理 IP 地址,netmask 为子网掩码)
[Huawei-Vlanif1]shutdown                  //手动禁用接口(默认自动开启)
[Huawei-Vlanif1]undo shutdown             //开启接口
```

(3) 设置交换机的加密使能口令。通过 Console 口连接华为交换机,Console 接口默认有初始密码,第一次登录需要修改。

```
[Huawei]user-interface console 0                    //设置 Console 接口密码
[Huawei-ui-console0]authentication-mode password    //设置认证方式为密码认证
```

例如,将交换机的加密使能口令设置为 s3,则配置命令为:

[Huawei-ui-console0]set authentication password cipher s3

(4) 查看交换机信息。可以使用 display 命令来查看交换机的信息。display 命令动词后面所加的参数不同,所查看的信息也不同。

```
<Huawei>display version                   //查看交换机硬件及软件的信息
[Huawei]display current-configuration     //显示当前正在运行的配置信息
[Huawei]display interface type num         //查看端口工作状态和配置参数信息
[Huawei]display mac-address                 //查看 MAC 地址表
```

(5) 测试目的端的可达性。

```
[Huawei]ping IP address    //测试目的端的可达性命令(IP address 表示目的端的 IP 地址)
```

(6) 交换机配置的保存和查看。

① 保存配置文件。在用户视图模式下,需要保存当前配置,将交换机的当前配置文件保存在 NVRAM 中,以便下次启动时生效。命令发出后,系统显示"Are you sure to continue?[Y/N]",输入 y 并按两次 Enter 键,对当前配置进行保存,等出现"Save the configuration successfully."后,表示保存完毕。

```
<Huawei>save
```

② 查看配置文件。

```
<Huawei>dir /all          //查看 flash 中的文件目录
```

(7) 重新启动交换机。重新启动交换机命令发出后,系统显示"Are you sure to continue?[Y/N]",输入 y 并按 Enter 键,进入系统重新启动过程,这个过程会显示交换机的运行状态,最后出现系统登录初始形态,表明完成交换机的重启。

```
<Huawei>reboot
```

3. 使用交换机帮助命令

交换机的配置命令比较多,在配置交换机的过程中,应当学会灵活地使用帮助系统,这样可以起到事半功倍的效果。交换机的配置帮助命令有一定的规律和特点,具体如下。

(1) 支持命令简写与补全。所有命令在不发生混淆的前提下都可以简写成前面的几个字符,只要简写后还能唯一地标识出是该命令即可,并支持按 Tab 键来补全命令。如 system-view 命令可以简写成 sy,并且在 sy 后面按 Tab 键,则可补全为 system-view。

(2) 支持用"?"求助。在每种操作模式下直接输入"?",可以显示该模式下的所有命令;输入命令+空格+"?",可以显示命令参数并对其解释说明。如想对 display 的命令作一个具体的了解,可以使用"display ?";输入字符+"?",可以显示以该字符开头的命令。

(3) 命令历史缓存。按组合键 Ctrl+P(或↑),可以显示上一条命令;按组合键 Ctrl+N(或↓),可以显示下一条命令。

4. 华为模拟软件——eNSP 1.3.0

由于网络硬件设备存在数量和使用时间上的局限性,为了方便学习者练习,华为公司开发了一款非常好用的模拟软件——eNSP,模拟器中网络设备的配置方法与真实设备基本一致。本书选用目前普遍使用的

模拟器的安装

eNSP 1.3.0 版本,教材中所有子项目的任务实施均以模拟软件操作为例给出解决方案。安装完成后,软件自行打开,界面如图 1-17 所示。

图 1-17　eNSP 1.3.0 的界面

5. 基本配置实例

例 1-1　通过 eNSP 1.3.0 搭建网络(网络拓扑结构如图 1-18 所示),并完成下面的要求。

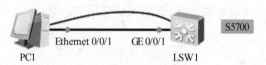

图 1-18　基本配置实例的网络拓扑结构

- 通过 PC1 的超级终端功能登录到交换机。
- 将交换机重命名为 S1。
- 适当配置 S1,为远程登录 S1 做好准备。具体要求:S1 的 0~4 五个虚拟终端用户远程登录时需要验证,Telnet 远程登录的账号为 admin,验证密码为 abc;SSH 远程登录的账号为 root,验证密码为 123;交换机本地密码为 456;VLAN 1 的 IP 地址为 192.168.100.1,子网掩码均为 255.255.255.0。
- 配置 PC1 的 IP 地址 192.168.100.10。
- 查看 PC1 中 ping S1 的结果。
- 通过 PC1 中本地的 console 命令登录交换机 S1。
- 通过使用 telnet 及 ssh 命令远程登录到交换机 S1(模拟远程登录本地)。
- 查看 SW1 上的 MAC 地址表。
- 查看 SW1 的当前配置,并将其保存成启动配置。

1）搭建网络

在 eNSP 1.3.0 用户工作区中,通过添加并连接设备,搭建如图 1-19 所示的网络拓扑结构。

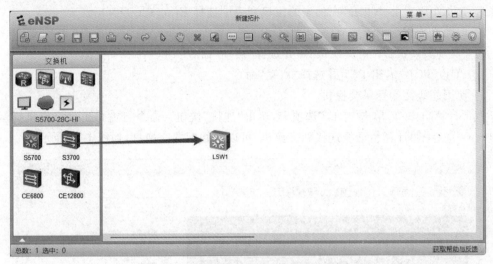

图 1-19 拖动选择好的交换机到用户工作区

（1）添加交换机。在"网络设备区"中单击"交换机"图标，选择交换机。在下方"设备型号选择区"中找到想要的设备型号（这里选择 S5700 型交换机）,将该交换机拖至用户工作区中合适的位置即可,如图 1-19 所示。

（2）添加 PC（与添加交换机类似,图略）。在"网络设备区"中单击"计算机"图标，选择计算机。在"设备型号选择区"中找到想要的设备型号（PC）,将 PC 拖至交换机附近松手即可。

（3）修改设备标识（即修改设备外在标签。以修改交换机名称为例,此步可以省略）。单击交换机下面的标识名（此处为 S1）,修改交换机标识名。

（4）用配置线连接设备。单击"网络设备区"，选择 CTL（见图 1-20 最后一个）。将光标移到用户工作区（此时鼠标指针变成连接线头的样子）,在 S1 上单击,在弹出的接口列表中选择 Console（见图 1-21）。将鼠标指针移动到 PC1 上并单击,在弹出的接口列表中选择 RS-232（见图 1-22）,连线完成的效果如图 1-23 所示。

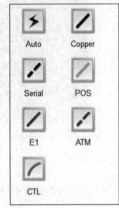

图 1-20 设备连线

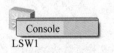
LSW1

图 1-21 交换机接口选择列表

PC1

图 1-22 PC 接口选择列表

PC1　　　　　　　　LSW1

图 1-23 用配置线连接设备

提示　　　若不再需要某个设备,可以先单击设备工具栏中的删除按钮，再到用户工作区中单击想要删除的设备即可。

(5) 用直通线连接设备。要连接 S1 与 PC1,可单击"网络设备区"中的连接线图标 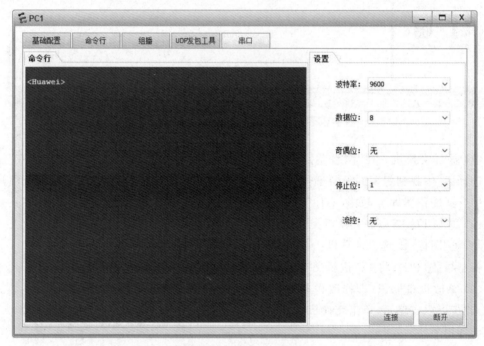,选择 Cooper。将光标移到用户工作区,在 LSW1 上单击,在弹出的接口列表中选择 GE 0/0/1。将光标移动到 PC1 上并单击,在弹出的接口列表中选择 Ethernet 0/0/1。

2)启动交换机与 PC

(1) 启动交换机:右击交换机 S1 并选择"启动"命令。

(2) 启动 PC1:右击 PC1 并选择"启动"命令。

3)使用超级终端登录交换机

双击计算机 PC1,单击"串口"选项卡,单击"连接"按钮。命令行窗口出现交换机提示符 <Huawei>,说明计算机已经连接到交换机,可以开始配置交换机,如图 1-24 所示。

图 1-24　进入命令行窗口

4)将交换机重命名为 S1

```
<Huawei>system-view           //进入系统视图
[Huawei]sysname S1            //修改交换机的主机名
```

5)配置远程登录

(1) 配置交换机远程管理的 IP 地址。

```
[S1]interface Vlanif 1                                  //进入交换机默认 VLAN 1 的接口
[S1-Vlanif1]ip address 192.168.100.1 24                 //配置交换机远程管理的 IP 地址
[S1-Vlanif1]quit                                        //返回模式
```

(2) 配置本地密码。

```
[S1]user-interface console 0                                      //设置 Console 接口密码
[S1-ui-console0]authentication-mode password                     //设置认证方式为密码认证
[S1-ui-console0]set authentication password cipher 456           //配置交换机本地密码为 456
```

（3）配置 Telnet 远程登录。

```
[S1]aaa
[S1-aaa]local-user admin password cipher abc     //配置用户名和密码
[S1-aaa]local-user admin service-type telnet
[S1-aaa]local-user admin privilege level 3        //用户级别修改为3(管理级)
[S1-aaa]quit
[S1]user-interface vty 0 4
[S1-ui-vty0-4]authentication-mode aaa            //配置VTY,身份认证方式为AAA认证,
                                                   允许用户以 Telnet 的方式接入
[S1-ui-vty0-4]quit
```

（4）配置 SSH 远程登录。

```
[S1]stelnet server enable                         //开启 SSH 服务
[S1]ssh authentication-type default password
[S1]aaa
[S1-aaa]local-user root password cipher 123       //配置 SSH 的用户名和密码
[S1-aaa]local-user root service-type ssh
[S1-aaa]local-user root privilege level 3
[S1-aaa]quit
[S1]rsa local-key-pair create                     //在交换机上生成本地密钥对
[S1]user-interface vty 0 4
[S1-ui-vty0-4]protocol inbound all                //配置VTY,参数 all 允许远程登录
```

6）测试连通性

（1）配置 PC1 的 IP 地址。双击 PC1,在弹出的管理窗口中单击"基础配置"选项卡,设置 IP 为 192.168.100.10,子网掩码为 255.255.255.0,如图 1-25 所示。

图 1-25　PC1 的 IP 地址配置

（2）在 PC1 上 ping S1，测试连通性。在 PC1 的管理窗口里单击"命令行"选项卡，执行 ping 命令，如图 1-26 所示。可见，PC1 可以 ping 通 S1。

```
PC>ping 192.168.100.1
```

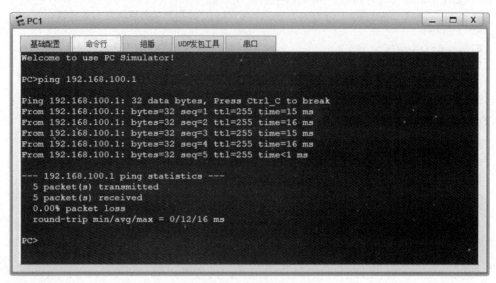

图 1-26　在 PC1 上 ping S1

（3）通过 PC1 的本地 Console 登录交换机。在 PC1 的管理界面中单击"串口"选项卡，单击"连接"按钮，输入本地密码 456 即可完成登录，如图 1-27 所示。

图 1-27　Console 本地登录

（4）用 Telnet 远程登录交换机。双击交换机图标 S1，打开管理界面，输入账号 admin 和密码 abc，完成登录，如图 1-28 所示。

```
<S1>telnet 192.168.100.1
```

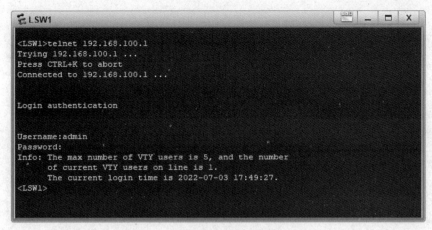

图 1-28　用 Telent 登录交换机 S1

（5）用 SSH 远程登录交换机。在 S1 管理界面中输入以下命令，完成 SSH 登录，如图 1-29 所示。

```
<S1>system-view
[S1]ssh client first-time enable      //第一次使用 SSH 登录需开启以下命令
[S1]stelnet 192.168.100.1             //输入两次 Y 并按 Enter 键，再输账号 root 和密码 123
```

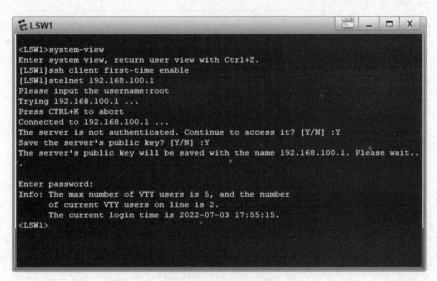

图 1-29　用 SSH 登录

7）查看 S1 上的 MAC 地址表

S1 上的 MAC 地址表如图 1-30 所示。

```
[S1]display mac-address
```

提示　　查看 PC1 的 MAC 地址，可以看到 MAC 地址与图 1-31 中标识的 MAC 地址相同，说明图 1-31 所看到的 MAC 地址记录即为 PC1 的记录。

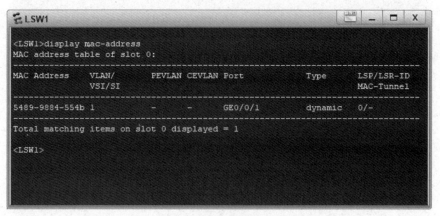

图 1-30 S1 上的 MAC 地址表

图 1-31 PC1 的基础配置信息

8) 查看配置信息

(1) 查看当前配置,当前配置信息如图 1-32 所示。

```
<S1>display current-configuration
```

　　按空格键可以得到下一屏的结果。若想终止查看过程,可按 Ctrl+C 组合键。

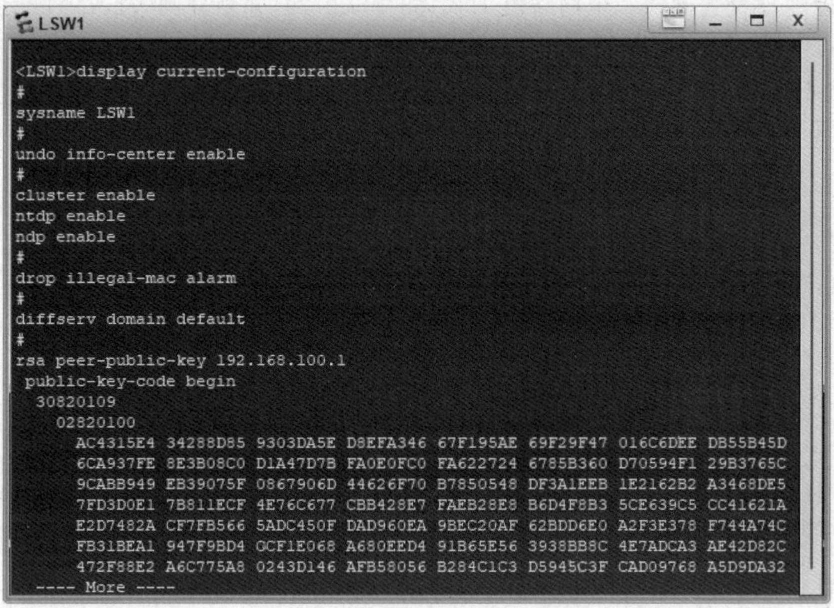

图 1-32 当前交换机配置信息

（2）查看保存配置。

`<S1>display saved-configuration`　　　　　　　　//此时显示为空，说明目前的保存配置不存在

9）保存当前配置

`<S1>save`

10）再次查看配置信息

`<S1>display current-configuration`　　　　　　//显示结果与上次相同
`<S1>display saved-configuration`　　　　　　　//此时显示结果与当前配置相同

> 模拟器中可直接在交换机上进行配置操作。除了使用超级终端和远程登录方式管理交换机外，模拟器上还支持直接在交换机上进行各种配置操作。但在真实设备中，因交换机本身没有显示设备，所以无法直接对交换机进行管理，借助第三方管理软件（如超级终端、CRT等）实现PC与交换机的连接。模拟器上直接在交换机上操作的方法如下：双击交换机S1，在弹出的交换机配置窗口中输入配置命令即可。

1.4 项目设计与准备

1. 项目设计

采取通过终端连接交换机 Console 端口的方式进行本地管理，进行初始化的配置。为了方便以后维护及管理交换机，在交换机上启用远程登录的功能，同时考虑到安全问题，为远程登录设置登录密码；为了实现远程登录功能，需要为每台交换机配置一个管理IP，并将所有的管理地址设置到同一个网络段 192.168.100.0/29,并划分到 VLAN 1(交换机默认 VLAN)中。

1) 搭建网络

根据图 1-33(在模拟软件 eNSP 中的网络拓扑结构)中 AAA 公司总部内网的网络拓扑结构及表 1-1 中的具体要求,通过添加设备搭建目标网络。

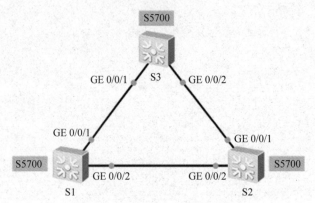

图 1-33 AAA 公司总部内网的网络拓扑结构

表 1-1 总部内网各设备物理连接情况

源设备名称	设备接口	目标设备名称	设备接口
S1	G0/0/1	S3	G0/0/1
S1	G0/0/2	S2	G0/0/2
S2	G0/0/1	S3	G0/0/2

2) 网络设备基本配置

(1) 各设备配置主机名称如表 1-2 所示。

表 1-2 各交换机的命名及说明

设备名称	配置主机名(sysname 名)	管 理 IP	VLAN	说　　明
S1	S1	192.168.100.1/29	1	总部核心层交换机
S2	S2	192.168.100.2/29	1	总部核心层交换机
S3	S3	192.168.100.3/29	1	总部核心层交换机

(2) S1、S2、S3 要开启远程登录(SSH)功能,远程登录账号为 root,密码为 111111。

(3) 本项目完成后,所有设备配置结果应当保存到启动配置中。

2. 项目准备

方案一:华为交换机、配置线、台式机或笔记本电脑等真实设备操作(以组为单位,小组成员协作,共同完成实训)。

方案二:在模拟软件中操作(以组为单位,成员相互帮助,各自独立完成实训)。

安装有 eNSP 1.3.0 的计算机每人一台。

1.5　项目实施

任务 1-1　登录与管理交换机 S3

 本项目的实施是在 eNSP 1.3.0 模拟软件中操作的。若是在真实设备中操作，请参考本部分的网络拓扑结构进行相应的物理连接后，再进行配置操作。

1. 搭建网络（具体步骤与例 1 类似，此处略）

在 eNSP 中，根据图 1-33 所示的 AAA 公司总部内网的网络拓扑结构搭建网络。

2. 配置交换机

对交换机 S3 的配置包括开启远程登录功能，身份认证方式为 AAA 认证（SSH 账号为 root，密码为 111111）。同时为其配置管理 IP 地址（这里使用默认 VLAN 1，并将其虚地址 IP 设置为 192.168.100.3/29）和本地密码为 123456（加密）。

远程登录管理
公司内网交换机

1) 为设备 S3（默认名为 Huawei）命名，配置本地密码

```
<Huawei>system-view                        //进入系统视图
[Huawei]sysname S3                         //为设备 S3 命名
[S3]user-interface console 0
[S3-ui-console0]authentication-mode password
[S3-ui-console0]set authentication password cipher 123456
[S3-ui-console0]quit
```

2) 配置 SSH 远程登录

```
[S3]stelnet server enable                           //开启 SSH 服务
[S3]ssh authentication-type default password
[S3]aaa
[S3-aaa]local-user root password cipher 111111      //配置 SSH 用户名和密码
[S3-aaa]local-user root service-type ssh
[S3-aaa]local-user root privilege level 3           //用户级别修改为 3（管理级）
[S3-aaa]quit
[S3]rsa local-key-pair create                       //在交换机上生成本地密钥对
[S3]user-interface vty 0 4                           //配置 0~4 共 5 个虚拟终端用户
[S3-ui-vty0-4]authentication-mode aaa               //配置 VTY，认证方式为 AAA 认证
[S3-ui-vty0-4]protocol inbound ssh                  //允许用户以 SSH 的方式接入
[S3-ui-vty0-4]quit
```

3) 配置交换机远程管理的 IP 地址

```
[S3]interface Vlanif 1                       //进入交换机默认 VLAN 1 的接口视图
[S3-Vlanif1]ip address 192.168.100.3 29      //配置交换机远程管理的 IP 地址，这里
                                               使用 192.168.100.3/29
[S3-Vlanif1]quit                             //返回系统视图
```

4）保存配置

```
<S3>save                                      //将当前配置保存成启动配置
```

5）查看配置信息

```
<S3>display current-configuration             //显示交换机当前运行的配置参数命令
<S3>display saved-configuration               //查看保存的配置
```

 在每条命令生效后，管理终端总会弹出警告信息，让人不胜其烦。可用以下命令取消警告信息：undo info-center enable。

任务 1-2 登录与管理交换机 S1、S2

S1、S2 的配置和 S3 的配置相似，这里仅仅给出相应的配置命令，其他的步骤省略。

1. S1 相关配置

（1）为设备 S1（默认名为 Huawei）命名，配置本地密码。

```
<Huawei>system-view                           //进入系统视图
[Huawei]sysname S1                            //为设备 S1 命名
[S1]user-interface console 0
[S1-ui-console0]authentication-mode password
[S1-ui-console0]set authentication password cipher 123456
[S1-ui-console0]quit
```

（2）配置 SSH 远程登录。

```
[S1]stelnet server enable                     //开启 SSH 服务
[S1]ssh authentication-type default password
[S1]aaa
[S1-aaa]local-user root password cipher 111111   //配置 SSH 用户名和密码
[S1-aaa]local-user root service-type ssh
[S1-aaa]local-user root privilege level 3     //用户级别修改为 3(管理级)
[S1-aaa]quit
[S1]rsa local-key-pair create                 //在交换机上生成本地密钥对
[S1]user-interface vty 0 4                     //配置 0~4 共 5 个虚拟终端用户
[S1-ui-vty0-4]authentication-mode aaa         //配置 VTY，认证方式为 AAA 认证
[S1-ui-vty0-4]protocol inbound ssh            //允许用户以 SSH 的方式接入
[S1-ui-vty0-4]quit
```

（3）配置交换机远程管理的 IP 地址。

```
[S1]interface Vlanif 1                         //进入交换机默认 VLAN 1 的接口视图
[S1-Vlanif1]ip address 192.168.100.1 29
[S1-Vlanif1]quit                              //返回系统视图
<S1>save
```

（4）查看 VLAN 虚接口状态。

```
<S1>display interface Vlanif 1                    //查看 S1 的 VLAN 虚接口状态(此时
                                                    "Vlanif1 current state: UP"表
                                                    示 VLAN 1 虚接口和协议处于开启
                                                    状态)
```

(5) 测试连通性(S1 ping S3)。

```
<S1>ping 192.168.100.3                           //测试 S1 与 S3 的连通性
```

2. S2 相关配置

(1) 为设备 S2(默认名为 Huawei)命名,配置本地密码。

```
<Huawei>system-view                              //进入系统视图
[Huawei]sysname S2                               //为设备 S1 命名
[S2]user-interface console 0
[S2-ui-console0]authentication-mode password
[S2-ui-console0]set authentication password cipher 123456
[S2-ui-console0]quit
```

(2) 配置 SSH 远程登录。

```
[S2]stelnet server enable                        //开启 SSH 服务
[S2]ssh authentication-type default password
[S2]aaa
[S2-aaa]local-user root password cipher 111111   //配置 SSH 用户名和密码
[S2-aaa]local-user root service-type ssh
[S2-aaa]local-user root privilege level 3        //用户级别修改为 3(管理级)
[S2-aaa]quit
[S2]rsa local-key-pair create                    //在交换机上生成本地密钥对
[S2]user-interface vty 0 4                        //配置 0~4 共 5 个虚拟终端用户
[S2-ui-vty0-4]authentication-mode aaa            //配置 VTY,认证方式为 AAA 认证
[S2-ui-vty0-4]protocol inbound ssh               //允许用户以 SSH 的方式接入
[S2-ui-vty0-4]quit
```

(3) 配置交换机远程管理的 IP 地址。

```
[S2]interface Vlanif 1                           //进入交换机默认 VLAN 1 的接口视图
[S2-Vlanif1]ip address 192.168.100.2 29
[S2-Vlanif1]quit                                 //返回系统视图
[S2]quit
<S2>save
```

(4) 查看 VLAN 虚接口状态。

```
<S2>display interface Vlanif 1
```
//查看 S1 的 VLAN 虚接口状态(此时"Vlanif1 current state: UP"表示 VLAN 1 虚接口和协议处于开启状态)

(5) 测试连通性(S2 ping S3)。

```
<S2>ping 192.168.100.3                           //测试 S2 与 S3 的连通性
```

1.6 项目验收

1.6.1 测试准备

本项目的网络拓扑结构如图 1-33 所示。

1.6.2 测试连通性

从 S3 上分别 ping S1、S2,发现网络均可达,其测试情况如图 1-34 和图 1-35 所示。

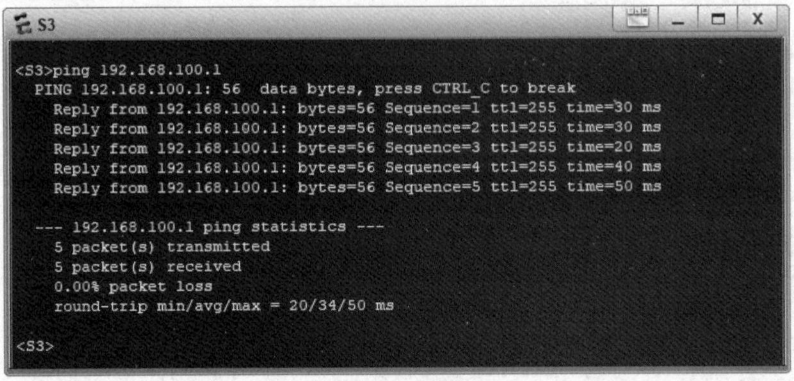

```
S3
<S3>ping 192.168.100.1
  PING 192.168.100.1: 56  data bytes, press CTRL_C to break
    Reply from 192.168.100.1: bytes=56 Sequence=1 ttl=255 time=30 ms
    Reply from 192.168.100.1: bytes=56 Sequence=2 ttl=255 time=30 ms
    Reply from 192.168.100.1: bytes=56 Sequence=3 ttl=255 time=20 ms
    Reply from 192.168.100.1: bytes=56 Sequence=4 ttl=255 time=40 ms
    Reply from 192.168.100.1: bytes=56 Sequence=5 ttl=255 time=50 ms

  --- 192.168.100.1 ping statistics ---
    5 packet(s) transmitted
    5 packet(s) received
    0.00% packet loss
    round-trip min/avg/max = 20/34/50 ms

<S3>
```

图 1-34　S3 与 S1 连通性测试

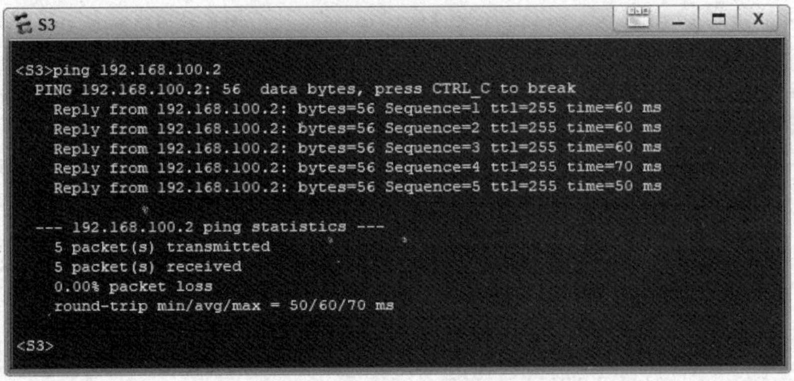

```
S3
<S3>ping 192.168.100.2
  PING 192.168.100.2: 56  data bytes, press CTRL_C to break
    Reply from 192.168.100.2: bytes=56 Sequence=1 ttl=255 time=60 ms
    Reply from 192.168.100.2: bytes=56 Sequence=2 ttl=255 time=60 ms
    Reply from 192.168.100.2: bytes=56 Sequence=3 ttl=255 time=60 ms
    Reply from 192.168.100.2: bytes=56 Sequence=4 ttl=255 time=70 ms
    Reply from 192.168.100.2: bytes=56 Sequence=5 ttl=255 time=50 ms

  --- 192.168.100.2 ping statistics ---
    5 packet(s) transmitted
    5 packet(s) received
    0.00% packet loss
    round-trip min/avg/max = 50/60/70 ms

<S3>
```

图 1-35　S3 与 S2 连通性测试

1.6.3 测试远程登录管理功能

通过 S3 远程登录 S1、S2,发现均可通过正确的密码远程登录,并可以通过本地密码口令进入系统视图模式,其测试情况如图 1-36 和图 1-37 所示。

```
[S3]ssh client first-time enable        //第一次使用 SSH 登录需开启以下命令
[S3]stelnet 192.168.100.1               //输入两次 Y 并按 Enter 键,账号为 root,密码
                                          为 111111
```

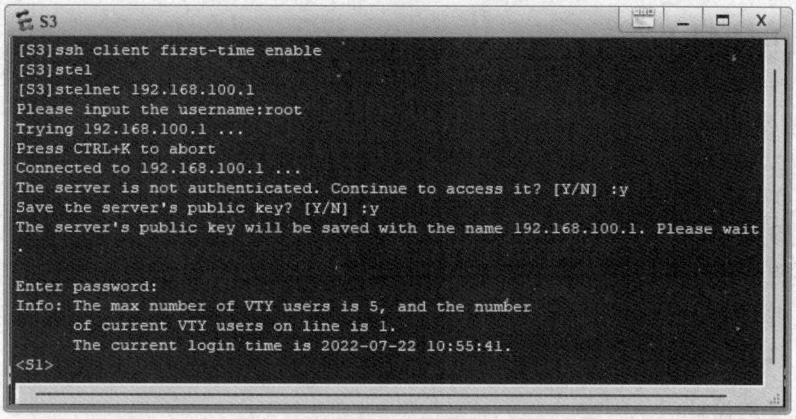

图 1-36　通过 S3 远程登录 S1

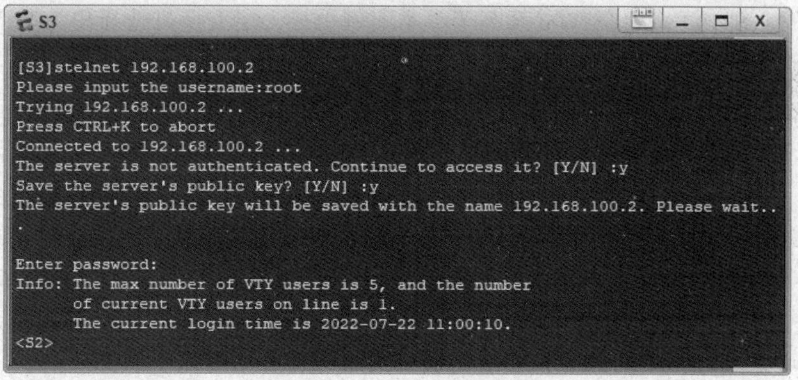

图 1-37　通过 S3 远程登录 S2

1.7　项目小结

本项目主要介绍了交换机的基本知识和基本操作技能。交换机是交换式以太网的核心设备,它通过矩阵交换通道的方式传输数据。通过本项目的学习,重点理解交换机的工作原理,熟记交换机的工作特点,熟练掌握交换机的一些常用配置和远程登录相关配置命令。

操作中应特别注意各命令输入的状态,否则很容易出错;VLAN 虚接口配置 IP 后,必须开启接口才可能实现远程登录。

在实际工程项目中,对交换机的命名、配置远程登录管理具有很重要的意义。

(1)交换机的命名。通过对交换机的命名标识,特别是根据该交换机所处的位置或所要完成的功能等方面的命名可以方便交换机的管理,使管理人员非常快速地了解该交换机的功能信息,增加配置文件的可读性,防止配置混乱。

(2)交换机的远程登录管理。通过对交换机配置远程管理,可以使网络管理人员远程操作控制交换机,不必到现场,大幅减少了工作量,提高了效率。同时通过配置登录密码和特权用户密码很好地保证了安全性。

1.8 知识拓展

1.8.1 网络分层设计

根据 AAA 公司的建网需求,为实现网络系统建设目标,使骨干网络系统具有良好的扩展性和灵活的接入能力,并易于管理、易于维护,本项目实例在组网设计上采用二层结构化设计方案:接入层和核心层。该方案进行分层设计,不仅会因为采用模块化、自顶向下的方法细化而简化设计,而且经过分层设计后,每层设备的功能将变得清晰、明确,这有利于各层设备的选择和定位。

1. 接入层的设计

接入层位于整个网络拓扑结构的最底层,接入层交换机用于连接终端用户,端口密度一般较高,并且应配备高速上连端口。一般可采用二层交换机。华为常用的二层交换机有 S5700 LI 系列、S2700 系列、S1700 系列等。本实例中接入层交换机选择华为 S5700 型号。

2. 核心层的设计

一般大中型网络在组网设计上采用三层结构化设计方案:接入层、汇聚层和核心层。但因本网络规模较小,只设计接入层和核心层。在采用三层设计方案中,汇聚层交换机用于汇聚接入层交换机的流量,并上连至核心层交换机;核心层交换机是整个网络的中心交换机,具有最高的交换性能,用于连接和汇聚各汇聚层交换机的流量。它们的配置基本相似。

核心层交换机一般采用高档的三层交换机,这类交换机具有很高的交换背板带宽、较多的高速以太网端口和光纤端口。华为常用的三层交换机有 S5700 系列、S6700 系列、S8700 系列、S12700 系列等。本实例中核心层交换机选用 S5700 型号以太网交换机。

1.8.2 配置二层交换机端口

1. 端口单双工配置

在配置交换机时,应注意端口的单双工模式的匹配,如果链路的一端设置的是全双工,而另一端是半双工,则会造成响应差和高出错率,丢包现象会很严重。通常可设置为自动协商或设置为相同的单双工模式。在了解对端设备类型的情况下,建议手动设置端口双工模式。

配置命令如下:

```
[Huawei-GigabitEthernet0/0/1] duplex [full/half/auto]
```

其中,[]表示里面的内容可选;duplex 可翻译成"双工";full 代表全双工(full-duplex);half 代表半双工(half=duplex);auto 代表自动协商单双工模式。

例如,若要将交换机 S1 上的 10 号端口设置为全双工通信模式,则配置命令如下:

```
<S1>system-view
[S1]interface GigabitEthernet 0/0/1          //进入 G0/0/1 接口
[S1-GigabitEthernet0/0/1]duplex full
```

2. 端口速度

可以设定某端口根据对端设备速度自动调整本端口速度,也可以强制端口速度设为

10Mb/s、100Mb/s 或 1000Mb/s。在了解对端设备速度的情况下,建议手动设置端口速度。

配置命令如下:

```
[S1-GigabitEthernet0/0/1]speed 10/100/1000/auto-negotiation
```

1.8.3　交换机的交换方式

1. 直通式

直通方式的以太网交换机可以理解为在各端口间是纵横交叉的线路矩阵电话交换机。它在输入端口检测到一个数据包时,检查该包的包头,获取包的目的地址,启动内部的动态查找表并转换成相应的输出端口,在输入与输出交叉处接通,把数据包直通到相应的端口,实现交换功能。由于不需要存储,延迟非常小,交换非常快,这是它的优点。它的缺点是:因为数据包内容并没有被以太网交换机保存下来,所以无法检查所传送的数据包是否有误,不能提供错误检测能力。由于没有缓存,不能将具有不同速率的输入/输出端口直接接通,而且容易丢包。

2. 存储转发

存储转发方式是计算机网络领域应用最为广泛的方式。它把输入端口的数据包先存储起来,然后进行 CRC(循环冗余码校验)检查,在对错误包处理后才取出数据包的目的地址,通过查找表转换成输出端口送出包。正因如此,存储转发方式在数据处理时延时大,这是它的不足,但是它可以对进入交换机的数据包进行错误检测,有效地改善了网络性能。尤其重要的是,它可以支持不同速度的端口间的转换,保持高速端口与低速端口间的协同工作。

3. 碎片隔离

这是介于前两者之间的一种解决方案,此时会检查数据包的长度是否够 64 字节,如果小于 64 字节,说明是假包,则丢弃该包;如果大于 64 字节,则发送该包。这种方案也不提供数据校验,所以数据处理速度比存储转发的方式快,但比直通式慢。

1.9　练习题

一、填空题

1. 交换机的常用管理模式有_____种,分别为_____和_____,不需要事先为交换机设置管理 IP 的管理模式是_____。

2. 配置交换机时,超级终端的设置中,波特率为_____,奇偶校验为_____。

二、单项选择题

1. 一般连接交换机与主机的双绞线叫作(　　)。

　　A. 交叉线　　　　　　　B. 直连线　　　　　　C. 反转线　　　　　　D. 六类线

2. 下列说法正确的是(　　)。

　　A. 一个 24 口交换机有 24 个广播域　　　　B. 一个 24 口 HUB 有 24 个广播域

　　C. 一个 24 口交换机有 24 个冲突域　　　　D. 一个 24 口 HUB 有 24 个冲突域

3. 已知对一个标准的 C 类网络 192.168.1.0/24 进行了子网划分,每个子网可以容纳

6 台主机,现有一个主机 IP 地址为 192.168.1.11,请问下列地址中,哪一个主机地址与该主机地址在同一个网段(   )。

    A. 19.2.168.1.6   B. 192.168.1.9

    C. 192.168.1.7   D. 192.168.1.15

  4. 如图 1-38 所示,将 IP 地址 192.168.30.1 分配给接入层交换机的目的是(   )。

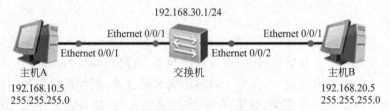

图 1-38　接入层交换机网络拓扑结构

    A. 为与此交换机相连的主机指定默认网关

    B. 允许同一 LAN 内的主机互相连接

    C. 允许远程管理此交换机

    D. 允许 VLAN 间通信

  5. 当管理员用 telnet 命令连接到交换机时提示"Password requied,but none set",原因可能是(   )。

    A. 远程登录密码未设置

    B. 网管机与交换机的管理地址不在同一个网段

    C. 远程登录密码未作加密处理

    D. 硬件问题

三、多项选择题

  1. 让主机获得 IP 地址的方法有(   )。

    A. 搭建局域网 DHCP 服务器   B. 手动指定

    C. 通过 ADSL 拨号上网分配   D. 所有选项均对

  2. 数据在网络中的通信方式包括(   )。

    A. 组播   B. 广播   C. 单播   D. 泛播

  3. 在一个网络中,一台主机的 IP 地址为 192.168.10.76,子网掩码为 255.255.255.224。在这个网段中,可以分配给主机的地址是(   )。

    A. 192.168.10.64   B. 192.168.10.65

    C. 192.168.10.94   D. 192.168.10.95

  4. 主机接入到局域网,负责把主机接入到网络中的设备是(   )。

    A. HUB   B. 交换机   C. 防火墙   D. Modem

  5. 以太网交换机常见的交换方式是(   )。

    A. 存储转发   B. 直通方式   C. IVL   D. SVL

  6. 下列关于网桥和交换机的说法正确的是(   )。

    A. 交换机最初是基于软件的,网桥是基于硬件的

B. 交换机和网桥都转发广播

C. 交换机和网桥都是基于二层地址转发的

D. 交换机比网桥的端口数量多

7. 要远程配置一台交换机,必需的配置是(　　)。

A. 交换机的名字必须出现在网上邻居中

B. 交换机必须配置 IP 地址和默认网关

C. 远程工作站必须能够访问交换机的管理 VLAN

D. Huawei 发现协议在交换机上必须是被允许的

8. 可以实现全双工操作的两个设备是(　　)。

A. 交换机到主机　　　　　　　　　　B. 交换机到交换机

C. HUB 到 HUB　　　　　　　　　　　D. 交换机到 HUB

9. 局域网的工作模式是(　　)。

A. 对等模式　　　　　　　　　　　　B. 客户/服务器模式

C. 文件服务器模式　　　　　　　　　D. 同步模式

10. 一台主机已经正确布线并配置有唯一的主机名和有效的 IP 地址,要使主机可以远程访问资源,还应配置的额外组件是(　　)。

A. 子网掩码　　　B. MAC 地址　　　C. 默认网关　　　　D. 环路 IP 地址

11. 以下描述中,正确的是(　　)。

A. 设置了交换机的管理地址后,就可以使用 Telnet 方式来登录连接交换机,并实现对交换机的管理与配置

B. 首次配置交换机时,必须采用 Console 口登录配置

C. 默认情况下,交换机的所有端口均属于 VLAN 1。设置管理地址,实际上就是设置 VLAN 1 接口的地址

D. 交换机允许同时建立多个 Telnet 登录连接

四、简答题

1. 请简述交换机的工作原理。

2. 请列举出正确的配置方法。

(1) 配置交换机的主机名。

(2) 配置交换机远程登录的密码。

(3) 配置交换机进入特权模式的密码。

(4) 为交换机分配管理 IP 地址为 192.168.1.1./24。

(5) 清除交换机的配置文件。

(6) 查看交换机的主机名。

(7) 查看交换机的管理 IP 地址。

3. 某机构获得的 C 类 IP 地址为 202.96.107.0,该机构有四个分部,每个分部有不多于50 台的机器,各自连成独立的子网。请为 4 个子网分配 IP 地址和子网掩码,要求最节约 IP地址。(写出每个子网的 IP 地址范围,即起止地址)

1.10 项目实训

本项目实训的网络拓扑结构如图 1-39 所示。

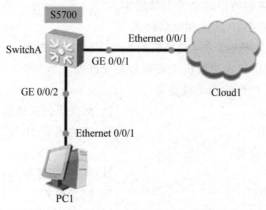

图 1-39 本项目实训的网络拓扑结构

实训要求：根据上面的网络拓扑结构搭建网络,完成下面的各项实训任务。

项目 1 实训

(1) 按下面地址对 PC0 设置：IP 地址为 192.168.56.201,子网掩码为 255.255.255.0。

(2) 配置交换机主机名(SwitchA);设置本地密码为 S1;SSH 远程登录账号为 root,密码为 S2。

(3) 配置交换机的 IP 地址为 192.168.56.101,子网掩码为 255.255.255.0。

(4) 查看 VLAN 1 虚接口的状态信息,并测试与 PC0 的连通性。

(5) 配置云 Cloud1 与物理机连通。

(6) 通过 SSH 方式从物理机登录到交换机 SwitchA,并且保存配置文件。

(7) 配置交换机端口 GE 0/0/2,端口速度为 100Mb/s,端口双工方式为半双工。

(8) 查看交换机版本信息。

(9) 查看当前生效的配置信息。

(10) 查看交换机的 MAC 地址表的内容。

项目 2
实现 VLAN 间通信

课程思政

- "天下兴亡,匹夫有责。"了解交换机的工作原理以及 VLAN 的相关操作,使用华为的设备模拟器来激发学生的爱国情怀和学习动力。
- 明确使用我国的软件在信息技术中的重要性,激发学生科技报国的家国情怀和使命担当。

2.1 项目导入

为满足任务要求,可以使用 LAN 和 VLAN 两种技术实现。考虑本项目内网规模较大,直接用 LAN 组建容易形成广播风暴。通常广播包用来进行 ARP 寻址等。许多设备都极易产生广播包。交换机虽然解决了冲突域的问题(每个交换机端口是一个冲突域),但是二层交换机能自动转发广播帧而无法划分广播域(广播是基于二层的,一层、二层设备无法划分广播域,只有三层设备如路由器才能划分广播域)。在直接用 LAN 组建的网络中,充斥着的众多广播包会消耗大量的带宽,从而降低网络效率,造成网络延迟,网络规模越大,延迟就越厉害,严重时甚至产生广播风暴,最终导致网络瘫痪。而使用 VLAN 技术能很好地解决广播风暴问题,同时还便于网络管理,可以灵活划分各广播域而不受物理位置的限制,并能提高网络的安全性。

需要说明的是:配置 VLAN 后,虽然解决了内部网络广播风暴的问题,但 VLAN 间的通信需要通过配置三层交换机来实现。

2.2 职业能力目标和要求

- 能够根据业务需求规划 VLAN,并进行相应的设置。
- 掌握三层交换机的工作原理。
- 能够配置 GVRP。
- 能够根据业务需要配置三层交换机来实现不同 VLAN 间的主机通信。

2.3 相关知识

2.3.1 VLAN 类型及原理

1. VLAN 概念

虽然交换机的所有端口已不再处于同一冲突域,但它们仍处于同一广播域中,因此当网络规模不断增大时,广播风暴的产生仍然无法避免。为了解决这个问题,虚拟局域网技术应运而生。

虚拟局域网通常简称为 VLAN,是指在一个物理网络上划分出来的逻辑网络。一个虚拟局域网就是一个网段,通过在交换机上划分 VLAN,可以将一个大的局域网划分成若干个网段,每个网段内所有主机间的通信和广播仅限于该 VLAN,广播帧不会被转发到其他网段,即一个 VLAN 就是一个广播域,如图 2-1 所示。VLAN 间不能直接通信,这就实现了对广播域的分割和隔离。VLAN 的划分不受网络端口的实际物理位置的限制,可以覆盖多个网络设备。

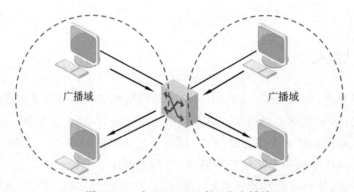

图 2-1 一个 VLAN 只有一个广播域

通过在局域网中划分 VLAN,可以起到以下作用。

(1) 控制网络广播风暴,增加广播域的数量,减少广播域的大小。一个 VLAN 就是一个子网,每个子网均有自己的广播域,通过划分 VLAN,可以缩小广播域的范围,抑制广播风暴的产生,减小广播帧对网络带宽的占用,提高网络的传输速度和效率。

(2) 便于对网络进行管理和控制。VLAN 是对端口的逻辑分组,不受任何物理连接的限制,同一 VLAN 中的用户可以连接在不同的交换机上,并且可以位于不同的物理位置。

(3) 增加网络的安全性。由于默认情况下 VLAN 间是相互隔离的,不能直接通信,对于保密性要求较高的部门,比如财务处,可将其划分在一个 VLAN 中,这样其他 VLAN 中的用户将不能访问该 VLAN 中的主机,从而起到了隔离作用,并提高了 VLAN 中用户的安全性。

2. VLAN 类型

划分 VLAN 所依据的标准是多种多样的,可以按端口、MAC 地址、网络协议和策略等的不同而划分不同类型的 VLAN,目前大多采用前两种形式。

(1) 按端口划分的 VLAN。将 VLAN 交换机上的物理端口和 VLAN 交换机内部的

PVC(永久虚电路)端口分成若干个组,每个组构成一个虚拟网,相当于一个独立的 VLAN 交换机。这种按网络端口来划分 VLAN 网络成员的配置过程简单明了,因此,它是最常用的一种方式。其主要缺点在于不允许用户移动,一旦用户移动到一个新的位置,网络管理员必须配置新的 VLAN。

(2) 按 MAC 地址划分的 VLAN。VLAN 工作基于工作站的 MAC 地址,VLAN 交换机跟踪属于 VLAN MAC 的地址。从某种意义上说,这是一种基于用户的网络划分手段,因为 MAC 在工作站的网卡(NIC)上。这种方式的 VLAN 允许网络用户从一个物理位置移动到另一个物理位置时,自动保留其所属 VLAN 的成员身份,但这种方式要求网络管理员将每个用户都一一划分在某个 VLAN 中,在一个大规模的 VLAN 中,这就有些困难。

3. VLAN 技术原理

1) IEEE 802.1q 协议

(1) IEEE 802.1q 协议简介。IEEE 802.1q 协议为标识带有 VLAN 成员信息的以太帧建立了一种标准方法,主要用来解决如何将大型网络划分为多个小网络,从而广播和组播流量就不会占据更多带宽的问题。支持 IEEE 802.1q 的交换端口可被配置来传输标签帧或无标签帧。一个包含 VLAN 信息的标签字段可以插入到以太帧中。如果端口与支持 IEEE 802.1q 的设备(如另一个交换机)相连,那么这些标签帧可以在交换机之间传送 VLAN 成员信息,这样 VLAN 就可以跨越多台交换机。但是,对于与不支持 IEEE 802.1q 设备(如很多 PC、打印机和旧式交换机)相连的端口,必须确保它们只用于传输无标签帧,否则这些设备会因为读不懂标签(由于标签字段的插入,标签帧大小超过了标准以太帧,使这些设备不能识别)而丢弃该帧。

(2) IEEE 802.1q 标签帧格式如图 2-2 所示。

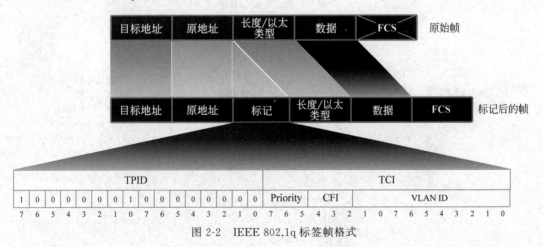

图 2-2　IEEE 802.1q 标签帧格式

TPID:标记协议标识字段,占 2 字节,值为 0x8100 时,则表明帧包含 802.1q 标记。

TCI:标签控制信息字段,包括帧优先级(Priority)、规范格式指示器(CFI)和 VLAN 号(VLAN ID)。其中 Priority 占 3 位,用于指定帧的优先级;CFI 占 1 位,常用于指出是否为令牌环帧;VLAN ID(简称 VID)是对 VLAN 识别的字段,该字段为 12 位,支持 $4096(2^{12})$ 个 VLAN 的识别。

2) 交换机的端口

对于使用 iOS 的交换机,交换机的端口(port)通常也称为接口(interface)。交换机的端口按用途分为访问连接(access link)端口和主干链路(trunk link)端口两种。访问连接端口通常用于连接交换机与计算机,以提供网络接入服务。该端口只属于某一个 VLAN,并且仅向该 VLAN 发送或接受无标签数据帧。主干链路端口属于所有 VLAN 共有,承载所有 VLAN 在交换机间的通信流量,只能传输带标签数据帧。通常用于连接交换机与交换机、交换机与路由器。

3) VLAN 交换机数据的传输过程

当 VLAN 交换机从工作站接收到数据后,会对数据的部分内容进行检查,并与一个 VLAN 配置数据库(该数据库含有静态配置的或者动态学习而得到的 MAC 地址等信息)中的内容进行比较后,确定数据去向。如果数据要发往一个 VLAN 设备,一个 VLAN 标识就被加到这个数据上。根据 VLAN 标识和目的地址,VLAN 交换机就可以将该数据转发到同一 VLAN 上适当的目的地。如果数据发往非 VLAN 设备,则 VLAN 交换机发送不带 VLAN 标识的数据。

图 2-3 所示是一个跨交换机的 VLAN 的数据传输过程。其中,VLAN 1 中的 PC1 向 PC2 发送信息的详细过程如下。

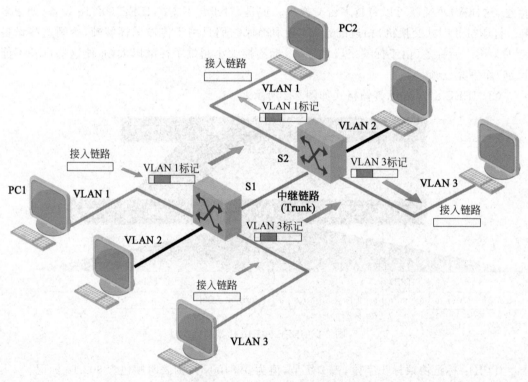

图 2-3 跨交换机 VLAN 的数据传输过程

(1) PC1 构造一个目标地址为 PC2 的普通以太网数据帧,并发送到交换机 S1。

(2) S1 检查 MAC 地址表发现 PC2 不在 MAC 地址表中,于是将信息广播至 S1 的所有端口(因 Trunk 口只能接收带标签的数据帧,所以 S1 先为数据帧加上标签后,才将其发送至

Trunk 口）。

（3）S1 的 Trunk 口进一步将信息传送到 S2 的 Trunk 口。

（4）S2 的 Trunk 口收到数据包后，查 MAC 地址表找到了与数据包 MAC 地址相匹配的记录。

（5）因 PC2 只能接受普通以太网数据帧，S2 先将数据帧中的标签去掉，然后按 MAC 地址表将数据包发送到与 PC2 相连的端口，最后传送到 PC2。

2.3.2　VLAN 配置

1. 创建 VLAN

除了默认 VLAN 1 外，其余 VLAN 需要通过命令来手工创建。创建 VLAN 有两种方式。

方法一：在系统视图下，命令用来创建单个 VLAN 并进入 VLAN 视图，如果 VLAN 已存在，则直接进入该 VLAN 的视图，其用法如下：

```
[Huawei]vlan vlan-id
[Huawei-vlan vlan-id1]vlan vlan id2
```

其中，vlan-id 代表要创建的 VLAN 的序号。vlan-id 的范围是 0～4095，可配置的值为 1～4094，0 和 4095 为保留值。默认情况下，交换机会自动创建和管理 VLAN 1，所有交换机端口默认均属于 VLAN 1，用户不能删除 VLAN 1。

方法二：在系统视图下，使用 vlan batch 命令来创建多个 VLAN，其用法如下：

```
[Huawei]vlan batch vlan-id1 vlan-id2 ... vlan-idn
```

2. 划分 VLAN 端口

要将一个（组）端口设置为某个 VLAN 的成员，首先应选择该（组）端口，然后将接口加入 VLAN。

1）选择接口

（1）选择单个端口。在系统视图下执行 interface 命令，即可选择端口进入其配置模式（在该模式下，可对选定的端口进行配置，并且只能执行配置交换机端口的命令）。该命令行提示符如下：

```
[Huawei]interface type mod_num/port_num
[Huawei-type mod num/port num]
```

其中，type 代表端口类型，通常有 Ethernet（以太网端口，通信速度为 10Mb/s）、GigabitEthernet（吉比特以太网端口，1000Mb/s）、Eth-Trunk（汇聚链路端口）、LoopBack（回环端口）、Meth（管理端口）、NULL（空端口）、Tunnel（隧道端口）和 Vlanif（虚拟局域网接口），这些端口类型通常可简约表达为 e、gi、lo、me、nu、tu 和 vi；mod_num/port_num 代表端口所在的模块和在该模块中的编号。

例如，选择交换机的 0 号模块的第 3 个以太网端口。

```
[Huawei]interface Ethernet 0/0/3
[Huawei-Ethernet0/0/3]
```

(2) 选择多个端口。若选择多个端口,S5700、S3700 和 CE6800 交换机支持使用 port-group 关键字来指定端口范围,并对这些端口进行统一的配置。同时选择多个交换机端口的配置命令如下:

```
[Huawei]port-group startport-endport
[Huawei - port - group - startport - endport] group - member type mode startport
to endport
[Huawei-port-group-startport-endport]
```

startport 代表要选择的起始端口号,endport 代表结尾的端口号,用于代表起始范围的连字符 to 的两端。

例如,若要选择交换机 S1 的第 2～10 的以太网端口,则配置命令如下:

```
<Huawei>system-view
[Huawei]port-group 2-10
[Huawei-port-group-2-10]group-member Ethernet 0/0/2 to Ethernet 0/0/10
[Huawei-port-group-2-10]
```

2) 将端口加入 VLAN

port link-type {access｜hybrid｜trunk}:用来配置端口的链路类型。可以配置端口的类型为 Access、Trunk 或 Hybrid。

port default vlan vlan-id:用来配置端口的默认 VLAN 并同时加入这个 VLAN。

3) 将端口设置为 Trunk 模式

port link-type trunk:将端口设置成 Trunk 模式。

port trunk allow-pass vlan:用来配置 Trunk 类型端口允许通过的 VLAN。

undo port trunk allow-pass vlan:用来删除 Trunk 类型端口加入的 VLAN。

VLAN 1 默认就在允许通过列表中。若无实际业务用途,为了安全,一般要将它删除。

3. 显示 VLAN 信息

若要显示 VLAN 信息,可在系统视图下使用以下命令。

```
[Huawei]display vlan
```

4. VLAN 配置实例

例 2-1　现有 1 台 Huawei S3700-26C-HI 交换机、两台 PC。PC1(IP 地址为 192.168.1.1)和 PC2(IP 地址为 192.168.1.2)连接在同一台交换机上,但是处在不同的 VLAN 中。测试两台计算机的连通性,并加以显示和验证,同时说明其中的道理。实验拓扑如图 2-4 所示。

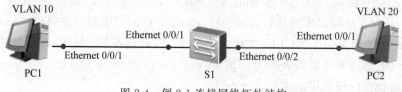

图 2-4　例 2-1 连接网络拓扑结构

(1) 基本配置。按照网络拓扑结构将两台 PC 连接到没有划分 VLAN 的交换机的相应端口上,并且确保两台 PC 能互相 ping 通。

① 配置 PC 的 IP 地址和子网掩码。PC1 的 IP 地址为 192.168.1.1,子网掩码为 255.255.255.0;PC2 的 IP 地址为 192.168.1.2,子网掩码为 255.255.255.0。

单交换机
VLAN 原理

② 测试两台计算机的连通性。

用 PC1 去 ping PC2,命令如下:

```
PC>ping 192.168.1.2          //测试 PC1 能否 ping 通 PC2
```

则 PC1 可以 ping 通 PC2。同样,PC2 也可以 ping 通 PC1。ping 通原因是目前 PC1 与 PC2 的 IP 地址在一个网段,且两台机器又同在 VLAN 1 中。

(2) 创建 VLAN。在交换机上创建 VLAN 10 和 VLAN 20。

```
<Huawei>system-view            //进入系统视图
[Huawei]sysname S1             //将交换机重命名为 S1
[S1]vlan 10                    //创建 VLAN 10,并且进入 VLAN 配置模式
[S1-vlan10]quit                //返回系统视图
[S1]vlan 20
[S1-vlan20]quit
```

(3) 查看当前 VLAN 的配置信息。

```
[S1]display vlan               //显示交换机当前 VLAN 的配置情况(结果见图 2-5)
```

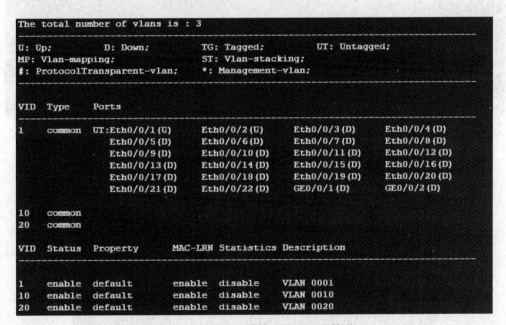

图 2-5 加入端口前的 VLAN 配置情况

(4) 将端口分配给指定的 VLAN。为 E0/0/1 和 E0/0/2 设置指定的端口模式,并分配到指定的 VLAN 中。

```
<S1>system-view
[S1]interface Ethernet0/0/1                //选定 E0/0/1 端口
[S1-Ethernet0/0/1]port link-type access    //设置端口模式为 access
```

```
[S1-Ethernet0/0/1]port default vlan 10          //将端口加入 VLAN 10
[S1-Ethernet0/0/1]quit
[S1]interface Ethernet0/0/2
[S1-Ethernet0/0/2]port link-type access
[S1-Ethernet0/0/2]port default vlan 20
[S1-Ethernet0/0/2]quit
```

(5) 查看当前 VLAN 配置信息。

```
[S1]display vlan          //查看加入端口后交换机中 VLAN 的配置情况(结果见图 2-6)
```

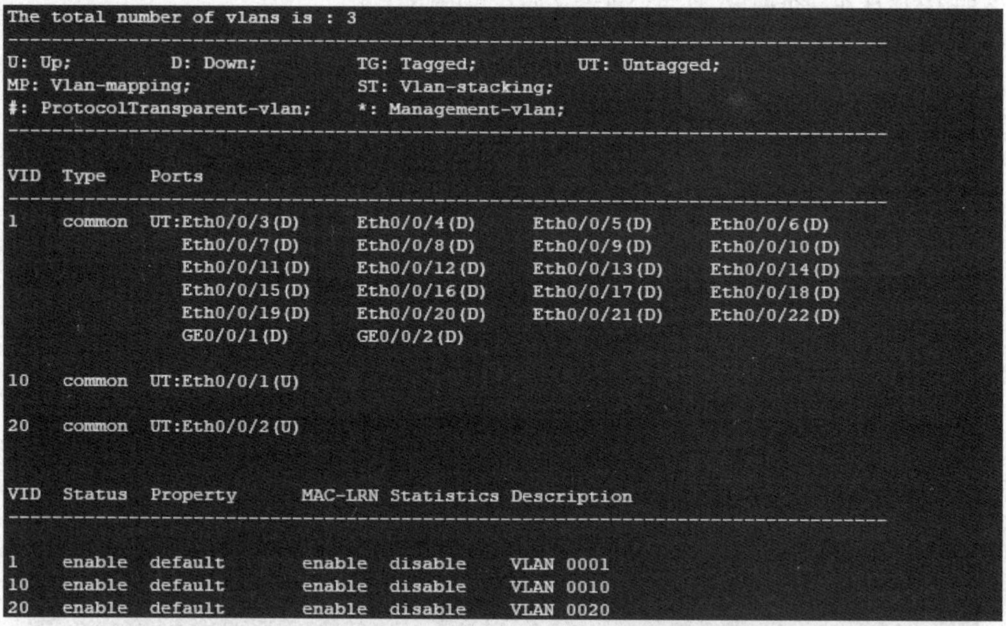

```
The total number of vlans is : 3
--------------------------------------------------------------------------------
U: Up;          D: Down;          TG: Tagged;          UT: Untagged;
MP: Vlan-mapping;                 ST: Vlan-stacking;
#: ProtocolTransparent-vlan;      *: Management-vlan;
--------------------------------------------------------------------------------

VID  Type   Ports
1    common UT:Eth0/0/3(D)     Eth0/0/4(D)     Eth0/0/5(D)     Eth0/0/6(D)
                Eth0/0/7(D)     Eth0/0/8(D)     Eth0/0/9(D)     Eth0/0/10(D)
                Eth0/0/11(D)    Eth0/0/12(D)    Eth0/0/13(D)    Eth0/0/14(D)
                Eth0/0/15(D)    Eth0/0/16(D)    Eth0/0/17(D)    Eth0/0/18(D)
                Eth0/0/19(D)    Eth0/0/20(D)    Eth0/0/21(D)    Eth0/0/22(D)
                GE0/0/1(D)      GE0/0/2(D)

10   common UT:Eth0/0/1(U)

20   common UT:Eth0/0/2(U)


VID  Status  Property      MAC-LRN Statistics Description
--------------------------------------------------------------------------------
1    enable  default       enable  disable    VLAN 0001
10   enable  default       enable  disable    VLAN 0010
20   enable  default       enable  disable    VLAN 0020
```

图 2-6　加入端口后的 VLAN 配置情况

(6) 测试连通性。测试两台计算机是否能相互 ping 通。

```
PC>ping 192.168.1.2          //测试 PC1 能否 ping 通 PC2(结果见图 2-7)
```

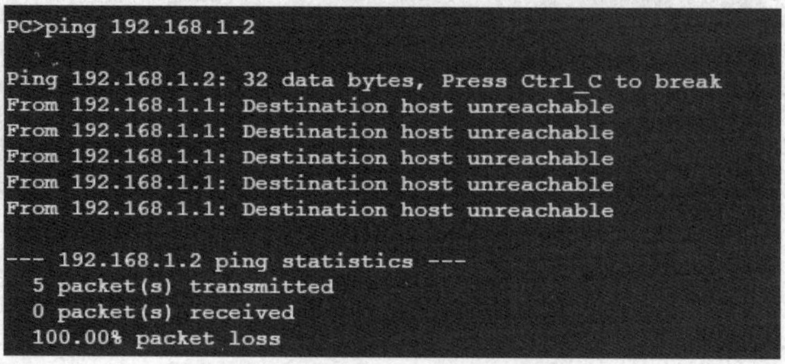

```
PC>ping 192.168.1.2

Ping 192.168.1.2: 32 data bytes, Press Ctrl_C to break
From 192.168.1.1: Destination host unreachable
From 192.168.1.1: Destination host unreachable
From 192.168.1.1: Destination host unreachable
From 192.168.1.1: Destination host unreachable
From 192.168.1.1: Destination host unreachable

--- 192.168.1.2 ping statistics ---
  5 packet(s) transmitted
  0 packet(s) received
  100.00% packet loss
```

图 2-7　PC1 ping PC2 的测试结果

PC1 无法 ping 通 PC2。因为起初两台 PC 连接到没有划分 VLAN 的交换机的相应端口上,两端口默认均属于 VLAN 1,VLAN 1 内的主机彼此间是可以自由通信的;最后将两台 PC 分配到不同的 VLAN 中,不同 VLAN 中的主机是不能直接通信的。

例 2-2 现有 2 台 Huawei S3700-26C-HI 交换机、3 台 PC。PC1(IP 地址为 192.168.1.1)和 PC2(IP 地址为 192.168.1.2)连接到同一台交换机上,但是处在不同的 VLAN 中。PC3(IP 地址为 192.168.1.3)连接到另一台交换机上。要求 PC1 能与 PC3 互相通信,PC2 不能与 PC3 互相通信,并加以显示和验证,同时说明其中的道理。网络拓扑结构如图 2-8 所示。

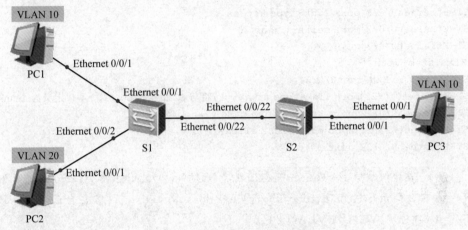

图 2-8 例 2-2 的网络拓扑结构

(1) 基本配置。按照网络拓扑结构连接计算机和交换机,并为各 PC 配置 IP 地址。

① 配置 PC 的 IP 地址和子网掩码。PC1 的 IP 地址为 192.168.1.1,子网掩码为 255.255.255.0;PC2 的 IP 地址为 192.168.1.2,子网掩码为 255.255.255.0;PC3 的 IP 地址为 192.168.1.3,子网掩码为 255.255.255.0。

② 测试计算机的连通性。

用 PC3 去 ping PC1:

```
PC>ping 192.168.1.1        //测试 PC3 能否 ping 通 PC1
```

跨交换机
VLAN 原理

PC3 可以 ping 通 PC1。因为 PC3 与 PC1 目前的 IP 地址在同一网段,二者又在同一 VALN 中。

用 PC3 去 ping PC2:

```
PC>ping 192.168.1.2        //测试 PC3 能否 ping 通 PC2
```

PC3 可以 ping 通 PC2。因为 PC3 与 PC2 目前的 IP 地址在同一网段,二者又在同一 VALN 中。

(2) S1 上的配置。

① VLAN 配置。把 LS1 重命名为 S1,在 LS1 上创建 VLAN 10 和 VLAN 20,并将端口 E0/0/1 加入到 VLAN 10 中,端口 E0/0/2 加入到 VLAN 20 中。

```
<Huawei>system-view
<Huawei>sysname S1
[S1]vlan 10
```

```
[S1-vlan10]quit
[S1]vlan 20
[S1-vlan20]quit
[S1]interface Ethernet0/0/1
[S1-Ethernet0/0/1]port link-type access
[S1-Ethernet0/0/1]port default vlan 10
[S1-Ethernet0/0/1]quit
[S1]interface Ethernet0/0/2
[S1-Ethernet0/0/2]port link-type access
[S1-Ethernet0/0/2]port default vlan 20
[S1-Ethernet0/0/2]quit
<S1>system-view
[S1]interface Ethernet0/0/22
[S1-Ethernet0/0/22]port link-type trunk    //将与 S2 相连的 E0/0/22 端口定义为 Trunk 模式
[S1-Ethernet0/0/22]port trunk allow-pass vlan 10 20
[S1-Ethernet0/0/22]undo port trunk allow-pass vlan 1
[S1-Ethernet0/0/22]quit
```

若加入端口 E0/0/2 之前忘记创建 VLAN 20,此时系统会提示 VLAN 20 不存在。提示信息为"Error:The VLAN does not exist."。需要自己创建 VLAN 20,再将端口连接到 VLAN 20 上。

② 查看配置信息。

● 查看 VLAN 配置情况。

```
[S1]display vlan                          //查看 S1 的 VLAN 配置情况(结果见图 2-9)
```

```
The total number of vlans is : 3
--------------------------------------------------------------------------------
U: Up;          D: Down;          TG: Tagged;          UT: Untagged;
MP: Vlan-mapping;                 ST: Vlan-stacking;
#: ProtocolTransparent-vlan;      *: Management-vlan;


VID   Type    Ports
--------------------------------------------------------------------------------
1     common  UT:Eth0/0/3(D)     Eth0/0/4(D)     Eth0/0/5(D)     Eth0/0/6(D)
              Eth0/0/7(D)        Eth0/0/8(D)     Eth0/0/9(D)     Eth0/0/10(D)
              Eth0/0/11(D)       Eth0/0/12(D)    Eth0/0/13(D)    Eth0/0/14(D)
              Eth0/0/15(D)       Eth0/0/16(D)    Eth0/0/17(D)    Eth0/0/18(D)
              Eth0/0/19(D)       Eth0/0/20(D)    Eth0/0/21(D)    GE0/0/1(D)
              GE0/0/2(D)

10    common  UT:Eth0/0/1(U)
              TG:Eth0/0/22(U)
20    common  UT:Eth0/0/2(U)
              TG:Eth0/0/22(U)


VID   Status  Property      MAC-LRN Statistics Description
--------------------------------------------------------------------------------
1     enable  default       enable  disable    VLAN 0001
10    enable  default       enable  disable    VLAN 0010
20    enable  default       enable  disable    VLAN 0020
```

图 2-9　S1 的 VLAN 配置情况

- 显示 S1 的 E0/0/22 端口的状态，如图 2-10 所示。

[S1]display interface Ethernet 0/0/22

```
Ethernet0/0/22 current state : UP
Line protocol current state : UP
Description:
Switch Port, PVID :    1, TPID : 8100(Hex), The Maximum Frame Length is 9216
IP Sending Frames' Format is PKTFMT_ETHNT_2, Hardware address is 4c1f-cc95-224
Last physical up time   : 2022-07-14 16:21:34 UTC-08:00
Last physical down time : 2022-07-14 16:21:31 UTC-08:00
Current system time: 2022-07-14 17:17:43-08:00
Hardware address is 4c1f-cc95-2244
    Last 300 seconds input rate 0 bytes/sec, 0 packets/sec
    Last 300 seconds output rate 0 bytes/sec, 0 packets/sec
    Input: 176147 bytes, 1485 packets
    Output: 3716 bytes, 36 packets
    Input:
      Unicast: 10 packets, Multicast: 1473 packets
      Broadcast: 2 packets
    Output:
      Unicast: 12 packets, Multicast: 24 packets
      Broadcast: 0 packets
    Input bandwidth utilization  :      0%
    Output bandwidth utilization :      0%
```

图 2-10　S1 的 E0/0/22 端口的状态

（3）S2 上的配置。在 S2 上创建 VLAN 10，将端口 E0/0/1 加入到 VLAN 10 中，并将与 S1 相连的 E0/0/22 端口定义为 Trunk 模式。

```
<Huawei>system-view
[Huawei]sysname S2
[S2]vlan 10
[S2-vlan10]quit
[S2]interface Ethernet0/0/1
[S2-Ethernet0/0/1]port link-type access
[S2-Ethernet0/0/1]port default vlan 10
[S2-Ethernet0/0/1]quit
[S2]interface Ethernet0/0/22
[S2-Ethernet0/0/22]port link-type trunk    //当对方端口已配置成 Trunk 模式时，在端口处
                                              于自适应状态时，相连的端口也自动处于
                                              Trunk 模式
[S2-Ethernet0/0/22]port trunk allow-pass vlan 10
[S2-Ethernet0/0/22]undo port trunk allow-pass vlan 1
[S2-Ethernet0/0/22]quit
```

（4）测试连通性。

PC1 与 PC3 可以相互 ping 通，PC2 与 PC3 不能互相通信。因为此时 PC1 与 PC3 分处在两台用 Trunk 端口相连的交换机上，且两台 PC 都处于 VLAN 10 中，IP 地址又在同一网段上，所以可以相互 ping 通；而 PC2 和 PC3 不在同一个 VLAN 中，所以不能相互通信。

2.3.3　认识三层交换机

1. 三层交换机概述

三层交换是相对于传统的交换概念而提出的。传统的交换技术是在 OSI 网络参考模型

中的第二层(即数据链路层)进行操作的,而三层交换技术是在网络模型中的第三层实现了数据包的高速转发。简单地说,三层交换技术就是"二层交换技术+三层转发技术",三层交换机就是"二层交换机+基于硬件的路由器",但它是二者的有机结合,并不是简单地把路由器设备的硬件和软件简单地叠加在局域网交换机上。

2. 三层交换机的工作原理

三层交换的技术细节非常复杂,不可能一下子讲清楚,不过我们可以简单地将三层交换机理解为由一台路由器和一台二层交换机构成,如图2-11所示。

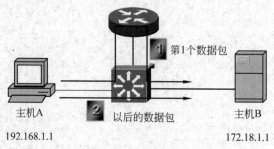

图 2-11　三层交换机的工作原理

两台处于不同子网的主机通信,必须要通过路由器进行路由。在图2-11中,主机A向主机B发送的第1个数据包,必须要经过三层交换机中的路由处理器进行路由才能到达主机B,但是当以后的数据包再发向主机B时,就不必再经过路由处理器处理了,因为三层交换机有"记忆"路由的功能。

三层交换机的路由记忆功能是由路由缓存来实现的。当一个数据包发往三层交换机时,三层交换机首先在它的缓存列表里进行检查,看看路由缓存里有没有记录,如果有记录就直接调取缓存的记录进行路由,而不再经过路由处理器进行处理,这样数据包的路由速度就大大提高了。如果三层交换机在路由缓存中没有发现记录,再将数据包发往路由处理器进行处理,处理之后再转发数据包,并将路由信息写入路由缓存。

三层交换机的缓存机制与CPU的缓存机制是非常相似的。大家都有这样的印象,开机后第一次运行某个大型软件时会非常慢,但是当关闭这个软件之后再次运行这个软件,就会发现运行速度大大加快了。比如本来打开Word需要5~6秒,关闭后再打开Word,就会发现只需要1~2秒就可以了,原因在于CPU内部有一级缓存和二级缓存,会暂时存储最近使用的数据,所以再次启动会比第一次启动快得多。

3. 三层交换机的路由

网络接口是路由设备为一个IP子网提供的网关接口,三层交换机的网络接口为表2-1所示的3种三层接口之一。所有的三层网络接口必须配置IP地址才能进行路径选择。

表 2-1　三层交换机的 3 种网络接口

类　　型	作　　用
路由口(route port)	一个物理端口,它把三层交换机的一个2层接口通过 no switchport 命令设为3层端口

类　型	作　用
虚拟交换接口(SVI)	一个通过全局配置命令 interface vlan vlan-id 创建的关联 VLAN 的网络接口
三层模式下的聚合链路(L3 aggregate port, L3 AP)	一个逻辑接口,先创建一个空的 L2 AP,然后通过 no switchport 命令转换成 L3 AP,将路由口作为成员加入

4. 三层交换机与二层交换机及路由器的区别

1) 三层交换机与二层交换机的区别

(1) 主要功能不同。二层交换机和三层交换机都可以交换转发数据帧,但三层交换机除了具有二层交换机的转发功能外,还有 IP 数据包路由功能。

(2) 使用的场所不同。二层交换机是工作在 OSI 参考模型第二层(数据链路层)的设备,而三层交换机是工作在 OSI 参考模型第三层(网络层)的设备。

(3) 处理数据的方式不同。二层交换机使用二层交换转发数据帧,而三层交换机的路由模块使用三层交换 IP 数据包。

2) 三层交换机与路由器的区别

(1) 结构不同。在结构上,三层交换机更接近于二层交换机,只是针对三层路由进行了专门设计。之所以称为"三层交换机"而不称为"交换路由器",原因就在于此。

(2) 性能不同。在交换性能上,路由器比三层交换机的交换性能要弱很多。

2.3.4　三层交换机 VLAN 的配置与管理

1. 三层交换机的 VLAN 概述

在三层交换机中,VLAN 的原理与二层交换机中是相同的。但有一点要注意的是,如果一个端口所连接的主机想要和它不在同一个 VLAN 的主机通信时,则必须通过一个三层设备(路由器或者三层交换机)才能实现。三层交换机可以通过 SVI 接口(switch virtual interfaces,交换机虚拟接口)或者三层物理接口来进行 VLAN 间的 IP 路由。

2. 三层交换机通过 SVI 接口实现 VLAN 间的路由

三层交换机通过 SVI 接口实现 VLAN 间的路由的步骤如下。

(1) 创建 VLAN。

```
<Huawei>system-view
[Huawei] vlan [vlan id]                        //vlan id 取值范围为 1~4094
```

(2) 选择端口,并将端口划分到 VLAN 里。

```
[Huawei]interface type mod_num/port_num        //选择一个端口
[Huawei]port-group startport-endport
[Huawei-port-group-startport-endport]group-member type mode startport to
endport                                        //选择一组端口
[Huawei]port link-type access
[Huawei]port default vlan [vlan id]
```

(3) 进入 VLAN 虚接口,并为其配置 IP 地址。

```
[Huawei]interface vlanif vlan-id
[Huawei]ip address address netmask
```

(4) 验证。

```
[Huawei]display ip interface brief              //查看接口状态
```

3. 三层交换机配置实例

例 2-3 现有一台 Huawei S5700-28C-HI 交换机、两台 PC。PC1(IP 地址为 192.168.10.10)和 PC2(IP 地址为 192.168.20.20)连接在同一台交换机上,但是处在不同的 VLAN 中。要求实现两台主机间的通信,并加以显示和验证。本实例的网络拓扑结构如图 2-12 所示。

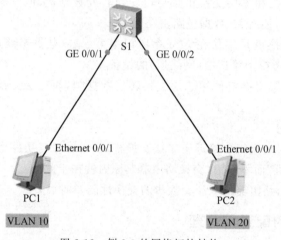

图 2-12   例 2-3 的网络拓扑结构

三层交换机配置

下面通过 SVI 接口实现 VLAN 间的路由。

(1) 按照网络拓扑结构将两台 PC 连接到交换机的相应端口上。

(2) 在 S1 上创建 VLAN 10 和 VLAN 20,将端口 GE0/0/1 规划到 VLAN 10 中,将端口 GE0/0/2 规划到 VLAN 20 中。

```
<Huawei>system-view
[Huawei]sysname S1
[S1]vlan 10
S1(config)#vlan 10
[S1-vlan10]quit
[S1]vlan 20
[S1-vlan20]quit
[S1]interface GigabitEthernet 0/0/1
[S1-GigabitEthernet0/0/1]port link-type access
[S1-GigabitEthernet0/0/1]port default vlan 10
[S1-GigabitEthernet0/0/1]quit
[S1]interface GigabitEthernet 0/0/2
[S1-GigabitEthernet0/0/2]port link-type access
[S1-GigabitEthernet0/0/2]port default vlan 20
```

```
[S1-GigabitEthernet0/0/2]quit
```

（3）启用 S1 的三层虚拟交换接口，配置 IP 地址。

```
[S1]interface vlanif 10
[S1-Vlanif10]ip add 192.168.10.1 24
[S1-Vlanif10]quit
[S1]interface vlanif 20
[S1-Vlanif20]ip add 192.168.20.1 24
[S1-Vlanif20]quit
```

（4）验证。

① 在 PC 上设置相应的 IP 地址，将网关设置成虚拟交换端口的 IP 地址，并测试 PC 间的连通性，如图 2-13～图 2-15 所示。

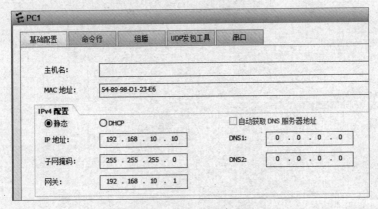

图 2-13　PC1 的基本配置

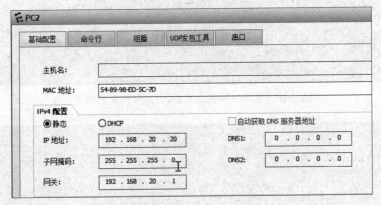

图 2-14　PC2 的基本配置

PC1 与 PC2 相互能 ping 通，原因是三层交换机为不同 VLAN 间通信提供了路由。

② 在交换机上用 display vlan 和 display ip interface brief 命令查看配置信息，如图 2-16和图 2-17 所示。

```
PC>ping 192.168.20.20

Ping 192.168.20.20: 32 data bytes, Press Ctrl_C to break
From 192.168.20.20: bytes=32 seq=1 ttl=127 time=78 ms
From 192.168.20.20: bytes=32 seq=2 ttl=127 time=63 ms
From 192.168.20.20: bytes=32 seq=3 ttl=127 time=47 ms
From 192.168.20.20: bytes=32 seq=4 ttl=127 time=46 ms
From 192.168.20.20: bytes=32 seq=5 ttl=127 time=31 ms

--- 192.168.20.20 ping statistics ---
  5 packet(s) transmitted
  5 packet(s) received
  0.00% packet loss
  round-trip min/avg/max = 31/53/78 ms
```

图 2-15　PC1 与 PC2 连通

```
The total number of vlans is : 3
-------------------------------------------------------------------------
U: Up;          D: Down;          TG: Tagged;          UT: Untagged;
MP: Vlan-mapping;                 ST: Vlan-stacking;
#: ProtocolTransparent-vlan;      *: Management-vlan;
-------------------------------------------------------------------------

VID  Type    Ports
-------------------------------------------------------------------------
1    common  UT:GE0/0/3(D)     GE0/0/4(D)      GE0/0/5(D)      GE0/0/6(D)
             GE0/0/7(D)        GE0/0/8(D)      GE0/0/9(D)      GE0/0/10(D)
             GE0/0/11(D)       GE0/0/12(D)     GE0/0/13(D)     GE0/0/14(D)
             GE0/0/15(D)       GE0/0/16(D)     GE0/0/17(D)     GE0/0/18(D)
             GE0/0/19(D)       GE0/0/20(D)     GE0/0/21(D)     GE0/0/22(D)
             GE0/0/23(D)       GE0/0/24(D)

10   common  UT:GE0/0/1(U)
20   common  UT:GE0/0/2(U)


VID  Status  Property      MAC-LRN Statistics Description
-------------------------------------------------------------------------

1    enable  default       enable  disable    VLAN 0001
10   enable  default       enable  disable    VLAN 0010
20   enable  default       enable  disable    VLAN 0020
```

图 2-16　显示交换机中当前 VLAN 的配置情况

```
*down: administratively down
^down: standby
(l): loopback
(s): spoofing
The number of interface that is UP in Physical is 3
The number of interface that is DOWN in Physical is 2
The number of interface that is UP in Protocol is 3
The number of interface that is DOWN in Protocol is 2

Interface                      IP Address/Mask      Physical    Protocol
MEth0/0/1                      unassigned           down        down
NULL0                          unassigned           up          up(s)
Vlanif1                        unassigned           down        down
Vlanif10                       192.168.10.1/24      up          up
Vlanif20                       192.168.20.1/24      up          up
```

图 2-17　显示交换机当前端口的状态

2.4　项目设计与准备

1. 项目设计

（1）根据公司总部各部门的信息点数选择合适的设备,建立基本的物理网络连接。

（2）规划并分配各部门的网段、网关。

（3）根据业务要求创建并划分 VLAN。

（4）配置三层交换机 S3,实现 VLAN 间的通信。

具体实施步骤:本项目先尝试通过二层交换机级联,直接用 LAN 完成各部门子网组建,并分析这样建网的缺点。再使用 VLAN 技术组建内部子网,并通过启用三层交换机的路由功能实现 VLAN 间通信。本任务的工作流程:用二层交换机级联搭建各部门子网→测试部门内部及部门之间的连通性→在各交换机上创建相应 VLAN→将端口加入 VLAN→测试部门内部及部门之间的连通性→定义 VLAN 虚接口地址→添加 PC 网关→测试部门内部及部门之间的连通性。

2. 项目准备

方案一:真实设备操作(以组为单位,小组成员协作,共同完成实训)。

- Huawei 交换机、配置线、台式机或笔记本电脑。
- 项目的配置结果。

方案二:在模拟软件中操作(以组为单位,成员相互帮助,各自独立完成实训)。

- 安装有 eNSP 的计算机每人一台。
- 项目的配置结果。

2.5　项目实施

任务 2-1　用 LAN 技术实现网络组建

1. 组建内部网络

（1）子网物理规划。根据各部门包含信息点的情况,可以考虑通过下接低档次交换机、HUB 或者直接连接到二层交换机上几种方式实现

配置交换机
VLAN 实现不同
部门间隔离

各部门计算机的接入。各部门主要选用设备情况的规划如表 2-2 所示。各部门太过分散的信息点可以考虑通过其他部门的设备或者直接接到二层交换机上再接入网络。

表 2-2　设备情况规划表

部　　门	信息点	选用设备	数　量
市场部	100	24 口交换机	5
财务部	40	24 口交换机	2
人力资源部	17	16 口 HUB	4
总经理及董事会办公室	10	16 口 HUB	2
信息技术部	13	16 口 HUB	3
公司分部	30	24 口交换机	2

（2）补全内网的网络拓扑结构。根据当前规划可将内网的网络拓扑结构进一步描绘出

来。但考虑到信息点个数及所用网络设备太多,这里只向下连接几个具有代表性的设备,如图 2-18(a)所示。但是在本项目中,只用 3 台 PC 和 4 台交换机做实训,网络拓扑结构如图 2-18(b)所示。

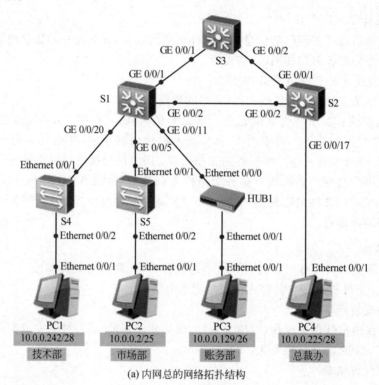

(a) 内网总的网络拓扑结构

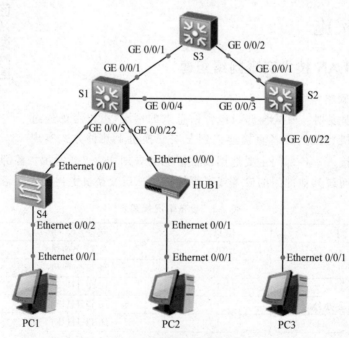

(b) 实训用的网络拓扑结构

图 2-18 总的及简化的网络拓扑结构

其中,S4 表示市场部的一个下接 24 口低档次二层交换机,HUB 代表信息技术部的一个 16 口集线器。PC1 表示市场部的一台计算机,PC2 和 PC3 代表信息技术部的两台计算机。

（3）子网物理连接。各设备物理连接情况如表 2-3 所示。

表 2-3　各设备物理连接

源设备名称	设备接口	目标设备名称	设备接口
S4	E0/0/1	S1	E0/0/5
S4	E0/0/2	PC1	E0/0/1
HUB	E0/0/0	S1	E0/0/22
HUB	E0/0/1	PC2	E0/0/1
S2	E0/0/22	PC3	E0/0/1

（4）子网地址规划。各子网 IP 地址段、子网掩码与主机地址范围详细规划如表 2-4 所示。

表 2-4　子网地址规划

区　　域	IP 地址段	子网掩码	主机地址范围
市场部	10.0.0.0/25	255.255.255.128	10.0.0.1～10.0.0.126
财务部	10.0.0.128/26	255.255.255.192	10.0.0.129～10.0.0.190
人力资源部	10.0.0.192/27	255.255.255.224	10.0.0.193～10.0.0.222
总经理及董事会办公室	10.0.0.224/28	255.255.255.240	10.0.0.225～10.0.0.238
信息技术部	10.0.0.240/28	255.255.255.240	10.0.0.241～10.0.0.254

（5）子网设备 IP 使用。根据以上信息连接设备,并配置 3 台 PC 的 IP 地址和子网掩码。各 PC 的配置如下:PC1 的 IP 地址为 10.0.0.1,掩码为 255.255.255.128;PC2 的 IP 地址为 10.0.0.241,掩码为 255.255.255.240;PC3 的 IP 地址为 10.0.0.242,掩码为 255.255.255.240。

2. 连通性测试与分析

用 PC1 ping PC2 和 PC3 都不通（反之亦然）,原因是虽然 PC1 与 PC2 和 PC3 都连接到物理上相互连通的局域网中,但它们并不在同一个网段上;而 PC2 与 PC3 既连接在物理上相互连通的局域网中,又处在同一个逻辑网段上,所以它们能相互 ping 通。

由此可见,仅通过二层交换机级联就可实现在局域网中划分出不同网段的功能。但这样做的结果是使所有信息点均处于同一个广播域中,当网络规模不断增大时,广播风暴产生的概率会迅速增加。在华为 eNSP 软件的模拟模式下,可以清楚地观察到,PC2 与 PC3 首次通信时,PC2 发送给 PC3 的 ARP 寻址包（广播包）可以到达交换机的所有端口,无论这些端口所连设备的 IP 地址是不是在同一网段上。

任务 2-2　利用 VLAN 技术组建网络

1. 在各交换机上创建相应的 VLAN

AAA 公司总部内网中有 3 台交换机,可以在每个交换机上分别创建 5 个 VLAN,各

VLAN 配置与端口分配情况如表 2-5 所示。

表 2-5　VLAN 配置与端口分配表

VLAN 编号	说　　明	端 口 映 射
VLAN 10	市场部	S1 与 S2 上的 E0/0/5～E0/0/10
VLAN 20	财务部	S1 与 S2 上的 E0/0/11～E0/0/13
VLAN 30	人力资源部	S1 与 S2 上的 E0/0/14～E0/0/16
VLAN 40	总经理及董事会办公室	S1 与 S2 上的 E0/0/17～E0/0/19
VLAN 50	信息技术部	S1 与 S2 上的 E0/0/20～E0/0/22

1) S3 的配置

(1) 创建各 VLAN。

```
<Huawei>system-view              //进入系统视图
[Huawei]sysname S3               //将交换机重命名为 S3
[S3]vlan 10                      //在交换机 S3 上创建 VLAN 10
[S3]vlan 20                      //在交换机 S3 上创建 VLAN 20
[S3]vlan 30                      //在交换机 S3 上创建 VLAN 30
[S3]vlan 40                      //在交换机 S3 上创建 VLAN 40
[S3]vlan 50                      //在交换机 S3 上创建 VLAN 50
[S3]quit
```

(2) 设置端口为 Trunk 模式。

将 S3 与 S1 和 S2 相连的端口设置为 Trunk 模式。

```
[S3]port-group 1-2
[S3-port-group-1-2]group-member GigabitEthernet 0/0/1 to GigabitEthernet 0/0/2
                                     //选中端口 G0/0/1 和 G0/0/2
[S3-port-group-1-2]port link-type trunk        //设置为 Trunk 模式
[S3-port-group-1-2]port default vlan all        //允许通过所有 VLAN
```

2) S1 的配置

(1) 创建各 VLAN。

```
[S1]vlan 10                      //在交换机 S1 上创建 VLAN 10
[S1]vlan 20                      //在交换机 S1 上创建 VLAN 20
[S1]vlan 30                      //在交换机 S1 上创建 VLAN 30
[S1]vlan 40                      //在交换机 S1 上创建 VLAN 40
[S1]vlan 50                      //在交换机 S1 上创建 VLAN 50
[S1]quit
```

显示 S1 的 VLAN 状态如图 2-19 所示。

(2) 设置端口为 Trunk 模式。

将 S1 与 S2 和 S3 相连的端口设置为 Trunk 模式。

```
[S1]interface Ethernet 0/0/1                      //选中 E0/0/1 端口
[S1-Ethernet0/0/1]port link-type trunk           //设置为 Trunk 模式
[S1-Ethernet0/0/1]port trunk allow-pass vlan all  //允许通过所有 VLAN
```

```
[S1-Ethernet0/0/1]quit
[S1]interface Ethernet 0/0/4                              //选中 E0/0/4 端口
[S1-Ethernet0/0/4]port link-type trunk                   //设置为 Trunk 模式
[S1-Ethernet0/0/4]port trunk allow-pass vlan all         //允许通过所有 VLAN
[S1-Ethernet0/0/4]quit
```

```
U: Up;          D: Down;          TG: Tagged;          UT: Untagged;
MP: Vlan-mapping;                 ST: Vlan-stacking;
#: ProtocolTransparent-vlan;      *: Management-vlan;
--------------------------------------------------------------------------------

VID  Type    Ports
--------------------------------------------------------------------------------
1    common  UT:Eth0/0/1(U)    Eth0/0/2(D)    Eth0/0/3(D)    Eth0/0/4(U)
             Eth0/0/5(U)       Eth0/0/6(D)    Eth0/0/7(D)    Eth0/0/8(D)
             Eth0/0/9(D)       Eth0/0/10(D)   Eth0/0/11(D)   Eth0/0/12(D)
             Eth0/0/13(D)      Eth0/0/14(D)   Eth0/0/15(D)   Eth0/0/16(D)
             Eth0/0/17(D)      Eth0/0/18(D)   Eth0/0/19(D)   Eth0/0/20(D)
             Eth0/0/21(D)      Eth0/0/22(U)   GE0/0/1(D)     GE0/0/2(D)

10   common
20   common
30   common
40   common
50   common

VID  Status  Property      MAC-LRN  Statistics  Description
--------------------------------------------------------------------------------
1    enable  default       enable   disable     VLAN 0001
10   enable  default       enable   disable     VLAN 0010
20   enable  default       enable   disable     VLAN 0020
30   enable  default       enable   disable     VLAN 0030
40   enable  default       enable   disable     VLAN 0040
50   enable  default       enable   disable     VLAN 0050
```

图 2-19　显示 S1 的 VLAN 状态

3）S2 的配置

（1）创建各 VLAN。

```
[S2]vlan 10               //在交换机 S2 上创建 VLAN 10
[S2]vlan 20               //在交换机 S2 上创建 VLAN 20
[S2]vlan 30               //在交换机 S2 上创建 VLAN 30
[S2]vlan 40               //在交换机 S2 上创建 VLAN 40
[S2]vlan 50               //在交换机 S2 上创建 VLAN 50
[S2]quit
```

显示 S2 的 VLAN 状态如图 2-20 所示。

（2）设置端口为 Trunk 模式。

将 S2 与 S1 和 S3 相连的端口设置为 Trunk 模式。

```
[S2]interface Ethernet 0/0/1                             //选中 E0/0/1 端口
[S2-Ethernet0/0/1]port link-type trunk                  //设置为 Trunk 模式
[S2-Ethernet0/0/1]port trunk allow-pass vlan all        //允许通过所有 VLAN
[S2-Ethernet0/0/1]quit
[S2]interface Ethernet 0/0/3                             //选中 E0/0/3 端口
```

```
[S2-Ethernet0/0/3]port link-type trunk              //设置为 Trunk 模式
[S2-Ethernet0/0/3]port trunk allow-pass vlan all    //允许通过所有 VLAN
[S2-Ethernet0/0/3]quit
```

```
U: Up;            D: Down;          TG: Tagged;        UT: Untagged;
MP: Vlan-mapping;                   ST: Vlan-stacking;
#: ProtocolTransparent-vlan;        *: Management-vlan;
----------------------------------------------------------------------

VID  Type     Ports

1    common   UT:Eth0/0/1(U)    Eth0/0/2(D)    Eth0/0/3(U)    Eth0/0/4(D)
                 Eth0/0/5(D)    Eth0/0/6(D)    Eth0/0/7(D)    Eth0/0/8(D)
                 Eth0/0/9(D)    Eth0/0/10(D)   Eth0/0/11(D)   Eth0/0/12(D)
                 Eth0/0/13(D)   Eth0/0/14(D)   Eth0/0/15(D)   Eth0/0/16(D)
                 Eth0/0/17(D)   Eth0/0/18(D)   Eth0/0/19(D)   Eth0/0/20(D)
                 Eth0/0/21(D)   Eth0/0/22(U)   GE0/0/1(D)     GE0/0/2(D)

10   common
20   common
30   common
40   common
50   common

VID  Status   Property       MAC-LRN Statistics Description
----------------------------------------------------------------------

1    enable   default        enable  disable    VLAN 0001
10   enable   default        enable  disable    VLAN 0010
20   enable   default        enable  disable    VLAN 0020
30   enable   default        enable  disable    VLAN 0030
40   enable   default        enable  disable    VLAN 0040
50   enable   default        enable  disable    VLAN 0050
```

图 2-20　显示 S2 的 VLAN 状态

2. 将端口加入 VLAN

(1) 将交换机 S1 上的 E0/0/5～E0/0/10 作为 Access 端口加入 VLAN 10,E0/0/11～E0/0/13 作为 Access 端口加入 VLAN 20,E0/0/14～E0/0/16 作为 Access 端口加入 VLAN 30;E0/0/17～E0/0/19 作为 Access 端口加入 VLAN 40;E0/0/20～E0/0/22 作为 Access 端口加入 VLAN 50。(以 VLAN 10 以及 VLAN 50 为例)

```
<S1>system-view
[S1]port-group 5-10
[S1-port-group-5-10]group-member Ethernet 0/0/5 to Ethernet 0/0/10
[S1-port-group-5-10]port link-type access         //设置端口为 Access 模式
[S1-port-group-5-10]port default vlan 10           //将端口加入 VLAN 10
[S1-port-group-5-10]quit
[S1]port-group 20-22
[S1-port-group-20-22]group-member Ethernet 0/0/20 to Ethernet 0/0/22
[S1-port-group-20-22]port link-type access         //设置端口为 Access 模式
[S1-port-group-20-22]port default vlan 50          //将端口加入 VLAN 50
[S1-port-group-20-22]quit
```

(2) 将交换机 S2 上的 E0/0/5～E0/0/10 作为 Access 端口加入 VLAN 10,E0/0/11～E0/0/13 作为 Access 端口加入 VLAN 20,E0/0/14～E0/0/16 作为 Access 端口加入

VLAN 30；E0/0/17～E0/0/19 作为 Access 端口加入 VLAN 40；E0/0/20～E0/0/22 作为 Access 端口加入 VLAN 50。

方法与 S1 完全相同。

3. 通信验证

用 PC1 ping PC2 和 PC3 都不通（反之亦然），原因是 PC1 与 PC2、PC3 属于不同 VLAN 的主机，在没有三层设备的支持下是无法通信的。PC2 与 PC3 相互可以 ping 通，原因是 PC2、PC3 处于同一个 VLAN 即 VLAN 50 中，同一个 VLAN 中的主机可以相互通信。

任务 2-3　配置三层交换机实现 VLAN 间通信

1. 定义 VLAN 虚接口地址

参照表 2-6，在 S3 上为每个 VLAN 定义自己的虚拟接口地址（以 VLAN 10 和 VLAN 50 为例）。

表 2-6　IP 地址规划与配置

区　　域	IP 地 址 段	网　　关
市场部	10.0.0.0/25	10.0.0.126
财务部	10.0.0.128/26	10.0.0.190
人力资源部	10.0.0.192/27	10.0.0.222
总经理及董事会办公室	10.0.0.224/28	10.0.0.238
信息技术部	10.0.0.240/28	10.0.0.254

```
[S3]interface vlanif 10
[S3-Vlanif10]ip add 10.0.0.126 25        //设置虚拟交换端口 VLAN 10 的 IP 地址
[S3-Vlanif10]quit
[S3]interface vlanif 50
[S3-Vlanif50]ip add 10.0.0.254 28        //设置虚拟交换端口 VLAN 10 的 IP 地址
[S3-Vlanif50]quit
```

2. 添加 PC 网关

为各个 PC 添加网关（以 PC1 为例，如图 2-21 所示）。

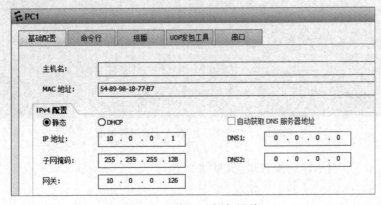

图 2-21　为 PC1 添加网关

3. 通信验证

PC1 与 PC2、PC3 都可以相互 ping 通。原因是 PC1 和 PC2、PC3 虽然在两个不同的网段,但是由于 S3 是三层交换机且启用了三层路由功能,所以通过 S3 路由功能实现了不同网段主机的互访。

2.6　项目验收

2.6.1　内网搭建验收

1. VLAN 创建及端口划分情况

(1) 查看 S1 上 VLAN 的配置情况(见图 2-22)。

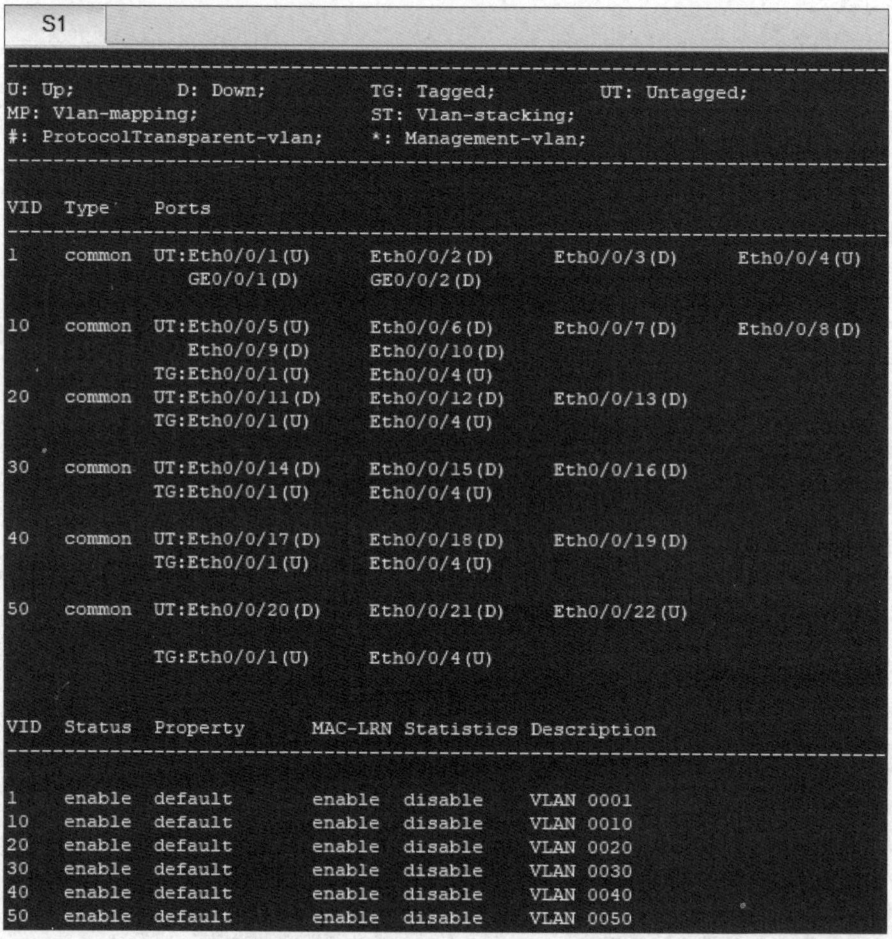

```
S1

-------------------------------------------------------------------------------
U: Up;          D: Down;          TG: Tagged;           UT: Untagged;
MP: Vlan-mapping;                 ST: Vlan-stacking;
#: ProtocolTransparent-vlan;      *: Management-vlan;
-------------------------------------------------------------------------------

VID  Type    Ports
-------------------------------------------------------------------------------
1    common  UT:Eth0/0/1(U)      Eth0/0/2(D)      Eth0/0/3(D)      Eth0/0/4(U)
             GE0/0/1(D)          GE0/0/2(D)

10   common  UT:Eth0/0/5(U)      Eth0/0/6(D)      Eth0/0/7(D)      Eth0/0/8(D)
             Eth0/0/9(D)         Eth0/0/10(D)
             TG:Eth0/0/1(U)      Eth0/0/4(U)
20   common  UT:Eth0/0/11(D)     Eth0/0/12(D)     Eth0/0/13(D)
             TG:Eth0/0/1(U)      Eth0/0/4(U)

30   common  UT:Eth0/0/14(D)     Eth0/0/15(D)     Eth0/0/16(D)
             TG:Eth0/0/1(U)      Eth0/0/4(U)

40   common  UT:Eth0/0/17(D)     Eth0/0/18(D)     Eth0/0/19(D)
             TG:Eth0/0/1(U)      Eth0/0/4(U)

50   common  UT:Eth0/0/20(D)     Eth0/0/21(D)     Eth0/0/22(U)

             TG:Eth0/0/1(U)      Eth0/0/4(U)


VID  Status  Property     MAC-LRN Statistics Description
-------------------------------------------------------------------------------
1    enable  default      enable  disable    VLAN 0001
10   enable  default      enable  disable    VLAN 0010
20   enable  default      enable  disable    VLAN 0020
30   enable  default      enable  disable    VLAN 0030
40   enable  default      enable  disable    VLAN 0040
50   enable  default      enable  disable    VLAN 0050
```

图 2-22　查看 S1 上 VLAN 的配置情况

(2) 查看 S2 上 VLAN 的配置情况(见图 2-23)。

(3) 查看 S3 上 VLAN 的配置情况(见图 2-24)。

可见,各交换机已经成功创建 VLAN,并按要求将相关端口划入了相应的 VLAN。

```
S2
MP: Vlan-mapping;          ST: Vlan-Stacking;
#: ProtocolTransparent-vlan;    *: Management-vlan;
------------------------------------------------------------

VID  Type    Ports
------------------------------------------------------------
1    common  UT:Eth0/0/1(U)     Eth0/0/2(D)     Eth0/0/3(U)     Eth0/0/4(D)
             GE0/0/1(D)         GE0/0/2(D)

10   common  UT:Eth0/0/5(D)     Eth0/0/6(D)     Eth0/0/7(D)     Eth0/0/8(D)
             Eth0/0/9(D)        Eth0/0/10(D)
             TG:Eth0/0/1(U)     Eth0/0/3(U)

20   common  UT:Eth0/0/11(D)    Eth0/0/12(D)    Eth0/0/13(D)
             TG:Eth0/0/1(U)     Eth0/0/3(U)

30   common  UT:Eth0/0/14(D)    Eth0/0/15(D)    Eth0/0/16(D)
             TG:Eth0/0/1(U)     Eth0/0/3(U)

40   common  UT:Eth0/0/17(D)    Eth0/0/18(D)    Eth0/0/19(D)

             TG:Eth0/0/1(U)     Eth0/0/3(U)

50   common  UT:Eth0/0/20(D)    Eth0/0/21(D)    Eth0/0/22(U)

             TG:Eth0/0/1(U)     Eth0/0/3(U)

------------------------------------------------------------
VID  Status  Property     MAC-LRN Statistics Description
------------------------------------------------------------
1    enable  default      enable  disable    VLAN 0001
10   enable  default      enable  disable    VLAN 0010
20   enable  default      enable  disable    VLAN 0020
30   enable  default      enable  disable    VLAN 0030
40   enable  default      enable  disable    VLAN 0040
50   enable  default      enable  disable    VLAN 0050
```

图 2-23　查看 S2 上 VLAN 的配置情况

```
S3
The total number of vlans is : 6
------------------------------------------------------------
U: Up;         D: Down;       TG: Tagged;       UT: Untagged;
MP: Vlan-mapping;             ST: Vlan-stacking;
#: ProtocolTransparent-vlan;    *: Management-vlan;
------------------------------------------------------------

VID  Type    Ports
------------------------------------------------------------
1    common  UT:GE0/0/1(U)     GE0/0/2(U)     GE0/0/3(D)     GE0/0/4(D)
             GE0/0/5(D)        GE0/0/6(D)     GE0/0/7(D)     GE0/0/8(D)
             GE0/0/9(D)        GE0/0/10(D)    GE0/0/11(D)    GE0/0/12(D)
             GE0/0/13(D)       GE0/0/14(D)    GE0/0/15(D)    GE0/0/16(D)
             GE0/0/17(D)       GE0/0/18(D)    GE0/0/19(D)    GE0/0/20(D)
             GE0/0/21(D)       GE0/0/22(D)    GE0/0/23(D)    GE0/0/24(D)

10   common  TG:GE0/0/1(U)     GE0/0/2(U)
20   common  TG:GE0/0/1(U)     GE0/0/2(U)
30   common  TG:GE0/0/1(U)     GE0/0/2(U)
40   common  TG:GE0/0/1(U)     GE0/0/2(U)

50   common  TG:GE0/0/1(U)     GE0/0/2(U)

------------------------------------------------------------
VID  Status  Property     MAC-LRN Statistics Description
------------------------------------------------------------
1    enable  default      enable  disable    VLAN 0001
10   enable  default      enable  disable    VLAN 0010
20   enable  default      enable  disable    VLAN 0020
30   enable  default      enable  disable    VLAN 0030
40   enable  default      enable  disable    VLAN 0040
50   enable  default      enable  disable    VLAN 0050
```

图 2-24　查看 S3 上 VLAN 的配置情况

2. 相同 vlan 的主机相互通信验证

这里选用信息技术部的主机 PC2、PC3 代表相同网段的主机。

(1) 从 PC2 上 ping PC3(见图 2-25)。

```
PC>ping 10.0.0.242

Ping 10.0.0.242: 32 data bytes, Press Ctrl_C to break
From 10.0.0.242: bytes=32 seq=1 ttl=128 time=79 ms
From 10.0.0.242: bytes=32 seq=2 ttl=128 time=93 ms
From 10.0.0.242: bytes=32 seq=3 ttl=128 time=78 ms
From 10.0.0.242: bytes=32 seq=4 ttl=128 time=109 ms
From 10.0.0.242: bytes=32 seq=5 ttl=128 time=94 ms

--- 10.0.0.242 ping statistics ---
  5 packet(s) transmitted
  5 packet(s) received
  0.00% packet loss
  round-trip min/avg/max = 78/90/109 ms
```

图 2-25　测试从 PC2 到 PC3 的连通性

(2) 从 PC2 上 ping PC1(在 S3 未启用路有转发之前,见图 2-26)。

```
PC>ping 10.0.0.1

Pinging 10.0.0.1 with 32 bytes of data:

Request timed out.
Request timed out.
Request timed out.
Request timed out.

Ping statistics for 10.0.0.1:
    Packets: Sent = 4, Received = 0, Lost = 4 (100% loss),
```

图 2-26　测试从 PC2 到 PC1 的连通性

可见,相同 VLAN 内的主机之间可以相互通信,不同 VLAN 的主机相互隔离。

2.6.2　子网间通信实现验证

从 PC2 上 ping PC1(见图 2-27)。

```
PC>ping 10.0.0.1

Ping 10.0.0.1: 32 data bytes, Press Ctrl_C to break
From 10.0.0.1: bytes=32 seq=1 ttl=127 time=218 ms
From 10.0.0.1: bytes=32 seq=2 ttl=127 time=219 ms
From 10.0.0.1: bytes=32 seq=3 ttl=127 time=203 ms
From 10.0.0.1: bytes=32 seq=4 ttl=127 time=204 ms
From 10.0.0.1: bytes=32 seq=5 ttl=127 time=172 ms

--- 10.0.0.1 ping statistics ---
  5 packet(s) transmitted
  5 packet(s) received
  0.00% packet loss
  round-trip min/avg/max = 172/203/219 ms
```

图 2-27　启用三层后测试 PC2 到 PC1 的连通性

可见,子网间通信可以实现。

2.7　项目小结

本项目主要介绍了 VLAN 的基本理论和相关操作,以及三层交换机的工作原理和相关配置。

通过在交换机上划分 VLAN,可以将一个大的局域网划分成若干个网段,每个网段内所有主机间的通信和广播仅限于该 VLAN 内,广播帧不会被转发到其他网段。VLAN 间是不能进行直接通信的,这就实现了对广播域的分割和隔离。通过对本项目的学习,要求了解 VLAN 产生的原因,理解 VLAN 的功能和工作原理,熟练掌握通过 VTP 创建和继承 VLAN 的方法,以及向 VLAN 中添加端口的方法,能完成连通性测试并能明白其中的道理。操作中注意 VTP 服务器和客户端密码要一致。

一个端口所连接的主机想要和它不在同一个 VLAN 的主机通信时,则必须通过一个三层设备(路由器或者三层交换机)。三层交换机可以通过虚拟交换端口来进行 VLAN 之间的 IP 路由。通过本项目的学习,要求理解三层交换机的工作原理,了解三层交换机与二层交换机和路由器的区别,熟练掌握三层交换机实现路由通信的关键操作,即开启路由功能,为各 VLAN 添加虚拟端口 IP(或将端口转换为 3 层端口,并为其配置 IP),并为各 PC 添加网关(务必要牢记这一步)。

2.8　知识拓展

2.8.1　删除 VLAN

删除 VLAN 时,必须确认这个 VLAN 的任何端口都处于不活动状态,然后使用以下命令。

```
[Huawei]undo vlan vlan-id
```

其中,vlan-id 是要删除的 VLAN 的序号。

例如,现已创建了 VLAN 10 并且将接口 E0/0/1 加入其中,要删除的 VLAN 10,则配置命令如下:

```
<Huawei>system-view
[Huawei]undo vlan 10              //删除 VLAN 10
```

这样删除后,再执行[Huawei]display vlan 命令就看不到 VLAN 10 的信息了,如图 2-28 所示。

2.8.2　端口聚合

交换机允许将多个端口聚合成一个逻辑端口或者称为 Eth-Trunk。通过端口聚合,可大大提高端口间的通信速度。当用 2 个 100Mb/s 的端口聚合时,所形成的逻辑端口的通信速度为 200Mb/s;若用 4 个,则为 400Mb/s。当 Eth-Trunk 内的某条链路出现故障时,该链路的流量将自动转移到其余链路上。

```
The total number of vlans is : 1
------------------------------------------------------------------------
U: Up;          D: Down;          TG: Tagged;          UT: Untagged;
MP: Vlan-mapping;                 ST: Vlan-stacking;
#: ProtocolTransparent-vlan;      *: Management-vlan;
------------------------------------------------------------------------

VID  Type   Ports
------------------------------------------------------------------------
1    common  UT:Eth0/0/1(D)     Eth0/0/2(D)     Eth0/0/3(D)     Eth0/0/4(D)
                Eth0/0/5(D)      Eth0/0/6(D)     Eth0/0/7(D)     Eth0/0/8(D)
                Eth0/0/9(D)      Eth0/0/10(D)    Eth0/0/11(D)    Eth0/0/12(D)
                Eth0/0/13(D)     Eth0/0/14(D)    Eth0/0/15(D)    Eth0/0/16(D)
                Eth0/0/17(D)     Eth0/0/18(D)    Eth0/0/19(D)    Eth0/0/20(D)
                Eth0/0/21(D)     Eth0/0/22(D)    GE0/0/1(D)      GE0/0/2(D)


VID  Status  Property     MAC-LRN Statistics Description
------------------------------------------------------------------------
1    enable  default      enable  disable    VLAN 0001
```

图 2-28　删除 VLAN 10 后的信息

Eth-Trunk 端口的工作模式分为手工负载分担模式和 LACP 模式两种,可以使用命令 mode 来进行配置,默认是手工负载分担模式。值得注意的是,Eth-Trunk 端口的工作模式在两端的设备上必须保持一致。

配置命令如下:

```
[Huawei]interface Eth-Trunk 1
[Huawei-Eth-Trunk1]mode manual load-balance
```

以上命令在交换机上配置链路聚合,创建 Eth-Trunk 1 接口,并指定为手工负载分担模式。

例 2-4　把核心层交换机 CoreSwitch1 的千兆端口 g0/0/1、g0/0/2 汇聚捆绑在一起,实现了 2000Mbps 的千兆以太网信道,然后再连接到另一台核心层交换机 CoreSwitch2 的千兆端口 g0/0/1、g0/0/2 上。

```
[coreSwitch1]interface Eth-Trunk 1                      //在 CoreSwitch1 上创建端口
                                                          Eth-Trunk 1
[coreSwitch1-Eth-Trunk1]mode manual load-balance       //设置汇聚后的负载均衡方式
[coreSwitch1-Eth-Trunk1]trunkport gigabitethernet 0/0/1 to 0/0/2
                                                        //物理端口加入 Eth-Trunk1 端口
[coreSwitch1-Eth-Trunk1]port link-type trunk
[coreSwitch1-Eth-Trunk1]port trunk allow-pass vlan2
                                                        //配置端口 Trunk,允许属于 VLAN 2
                                                          的数据帧通过
```

同理,在 CoreSwitch2 上做相同的配置如下:

```
[coreSwitch1]display eth-trunk1 verbose
[coreSwitch1]dis interface eth-trunk 1
[coreSwitch1]dis trunkmembership eth-trunk 1            //查看 Eth-Trunk1 端口
```

这三条命令均可验证结果,其中第二条命令可看见端口带宽增加后变为 2Gbps。

2.8.3　VLAN 同步(GVRP)

在当网络中交换机数量很多时,需要分别在每台交换机上创建很多重复的 VLAN。工作量很大,过程很烦琐,并且容易出错。我们常采用 GVRP 来解决这个问题。

1) GVRP 的概念

GVRP(GARP VLAN registration protocol)是通用 VLAN 注册协议。通用属性注册协议(GARP)提供了一种通用机制供桥接局域网设备相互之间(如终端站和交换机等)注册或注销属性值,如 VLAN 标识符。GVRP 是 GARP 的一种应用,它基于 GARP 的工作机制,维护交换机中的 VLAN 动态注册信息,并传播该信息到其他的交换机中。所有支持 GVRP 特性的交换机能够接收来自其他交换机 VLAN 注册信息,并动态更新本地的 VLAN 注册信息,包括当前的 VLAN 成员、这些 VLAN 成员可以通过哪个端口到达等。另外,所支持 GVRP 特性的交换机能够将本地的 VLAN 注册信息向其他交换机传播,以使同一交换网内所有支持 GVRP 特性设备的 VLAN 信息达成一致。GVRP 传播的 VLAN 注册信息既包括本地手工配置的静态注册信息,也包括来自其他交换机的动态注册信息。这样,根据 VLAN 注册信息,各个交换机可以了解到干道链路对端有哪些 VLAN,从而自动配置干道链路,只允许对端交换机需要的 VLAN 在干道链路上传输。

2) GVRP 的三种注册模式

GVRP 有三种注册模式:Normal 模式、Fixed 模式和 Forbidden 模式。

(1) Normal 模式。允许该端口动态注册或注销 VLAN,传播动态 VLAN 和静态 VLAN 信息。

(2) Fixed 模式。禁止该端口动态注册或注销 VLAN,只传播静态 VLAN 信息,不传播动态 VLAN 信息。也就是说,被设置为 Fixed 模式的 Trunk 端口,即使允许所有 VLAN 通过,实际能通过的 VLAN 也只是手动配置的静态 VLAN。

(3) Forbidden 模式。禁止该端口动态注册或注销 VLAN,不传播除 VLAN 1 之外的任何 VLAN 信息。也就是说,被设置为 Forbidden 模式的 Trunk 端口,即使允许所有 VLAN 通过,实际能通过的 VLAN 也只是 VLAN 1。

3) GVRP 的基本配置

在华为交换机上开启了 GVRP,本侧交换机会根据对侧 VLAN 情况决定是否传送某个 VLAN 的报文。这样,保证被 Trunk 链路传送的广播报文在对侧交换机上肯定需要发送这个报文的端口。例如,交换机 A 与交换机 B 通过 Trunk 链路相连。交换机 A 配置了两个 VLAN: VLAN 1 和 VLAN 2。由于交换机 B 上只有 VLAN 1,GVRP 根据 VLAN 注册情况,决定 Trunk 链路上只能传送 VLAN 1 的报文。运行在两个交换机上的 GVRP 会自动对 VLAN 注册状态进行更新,同时配置 Trunk 链路,允许 VLAN 2 的报文在 Trunk 链路上传输。将来如果某个交换机删除了一个 VLAN,那么 GVRP 同样会更新 VLAN 注册信息,配置 Trunk 链路,禁止不必要的 VLAN 报文在 Trunk 链路上发送。

(1) 启动交换机的 GVRP 功能。

```
<Huawei>system-view
[Huawei]gvrp
```

其中,gvrp 是系统视图下使用的命令,该命令的作用是在交换机中启动 GVRP 功能。

(2) 启动接口 GVRP 功能。

```
[Huawei]interface Ethernet0/0/1
```

```
[Huawei-Ethernet0/0/1]gvrp
[Huawei-Ethernet0/0/1]gvrp registration normal/fixed/forbidden
[Huawei-Ethernet0/0/1]quit
```

gvrp 是接口视图下使用的命令，该命令的作用是在指定交换机端口（这里是端口 Ethernet0/0/1）中启动 GVRP 功能。

（3）配置接口注册模式。

```
[Huawei]interface Ethernet0/0/2
[Huawei-Ethernet0/0/2]gvrp registration fixed
[Huawei-Ethernet0/0/2]quit
```

gvrp registration fixed 是接口视图下使用的命令，该命令的作用是将指定端口（这里是端口 Ethernet0/0/2）的注册模式确定为 fixed。端口的注册模式可以是 fixed、forbidden 和 normal 中的一种。

例如，在本章 2.5 节的项目中，如果用 GVRP 同步 VLAN，步骤如下。

 注意 GVRP 同步的 VLAN 是动态的，动态的 VLAN 不可以进行人为修改，不可以进行 Trunk 模式的配置。

1）S3 配置

（1）配置 GVRP。在 S1、S2、S3 上开启全局 GVRP。

```
[S1]gvrp
[S2]gvrp
[S3]gvrp
```

（2）在 S3 创建 VLAN 10 和 VLAN 20。

```
[S3]vlan 10                        //在交换机 S3 上创建 VLAN 10
[S3]vlan 20                        //在交换机 S3 上创建 VLAN 20
[S3]quit
```

（3）设置端口为 Trunk 模式。

```
[S3]port-group 1-2
[S3-port-group-1-2]group-member GigabitEthernet 0/0/1 to GigabitEthernet 0/0/2
                                                //进入 GE0/0/1、GE0/0/2 端口
                                                  配置模式
[S3-port-group-1-2]port link-type trunk          //设置端口模式为 Trunk
[S3-port-group-1-2]port trunk allow-pass vlan all //允许当前接口通过所有 VLAN
[S3-port-group-1-2]gvrp                           //开启端口的 GVRP
[S3-port-group-1-2]gvrp registration normal       //配置接口注册模式为 normal
```

2）S1 配置

（1）在 S1 上创建 VLAN 30 和 VLAN 40。

```
[S1]vlan 30                                       //在交换机 S1 上创建 VLAN 30
[S1]vlan 40                                       //在交换机 S1 上创建 VLAN 40
```

显示 VLAN 状态如图 2-29 所示。

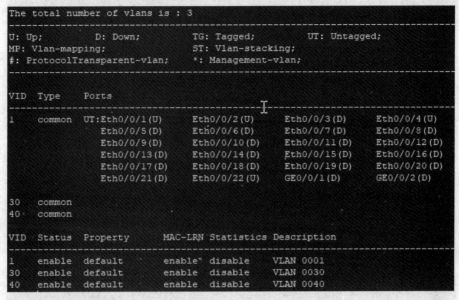

```
The total number of vlans is : 3
--------------------------------------------------------------------
U: Up;           D: Down;         TG: Tagged;         UT: Untagged;
MP: Vlan-mapping;                 ST: Vlan-stacking;
#: ProtocolTransparent-vlan;      *: Management-vlan;
--------------------------------------------------------------------

VID  Type    Ports
--------------------------------------------------------------------
1    common  UT:Eth0/0/1(U)      Eth0/0/2(U)      Eth0/0/3(D)     Eth0/0/4(U)
                Eth0/0/5(D)      Eth0/0/6(D)      Eth0/0/7(D)     Eth0/0/8(D)
                Eth0/0/9(D)      Eth0/0/10(D)     Eth0/0/11(D)    Eth0/0/12(D)
                Eth0/0/13(D)     Eth0/0/14(D)     Eth0/0/15(D)    Eth0/0/16(D)
                Eth0/0/17(D)     Eth0/0/18(D)     Eth0/0/19(D)    Eth0/0/20(D)
                Eth0/0/21(D)     Eth0/0/22(U)     GE0/0/1(D)      GE0/0/2(D)

30   common
40   common

VID  Status  Property    MAC-LRN Statistics Description
--------------------------------------------------------------------
1    enable  default     enable  disable    VLAN 0001
30   enable  default     enable  disable    VLAN 0030
40   enable  default     enable  disable    VLAN 0040
```

图 2-29　显示 VLAN 状态

（2）设置端口为 Trunk 模式（此步可省略，因为端口模式是自适应模式，当对侧端口已设置为 Trunk 模式后，这里自动转换为 Trunk 模式），并配置 GVRP。

```
[S1]int Ethernet 0/0/1
[S1-Ethernet0/0/1]port link-type trunk          //设置端口为 Trunk 模式
[S1-Ethernet0/0/1]port trunk allow-pass vlan all
[S1-Ethernet0/0/1]gvrp
[S1-Ethernet0/0/1]gvrp registration normal
[S1-Ethernet0/0/1]quit
[S1]int Ethernet 0/0/4
[S1-Ethernet0/0/4]port link-type trunk          //设置端口为 Trunk 模式
[S1-Ethernet0/0/4]port trunk allow-pass vlan all
[S1-Ethernet0/0/4]gvrp
[S1-Ethernet0/0/4]gvrp registration normal
[S1-Ethernet0/0/4]quit
```

（3）查看 VLAN 的继承结果

```
[S1]display vlan
```

显示 VLAN 继承结果如图 2-30 所示。

3）S2 配置

（1）在 S2 上创建 VLAN 50。

```
[S2]vlan 50
```

（2）端口设置为 Trunk 模式（此步可省略，因为端口模式是自适应模式，当对侧端口已

```
MP: Vlan-mapping;              ST: Vlan-stacking;
#: ProtocolTransparent-vlan;   *: Management-vlan;
--------------------------------------------------------------------
VID  Type    Ports
1    common  UT:Eth0/0/1(U)    Eth0/0/2(U)    Eth0/0/3(D)    Eth0/0/4(U)
             Eth0/0/5(D)       Eth0/0/6(D)    Eth0/0/7(D)    Eth0/0/8(D)
             Eth0/0/9(D)       Eth0/0/10(D)   Eth0/0/11(D)   Eth0/0/12(D)
             Eth0/0/13(D)      Eth0/0/14(D)   Eth0/0/15(D)   Eth0/0/16(D)
             Eth0/0/17(D)      Eth0/0/18(D)   Eth0/0/19(D)   Eth0/0/20(D)
             Eth0/0/21(D)      Eth0/0/22(U)   GE0/0/1(D)     GE0/0/2(D)

10   dynamic TG:Eth0/0/1(U)

20   dynamic TG:Eth0/0/1(U)

30   common  TG:Eth0/0/1(U)    Eth0/0/4(U)

40   common  TG:Eth0/0/1(U)    Eth0/0/4(U)


VID  Status  Property    MAC-LRN Statistics Description
--------------------------------------------------------------------
1    enable  default     enable  disable    VLAN 0001
10   enable  default     enable  disable    VLAN 0010
20   enable  default     enable  disable    VLAN 0020
30   enable  default     enable  disable    VLAN 0030
40   enable  default     enable  disable    VLAN 0040
```

图 2-30 显示 VLAN 继承结果(1)

设置为 Trunk 模式后,这里自动转换为 Trunk 模式),设置 GVRP。

```
[S2]int Ethernet 0/0/1
[S2-Ethernet0/0/1]port link-type trunk        //设置端口为 Trunk 模式
[S2-Ethernet0/0/1]port trunk allow-pass vlan all
[S2-Ethernet0/0/1]gvrp
[S2-Ethernet0/0/1]gvrp registration normal
[S2-Ethernet0/0/1]quit
[S2]int Ethernet 0/0/3
[S2-Ethernet0/0/3]port link-type trunk        //设置端口为 Trunk 模式
[S2-Ethernet0/0/3]port trunk allow-pass vlan all
[S2-Ethernet0/0/3]gvrp
[S2-Ethernet0/0/3]gvrp registration normal
[S2-Ethernet0/0/3]quit
```

显示 VLAN 继承结果如图 2-31 所示。

可以看到,VLAN 可以从别的交换机上继承过来,但是由于 S2 只手动创建了 VLAN 50,其余的 VLAN 继承过来都是动态的,所以无法对其他 VLAN 进行修改,比如删除等操作。如果在 S2 上删除 VLAN 10,此命令将无法执行,如图 2-32 所示。

如果要删除继承来的 VLAN 10,就必须在创建 VLAN 10 的交换机 S3 上删除,然后 S1 和 S2 都会自动删除,此时在 S3 上执行 undo vlan 10 的命令,会发现 S1 和 S2 上的 VLAN 10 也自动删除掉了。

```
U: Up;              D: Down;          TG: Tagged;           UT: Untagged;
MP: Vlan-mapping;                     ST: Vlan-stacking;
#: ProtocolTransparent-vlan;         *: Management-vlan;
----------------------------------------------------------------------

VID Type    Ports

1   common  UT:Eth0/0/1(U)     Eth0/0/2(D)     Eth0/0/3(U)    Eth0/0/4(D)
            Eth0/0/5(D)        Eth0/0/6(D)     Eth0/0/7(D)    Eth0/0/8(D)
            Eth0/0/9(D)        Eth0/0/10(D)    Eth0/0/11(D)   Eth0/0/12(D)
            Eth0/0/13(D)       Eth0/0/14(D)    Eth0/0/15(D)   Eth0/0/16(D)
            Eth0/0/17(D)       Eth0/0/18(D)    Eth0/0/19(D)   Eth0/0/20(D)
            Eth0/0/21(D)       Eth0/0/22(D)    GE0/0/1(D)     GE0/0/2(D)

10  dynamic TG:Eth0/0/3(U)
20  dynamic TG:Eth0/0/3(U)

30  dynamic TG:Eth0/0/3(U)

40  dynamic TG:Eth0/0/3(U)

50  common  TG:Eth0/0/1(U)     Eth0/0/3(U)


VID Status  Property      MAC-LRN Statistics Description
----------------------------------------------------------------------

1   enable  default       enable  disable    VLAN 0001
10  enable  default       enable  disable    VLAN 0010
20  enable  default       enable  disable    VLAN 0020
30  enable  default       enable  disable    VLAN 0030
40  enable  default       enable  disable    VLAN 0040
50  enable  default       enable  disable    VLAN 0050
```

图 2-31　显示 VLAN 继承结果(2)

```
[S2]undo vlan 10
Error: The VLAN is a dynamic VLAN and cannot be deleted through commands.
```

图 2-32　删除 VLAN 继承结果

2.9　练习题

一、填空题

1. VLAN 间的通信要借助_____的设备。

2. 交换机的 GVRP 模式可以分为三种注册模式：_____、_____和 forbidden 模式。

3. 三层交换机是指二层交换技术＋_____。

二、单项选择题

1. 应该在（　　）视图下创建 VLAN。

　　A. 用户　　　　　　　　B. 系统　　　　　　　　C. 全局　　　　　　　　D. 接口

2. S3700-26C-HI 交换机维护 VLAN 信息使用在 VLAN 干道上传送帧的方法是(　　)。

　　A. 通过 VLAN ID 过滤帧　　　　　　　B. 通过 ISL 帧头中的 VLAN ID

　　C. 通过 ISL 帧头中的 Trunk ID　　　　D. 通过 Trunk ID 过滤帧

3. 在局域网中使用交换机的好处是( )。

　　A. 可以增加广播域的数量　　　　　　B. 可以减少广播域的数量

　　C. 可以增加冲突域的数量　　　　　　D. 可以减少冲突域的数量

4. 以下对 S3700-26C-HI 的描述不正确的是( )。

　　A. iOS 命令中不区分大小写,而且支持命令简写

　　B. 在 iOS 命令行按 Tab 键可补全命令

　　C. 对交换机的配置可采用菜单方式,也可采用命令行或 Web 界面来配置

　　D. 只有三层交换机才允许用户对其进行配置

5. 查看交换机端口加入 VLAN 的情况所用的命令是( )。

　　A. display vlan　　　　　　　　　　B. show vlan

　　C. show run　　　　　　　　　　　　D. display interface vlan

6. 交换机查询将帧转发到某个端口的方法是( )。

　　A. 用 MAC 地址表　　　　　　　　　B. 用 ARP 地址表

　　C. 读取源 ARP 地址　　　　　　　　D. 读取源 MAC 地址

三、多项选择题

1. 要添加一个新的 VLAN 到交换式网络中,则必须做的是( )。

　　A. VLAN 已经建立完成

　　B. VLAN 已经被命名

　　C. 一个 IP 地址必须被配置到 VLAN 上

　　D. 目标端口必须被添加到 VLAN 中

2. 划分一个 VLAN 的方法有( )。

　　A. 根据端口划分　　　　　　　　　　B. 根据路由设备划分

　　C. 根据 MAC 地址划分　　　　　　　D. 根据 IP 地址划分

3. 口令可用于限制对 S3700-26C-HI 所有或部分内容的访问,则可以用口令保护的模式和接口是( )。

　　A. VTY 接口　　　B. 控制台接口　　　C. 以太网接口　　　D. 加密执行模式

　　E. 特权执行模式　　　F. 路由器配置模式

4. 下列有关实施 VLAN 的说法中正确的是( )。

　　A. 冲突域的大小会减小

　　B. 网络中所需交换机的数量会减少

　　C. VLAN 会对主机进行逻辑分组,而不管它们的物理位置如何

　　D. 某一 VLAN 中的设备不会收到其他 VLAN 中的设备所发出的广播

5. 下列关于存储—转发的交换模式的说法正确是( )。

　　A. 延迟时间与帧的长度无关

　　B. 延迟时间与帧的长度有关

　　C. 在转发之前交换机需要接收全部帧

　　D. 当交换机接收到帧头,然后检查目的地址并且立即开始转发

6. 主机上网必须具有的是( )。

　　A. IP 地址　　　　　B. DNS 地址　　　　C. 网关地址　　　　D. 网络邻居 IP 地址

7. 在企业网络中实施 VLAN 的好处是(　　)。

　　A. 避免使用第 3 层设备

　　B. 提供广播域分段功能

　　C. 允许广播数据从一个本地网络传播到另一个本地网络

　　D. 允许对设备进行逻辑分组而不考虑物理位置

8. 可以进行移动文件的方法有(　　)。

　　A. 搭建 FTP 服务器 　　　　　　　　 B. 网络共享文件夹

　　C. 用 U 盘复制 　　　　　　　　　　 D. 搭建文件服务器

9. 现在的宽带上网技术主要有(　　)。

　　A. ADSL 　　　　　　　　　　　　　 B. VDSL

　　C. 有线调制解调器 　　　　　　　　　 D. LAN

10. 以下对 VLAN 的描述,正确的是(　　)。

　　A. 利用 VLAN,可以有效隔离广播域

　　B. 要实现 VLAN 间的通信,必须使用外部的路由器为指定路由

　　C. 可以将交换机的端口静态或动态地指派给某一个 VLAN

　　D. VLAN 中的成员可以相互通信,只有访问其他 VLAN 中的主机时才需要网关

四、简答题

1. 什么是 VLAN? 它的作用是什么?

2. 写出配置命令:把交换机的 1、2 号端口划入 VLAN 2,3、4 号端口划入 VLAN 3。

3. 交换机是如何学习 MAC 地址的?

4. VLAN 的划分方法有多少种? 分别是什么? 它们分别有什么优缺点?

5. 写出配置命令:把交换机 2 号端口设置为 100Mb/s 速率,全双工模式,描述文字为 Link to office。

6. 集线器和交换机有什么区别?

7. 请简述以太网交换机的主要配置方法。

2.10 项目实训

　　实训一　现有两台 S3700-26C-HI 交换机、3 台 PC。PC1(IP 地址为 192.168.2.1)和 PC2(IP 地址为 192.168.2.2)连接到同一交换机上,但是处在不同的 VLAN 中,PC3(IP 地址为 192.168.2.3)连接到另一台交换机上。要求 PC1 不能与 PC2 互相通信,PC1 能与 PC3 通信,并加以显示和验证。本实训的网络拓扑结构如图 2-33 所示。

　　实训要求:根据图 2-33 的网络拓扑结构搭建网络,完成下面的各项实训任务。

　　(1) 配置两台交换机的主机名分别为 benbu 和 fenxiao。

　　(2) 在两台交换机上创建 id 号为 2、3、4 的 3 个 VLAN。

　　(3) 查看 fenxiao 交换机上的 VLAN 信息。

　　(4) 将 benbu 交换机的 2～6 号端口和 fenxiao 交换机的 2～4 号端口划入 VLAN 2,将 benbu 交换机的 7～9 号端口和 fenxiao 交换机的 5～9 号端口划入 VLAN 3,将 benbu 交换机的 10～12 号端口和 fenxiao 交换

实训一操作

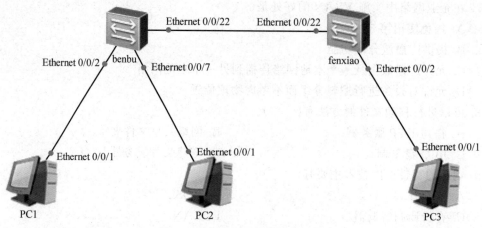

图 2-33　实训一的网络拓扑结构

机的 10～12 号端口划入 VLAN 4。

（5）将交换机 benbu 的 E0/0/22 端口设置为 Trunk 端口,将交换机 fenxiao 的 E0/0/22 端口设置为 Trunk 端口。

（6）测试连通性。

（7）在两台交换机上配置 GVRP,再测试连通性。

实训二　现有 S5700-28C-HI 一台、S3700-26C-HI 一台、PC 五台。PC1（IP 地址为 192.168.10.11）、PC2（IP 地址为 192.168.10.12）和 PC4（IP 地址为 192.168.10.14）属于 VLAN 10;PC3（IP 地址为 192.168.20.13）和 PC5（IP 地址为 192.168.20.15）属于 VLAN 20。要求实现 VLAN 间主机的通信,并加以显示和验证。本实训的网络拓扑结构如图 2-34 所示。

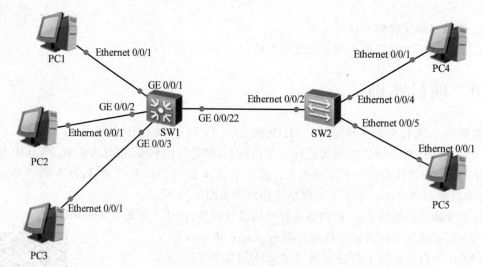

图 2-34　实训二的网络拓扑结构

实训要求:根据图 2-34 的网络拓扑结构搭建网络,完成下面的各项实训任务。

（1）配置两台交换机的主机名分别为 S1 和 S2。

（2）在 S1 上创建 VLAN 10 和 VLAN 20，将 E0/0/1 和 E0/0/2 规划到 VLAN 10，将 E0/0/3 规划到 VLAN 20。

实训二操作

（3）在 S2 上创建 VLAN 10 和 VLAN 20，将 E0/0/4 规划到 VLAN 10，将 E0/0/5 规划到 VLAN 20。

（4）启用 S1 的 3 层虚拟交换端口（虚拟交换端口 VLAN 10 的 IP 地址为 192.168.10.1；虚拟交换端口 VLAN 20 的 IP 地址为 192.168.20.1）。

（5）设置 Trunk 链路，实现跨交换机的 VLAN 间通信。

（6）测试 PC 间的连通性。

（7）查看交换机的配置信息。

项目 3
防止二层环路

课程思政

- 了解生成树协议，明确职业岗位所需要的职业规范和精神，树立社会主义核心价值观。
- "大学之道，在明明德，在亲民，在止于至善。""高山仰止，景行行止；虽不能至，然心向往之。"了解计算机的主奠基人——华罗庚教授，知悉读大学的真正含义，以德化人，激发学生的科学精神和爱国情怀。

3.1　项目导入

为确保网络连接可靠和稳定性，当一条通信信道遇到堵塞或者不畅通时，就启用别的链路，AAA 公司在搭建内部网络时启用了冗余链路即准备两条以上的链路，当主链路不通时，马上启用备份链路。这样虽然可以提高网络的可靠性和稳定性，但是网络中 S1、S2、S3 形成路由环路。路由环路会形成广播风暴，造成交换机效率低下，大量有用数据包被丢弃，网络无法正常通信。

如何利用环路保障网络的可靠性和稳定性又能避免由于环路的存在所造成的安全隐患？我们可以在交换设备上启用生成树协议，以防止二层环路。

3.2　职业能力目标和要求

- 掌握生成树协议的类型及工作原理。
- 能够根据业务需求选择相应的生成树协议。
- 能够根据需要配置 STP、RSTP。

3.3　相关知识

3.3.1　生成树协议类型及原理

1. 交换网络中的环路问题

在交换网络环境中，为确保网络连接可靠和稳定性，常常需要网络提供冗余链路。而所谓的"冗余链路"，是指当一条通信信道遇到堵塞或者不畅通时，就启用别的链路。冗余就是准备两条以上的链路,当主链路不通时,马上启用备份链路,确保链路的畅通。冗余链路也叫备份链路、备份连接等。

如图 3-1 所示,当 PC 访问 Server 时,若 S3→S2 为主链路,S3→S1→S2 就是一个冗余链路。当主链路(S3→S2)出现故障时,冗余链路自动启用,从而提高网络的整体可靠性。

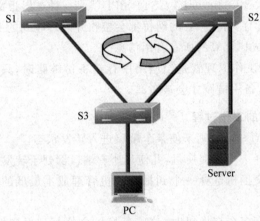

图 3-1 备份链路

使用冗余备份能为网络带来健全性、稳定性和可靠性等好处,但也可能导致网络中的环路问题。图 3-1 中 S1、S2、S3 三台交换机就构成了一个环路。环路问题是备份链路所面临的最为严重的问题,环路的存在将导致广播风暴、多帧复制及 MAC 地址表的不稳定等问题。

(1)广播风暴。在一些较大型的网络中,当大量广播流(如 MAC 地址查询信息等)同时在网络中传播时,便会发生数据包的碰撞。网络试图缓解这些碰撞并重传更多的数据包,结果导致全网的可用带宽减少,并最终使得网络失去连接而瘫痪,这一过程被称为广播风暴。

(2)多帧复制。当网络中存在环路现象时,目的主机可能会收到某个数据帧的多个副本,此时会导致上层协议在处理这些数据帧时无从选择,产生迷惑,严重时还可能导致网络连接的中断。

(3)MAC 地址表的不稳定。当交换机连接不同网络时,将出现通过不同端口接收到同一个广播帧的多个副本的情况。这一过程也会同时导致 MAC 地址表的多次刷新。这种持续的更新、刷新过程会严重耗用内存资源,影响该交换机的交换能力,同时降低整个网络的运行效率。严重时,将耗尽整个网络资源,并最终造成网络瘫痪。

2.生成树协议的基本概念

为了解决冗余链路引起的问题,IEEE 通过了 IEEE 802.id 协议,即生成树协议(spanning-tree protocol,STP)。STP 在交换机(网桥)上运行一套复杂的算法,使冗余端口置于"阻塞状态",使得网络中的计算机在通信时,只有一条主链路生效,当主链路出现故障时,生成树协议将重新计算出网络的最优链路,将处于"阻塞状态"的端口重新打开。生成树协议在华为模拟器中分为三种模式:STP(生成树协议)、RSTP(快速生成树协议)、MSTP(多实例生成树协议)。这里我们主要学习 STP。

STP 中定义了根桥(root bridge)、根端口(root port)、指定端口(designated port)、路径

开销(path cost)等概念,目的就在于通过构造一棵自然树的方法,达到裁剪冗余环路的目的,同时实现链路备份和路径最优化。用于构造这棵树的算法称为生成树算法 STA(spanning tree algorithm)。

要实现这些功能,网桥之间必须要进行一些信息的交流,这些信息交流单元就称为配置消息 BPDU(bridge protocol data unit)。STP BPDU 是一种二层报文,目的 MAC 是多播地址 01-80-C2-00-00-00,所有支持 STP 的网桥都会接收并处理收到的 BPDU 报文。该报文的数据区里携带了用于生成树计算的所有有用信息。

生成树协议 STP 的工作原理就是当网络中存在备份链路时,只允许主链路激活,如果主链路因故障而被断开,备用链路才会被激活。

3. 生成树协议 STP 的工作过程

生成树协议采用下面 3 个规则来使某个端口进入转发状态。

(1)生成树协议选择一个根交换机,并使其所有端口都处于转发状态。

(2)为每一个非根交换机选择一个到根交换机管理成本最低的端口作为根端口,并使其处于转发状态。

(3)当一个网络中有多个交换机时,这些交换机会将其到根交换机的管理成本宣告出去,其中具有最低管理成本的交换机作为指定交换机,指定交换机中发送最低管理成本的端口为指定端口,该端口处于转发状态。其他端口都被置为阻塞状态。

4. 生成树协议的算法过程

生成树协议的算法过程可以归纳为三个步骤:选择根网桥、选择根端口、选择指定端口。

(1)选择根网桥:在全网中选择一个根网桥。比较网桥的 BID 值,值越小其优先级越高。ID 值是由两部分组成的:交换机的优先级和 MAC 地址组成。如果交换机的优先级相同,则比较其 MAC 地址,地址值最小的就被选举为根网桥。

(2)选择根端口:在每个非根交换机上选择根端口。首先,比较根路径成本。根路径成本取决于链路的带宽,带宽越大,路径成本越低,则选该端口为根端口。其次,如果根路径成本相同,则要比较所在对端交换机 BID 值,值越小,则其优先级越高。最后,比较端口的 ID 值,该值分为两部分:端口优先级和端口编号,值小的被选为根端口。

(3)选择指定端口:在每条链路上选择一个指定端口,根网桥上所有端口都是指定端口。首先,比较根路径成本。其次,比较端口所在网桥的 ID 值。最后,比较端口的 ID 值。

5. 生成树协议的端口状态

每个交换机的端口都会经过一系列的状态。

(1)禁用(disable):为了管理目的或者因为发生故障将端口关闭时的状态。

(2)阻塞(blocking):在开始启用端口之后的状态。端口不能接收或者传输数据,不能把 MAC 地址加入它的地址表,只能接收 BPDU。如果检测到有一个桥接环,或者如果端口失去了根端口或者指定端口的状态,就会返回阻塞状态。

(3)监听(listening):若一个端口可以成为一个根端口或者指定端口,则转入监听状态。该端口不能接收或者传输数据,也不能把 MAC 地址加入到它的地址表,只能接收或发送 BPDU。

（4）学习（learning）：在 Forward Delay（转发延迟）计时时间（默认为 15s）之后，端口进入学习状态。端口不能传输数据，但是可以发送和接收 BPDU。这时端口可以学习 MAC 地址，并将其加入到地址表中。

（5）转发（forwarding）：在下一次 Forward Delay（转发延迟）计时时间（默认为 15s）之后，端口进入转发状态。端口现在能够发送和接收数据、学习 MAC 地址，还能发送和接收 BPDU。

端口被选为指定端口或根端口后，需要从阻塞状态经监听和学习状态才能到转发状态，如图 3-2 所示，这称为端口状态迁移。默认的转发延迟时间是 15s。

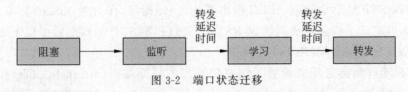

图 3-2 端口状态迁移

3.3.2 配置 STP

1. 配置 STP 模式
命令如下：

```
[Huawei]stp mode stp
```

其中，stp mode stp 是系统视图下使用的命令，该命令的作用是将 STP 的模式设定为 stp。可以选择的 STP 模式分别是 stp、rstp 和 mstp，分别对应 STP、RSTP 和 MSTP 三种生成树协议。例如，在 S1 上配置 STP 模式，配置命令如下：

```
[S2]stp mode stp
```

2. 开启 STP 功能
命令如下：

```
[Huawei]stp enable
```

其中，stp enable 是系统视图下使用的命令，该命令的作用是启动交换机的 STP 功能。关闭 STP 功能的命令如下：

```
[Huawei]stp disable
```

3. 查看 STP 配置
命令如下：

```
<Huawei>display stp brief
```

其中，display stp brief 是用户视图或者系统视图下使用的命令，该命令的作用是显示交换机各个端口的状态。

3.3.3 快速生成树协议 RSTP 简介

随着应用的深入和网络技术的发展，STP 的缺点在应用中也被暴露了出来，其缺陷主要表现在收敛速度上。当网络拓扑结构发生变化时,新的配置消息要经过一定的时延才能传播到整个网络,这个时延称为转发延迟,协议默认值为15s。在所有网桥收到这个变化的消息之前,若旧网络拓扑结构中处于转发的端口还没有发现自己应该在新的网络拓扑结构中停止转发,则可能存在临时环路。为了解决临时环路的问题,生成树使用了一种定时器策略,即在端口从阻塞状态到转发状态的中间加上一个只学习MAC地址但不参加转发的中间状态,两次状态切换的时间长度都是转发延迟,这样就可以保证在网络拓扑结构变化的时候不会产生临时环路。但是,这个看似良好的解决方案实际上带来的却是至少2倍转发延迟的收敛时间。

为了解决STP的这个缺陷,IEEE推出了802.1w标准,作为对802.1d标准的补充,在802.1w标准里定义了快速生成树协议RSTP。RSTP在STP基础上做了以下3点重要改进,使得收敛速度快得多(最快1s以内)。

(1) 为根端口和指定端口设置了快速切换用的替换端口(alternate port)和备份端口(backup port)两种角色,在根端口或指定端口失效的情况下,替换端口或备份端口就会无时延地进入转发状态。

(2) 在只连接了两个交换端口的点对点链路中,指定端口只需与下游网桥进行一次握手就可以无时延地进入转发状态。如果连接了3个以上网桥的共享链路,下游网桥是不会响应上游指定端口发出的握手请求的,只能等待2倍转发延迟的时间再进入转发状态。

(3) 直接与终端相连而不是把其他网桥相连的端口定义为边缘端口(edge port)。边缘端口可以直接进入转发状态,不需要任何延时,因为网桥无法知道端口是否直接与终端相连。

3.3.4 设置生成树模式

命令如下:

```
[Huawei]stp enable          //启用 STP 模式
[Huawei]stp mode rstp       //将交换机的生成树模式由默认的 stp 改成 rstp
```

3.4 项目设计与准备

1. 项目设计

在S1、S2、S3上启用生成树协议,使3台交换机根据生成树算法自动阻塞环路,当线路出现故障时能自动将接口状态从阻塞调整为转发状态。

2. 项目准备

方案一:真实设备操作(以组为单位,小组成员协作,共同完成实训)。

- 华为交换机、配置线、台式机或笔记本电脑。
- 用项目2的配置结果。

方案二:在模拟软件中操作(以组为单位,成员相互帮助,各自独立完成实训)。

- 安装有eNSP的计算机每人一台。
- 用项目2的配置结果。

3.5　项目实施

　　本子项目若是在模拟软件 Huawei Ensp 上实施,由于该模拟软件生成树协议默认情况下在交换机上已自动启用了 MSTP,因此在模拟器中操作时,不用再专门启用。本子项目现要求启用 RSTP,这是针对真实设备提出的。

在真实设备上的具体操作如下。

(1) S3 上的配置。命令如下:

```
<S3>system-view          //进入系统视图
[S3]stp mode rstp        //将交换机 S3 的生成树模式由默认的 mstp
                           改成 rstp
```

项目实施

(2) S1 与 S2 上的配置。S1 与 S2 上的操作与 S3 相同,此处略。

3.6　项目验收

3.6.1　查看生成树状态

下面以 S1 为例进行说明。

(1) 采用 MSTP 后生成树状态的效果如图 3-3 所示。

```
[S1]display stp
-------[CIST Global Info][Mode MSTP]-------
CIST Bridge           :32768.4clf-cc35-7b23
Config Times          :Hello 2s MaxAge 20s FwDly 15s MaxHop 20
Active Times          :Hello 2s MaxAge 20s FwDly 15s MaxHop 20
CIST Root/ERPC        :32768.4clf-cc17-16eb / 200000
CIST RegRoot/IRPC     :32768.4clf-cc35-7b23 / 0
```

图 3-3　查看 S1 启用 MSTP 的生成树状态

(2) 更改为 RSTP 后生成树状态的效果如图 3-4 所示。

```
[S1]display stp
-------[CIST Global Info][Mode RSTP]-------
CIST Bridge           :32768.4clf-cc35-7b23
Config Times          :Hello 2s MaxAge 20s FwDly 15s MaxHop 20
Active Times          :Hello 2s MaxAge 20s FwDly 15s MaxHop 20
CIST Root/ERPC        :32768.4clf-cc17-16eb / 200000
CIST RegRoot/IRPC     :32768.4clf-cc35-7b23 / 0
```

图 3-4　查看 S1 启用 RSTP 的生成树状态

3.6.2　查看阻塞端口变化

当链路出现故障时,查看阻塞端口的变化情况。

(1) 当前 S1 生成树接口状态如图 3-5 所示。

```
[S1]display stp brief
MSTID  Port              Role  STP State   Protection
  0    Ethernet0/0/1     ALTE  DISCARDING  NONE
  0    Ethernet0/0/4     ROOT  FORWARDING  NONE
  0    Ethernet0/0/5     DESI  FORWARDING  NONE
  0    Ethernet0/0/22    DESI  FORWARDING  NONE
```

图 3-5 查看 F0/3 生成树接口状态

由图 3-5 可知,S1 的 E0/0/4 是根接口。如果将 S1 的根端口断掉了,S1 会选择把其他到达根交换机的端口设置成根端口。

(2) 用以下命令关闭 E0/0/4 接口后,S1 的生成树状态,如图 3-6 所示。

```
[S1]interface Ethernet0/0/4
[S1-Ethernet0/0/4]shutdown
```

```
[S1]display stp brief
MSTID  Port              Role  STP State   Protection
  0    Ethernet0/0/1     ROOT  FORWARDING  NONE
  0    Ethernet0/0/5     DESI  FORWARDING  NONE
  0    Ethernet0/0/22    DESI  DISCARDING  NONE
```

图 3-6 关闭 E0/0/4 接口后 S1 的生成树状态

由图 3-6 可知,当把 S1 的 E0/0/4 端口关闭后,由于 RSTP 收敛速度比较快,端口 E0/0/1 会快速协商为新的根端口,协商期间端口是丢弃(discarding)状态,协商结束后端口为转发(forwarding)状态,这个过程所需要的时间非常短,这就是 RSTP 收敛快的一个表现。

3.7 项目小结

本项目主要讲述了生成树协议的原理和配置方法。生成树协议是在网络有环路时,通过一定的算法将交换机的某些端口进行阻塞,从而使网络形成一个无环路的树状结构。

通过本项目学习,重点理解生成树协议的原理,而生成树协议的配置相对较简单。

3.8 知识拓展

在冗余设计的情况下,如何让流量按指定的链路转发?我们可以通过配置交换机优先级和端口优先级来解决这个问题。

3.8.1 配置交换机优先级

设置交换机的优先级关系到整个网络中到底哪个交换机为根交换机,同时也关系到整个网络的网络拓扑结构。建议管理员把核心交换机的优先级设得高些(数值小),这样有利于整个网络的稳定。命令如下:

```
[Huawei]stp priority number
```

该命令用于配置交换机优先级。若要设置一台交换机成为根交换机,应该给根交换机选择一个比其他所有交换机都低的优先级。

交换机优先级 number 的取值的范围是 0～61440,都为 0 或 4096 的倍数;默认值为 32768。

例如,将交换机 S1 的优先级设为 0,配置命令如下:

[S1]stp priority 0

若要设置一台交换机成为根交换机,除了上述通过修改优先级建立外,还可以在系统视图下,直接建立根交换机。配置命令如下:

[Huawei]stp root primary

例如,直接将交换机 S1 设置为根交换机,配置命令如下:

[S1]stp root primary

3.8.2　配置端口优先级

修改端口优先级只影响根端口与替换端口,而指定端口与备份端口只由端口号顺序决定。当有两个端口都连在一个共享介质上,交换机会选择一个高优先级(数值小)的端口进入转发状态,低优先级(数值大)的端口进入丢弃状态。如果两个端口的优先级一样,就选端口号小的那个进入转发状态。设置端口优先级,具体命令如下:

[Huawei-端口]stp port-priority number

交换机端口优先级 number 的取值范围是 0～255,都为 0 或 16 的倍数;默认值为 128。

例如,将交换机 S2 的端口 E0/0/1 的优先级设为 32,配置命令如下:

[S2-Ethernet0/0/1]stp port-priority 32

3.9　练习题

一、填空题

1. 环路的存在,会导致_____。

2. 交换机的桥 ID 由_____和_____组成。

3. 选举根桥时,具有_____的桥 ID 的交换机会成为根桥。

4. STP 收敛后_____和_____是处于转发状态的。

5. 在以太网生成树协议中,规定了五种交换机的端口状态:_____、_____、_____、_____和_____。

二、单项选择题

两台以太网交换机之间使用了两根 5 类双绞线相连,要解决其通信问题,避免产生环路问题,需要启用(　　)技术。

A. 源路由网桥　　　　　　　　　B. 生成树

C. MAC 子层网桥　　　　　　　　D. 介质转换网桥

三、多项选择题

1. STP 使用下述(　　)两个条件选择根桥。

A. 内存容量　　　　　　　　　　　　B. 桥的优先级

C. 交换速度　　　　　　　　　　　　D. 基本 MAC 地址

2. 下面 STP 状态允许交换机学习 MAC 地址的是(　　)。

A. 阻塞　　　　　B. 侦听　　　　　C. 学习　　　　　D. 转发

3. 当确定了根桥后，其他的交换机选出了两项内容之后，STP 才会使交换网络收敛的是(　　)。

A. VLAN ID　　　　B. 根端口　　　　C. 全双工端口　　　　D. 指定端口

4. 下列正确描述 IEEE STP 的功能说法是(　　)。

A. 它会立即将不处于丢弃状态的所有端口转换为转发状态

B. 它提供了一种在交换网络中禁用冗余链路的机制

C. 它有三种端口状态：丢弃、学习和转发

D. 它可确保交换网络中没有环路

四、简答题

1. 什么是交换网络中链路的备份技术？

2. 怎样确定根交换机？

3. 生成树的作用是什么？有哪几种生成树协议？

4. IEEE 802.3ad 协议的作用是什么？

5. 怎样打开或关闭交换机的生成树协议？

3.10　项目实训

按图 3-7 所示搭建网络，并查看 E0/0/3 生成树的接口状态。

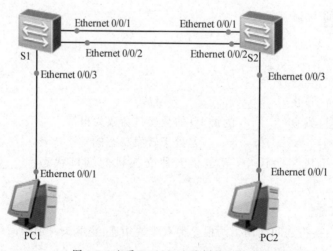

图 3-7　查看 E0/0/3 生成树接口状态

实训要求：

（1）根据上面的网络拓扑结构搭建网络。

（2）按下面描述配置 PC，并测试连通性。

PC1：IP 为 192.168.1.1；子网掩码为 255.255.255.0。

PC2：IP 为 192.168.1.2；子网掩码为 255.255.255.0。

实训操作

（3）配置两台交换机的主机名分别为 S1 和 S2。

（4）分别查看两台交换机的生成树状态。

（5）改非根交换机的优先级为 4096，使其成为根交换机，观察此时交换机端口颜色的变化，并等稳定后再次查看两台交换机的生成树状态。测试两台 PC 的连通性。

（6）修改当前非根交换机的非根端口的优先级为 32，观察此时交换机端口颜色的变化。再次查看本交换机的生成树状态，并查看修改端口的状态。测试两台 PC 的连通性。

（7）删除当前根端口连线，观察当前非根交换机的非根端口的状态变化，并测试两台 PC 的连通性。

（8）修改交换机的生成树类型为 rstp，再次重复上面的操作。

项目 4
内外网连接

课程思政

- "天行健,君子以自强不息。"让学生体会勇于探索、勇于创新的工匠精神,激励学生不断进行网络技术创新,为科技强国作出自己的贡献。
- "地势坤,君子以厚德载物。"通过我国自主研发的路由设备的成功,让学生认识到我国科技实力实现了从跟跑到并跑领跑的历史性跨越,培养学生的专业自信意识,树立中国自信。

4.1　项目导入

AAA 公司总部各部门实现了数据交互,现在需要与几百千米之外的公司分部以及合作伙伴实现数据交互。如何解决这个问题?

首先需要用网络设备搭建一个物理网络,使公司总部与外部实现物理连接,然后采用路由技术等实现数据交互。

4.2　职业能力目标和要求

- 掌握 IP 路由的概念。
- 掌握路由的来源。
- 理解路由器的工作原理。
- 了解路由器的分类。
- 掌握路由器的管理与基本配置。
- 掌握路由器的硬件连接。
- 掌握单臂路由的原理和应用。
- 了解网路由和主机路由。
- 了解直连路由和间接路由。

4.3　相关知识

4.3.1　路由概述

1. IP 路由的概念

所谓"路由",是指将数据包从一个网络送到另一个网络的设备上的功能。它具体表现为路由器中路由表里的条目。路由的完成离不开两个最基本步骤:第一个步骤为选径,路由器根据到达数据包的目标地址和路由表的内容进行路径选择;第二个步骤为包转发,根据选择的路径,将包从某个接口转发出去。路由表是路由器选择路径的基础,通过路由来获得路由表。

根据数据包目的地不同,路由可分为以下两种。

- 子网路由:目的地为子网。
- 主机路由:目的地为主机。

根据目的地与转发设备是否直接相连,路由可分为以下两种。

- 直连路由:目的地所在网络与转发设备直接相连。
- 间接路由:目的地所在网络与转发设备不直接相连。

2. 路由的来源

路由的来源主要有以下 3 种。

(1) 直连(connected)路由。直连路由不需要配置,路由器配置好接口 IP 地址并且接口状态为 UP 时,路由进程自动生成。它的特点是开销小,配置简单,无须人工维护,但只能发现本接口所属网段的路由。

(2) 静态(static)路由。由管理员手动配置而生成的路由称为静态路由。当网络的网络拓扑结构或链路的状态发生变化时(包括发生故障),需要手动修改路由表中相关的静态路由信息。一般用在简单稳定网络拓扑结构的网络中。

(3) 动态路由协议(routing protocol)发现的路由。当网络拓扑结构十分复杂时,手动配置静态路由工作量大而且容易出现错误,这时就可用动态路由协议(如 RIP、OSPF 等),让其自动发现和修改路由,避免人工维护。但动态路由协议开销大,配置复杂。

4.3.2　认识路由器

路由器工作在 OSI 模型中的第三层,即网络层,它利用网络层定义的"逻辑"上的网络地址(即 IP 地址)来区别不同的网络。路由器的一个作用是连通不同的网络,另一个作用是选择信息传送的线路并进行转发。选择通畅快捷的近路,能大大提高通信速度,减轻网络系统通信负荷,节约网络系统资源,提高网络系统畅通率,从而让网络系统发挥出更大的效益来。

1. 路由器的工作原理

路由器的主要工作就是为经过路由器的每个数据帧寻找一条最佳传输路径,并将该数据有效地传送到目的站点。由此可见,选择最佳路径的策略即路由算法是路由器的关键所在。为了完成这项工作,在路由器中保存着各种传输路径的相关数据——路由表,供路由选择时使用。路由表包含以下关键项:目的地址、子网掩码、输出接口、下一跳 IP 地址。路由表可以是由系统管理员固定设置好的,也可以是由系统动态修改的;可以由路由器自动调整,也可以由主机控制。

(1)路由优先级。路由匹配顺序是由路由优先级决定的。用管理距离作为一种优先级度量,指明了发现路由方式的优先级,默认情况下,管理距离从高到低的顺序是:直连路由、静态路由、动态路由、默认路由。当存在两条路径到达相同的网络时,路由器将会选择管理距离较低的路径。

(2)路由匹配过程。路由器按照路由匹配优先级顺序,先用收到数据包的目标地址与第一条路由记录的子网掩码按位相与,相与后的结果再与该路由记录的目的地址相比较,若相同则匹配成功,匹配成功后就按匹配好的路由转发数据包;若不同则按路由表顺序向下继续比较;若始终没有找到匹配的路由,则丢弃数据包。

为了便于理解,我们以一个例子加以说明。如图 4-1 所示,这是一个简单的互联网络,图中给出了路由器需要的路由选择表,这里最重要的是看这些路由选择表是如何把数据进行高效转发的。路由选择表的"网络"栏列出了路由器可达的网络地址,指向目标网络的下一跳地址在下一跳栏。

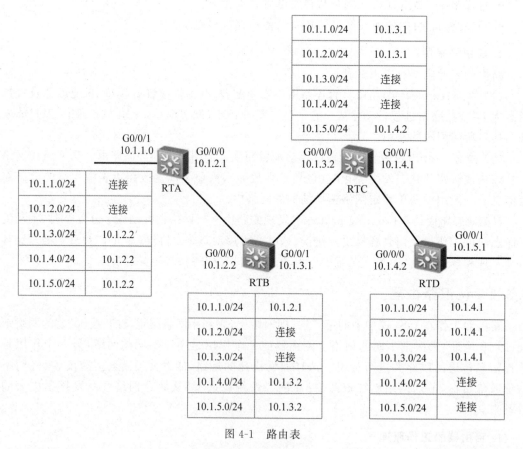

图 4-1 路由表

路由器 RTA 收到一个源地址为 10.1.1.100 且目标地址为 10.1.5.10 的报文,那么路由选择表查询的结果对于目的地址 10.1.5.0 的最优匹配是子网 10.1.5.0,报文可以从接口 G0/

0/0 出站,经下一跳地址 10.1.2.2 去往目的地。接着报文被发给路由器 RTB,路由器 RTB 查找路由选择表后,发现报文应该从接口 G0/0/0 出站,经下一跳 10.1.3.2 去往目的网络 10.1.5.0,此过程将一直持续到报文到达路由器 RTD。当路由器接口 G0/0/0 接到报文时,路由器 RTD 查找路由表,发现目的地是连接在 G0/0/1 上的一个直连网络,最终结束路由选择过程,把报文传递给主机 10.1.5.10。

上面说明的路由选择过程是假设路由器可以将下一跳地址同它的接口匹配起来。为了正确地进行报文交换,每个路由器都必须保持信息的一致性和准确性。如图 4-1 所示,若在路由器 RTB 的路由表中丢失了关于网络 10.1.1.0 表项。从 10.1.1.100 到 10.1.5.10 的报文将被传送,但是当 10.1.5.10 向 10.1.1.100 回复报文时,报文从路由器 RTD 到路由器 RTC,再到路由器 RTB。路由器 RTB 查找路由选择表后发现没有关于子网 10.1.1.0 的路由表项,因此,丢弃此报文,同时路由器 RTB 向主机 10.1.5.10 发送目标网络不可达的 ICMP 信息。

2. 路由器分类

路由产品按照不同的标准可以划分成多种类型。

(1) 按功能分。按功能将路由器分为核心层(骨干级)路由器、分发层(企业级)路由器和访问层(接入级)路由器。

核心层路由器是实现企业级网络互联的关键设备,它数据吞吐量较大,非常重要。对核心层路由器的基本性能要求是高速度和高可靠性。为了获得高可靠性,网络系统普遍采用诸如热备份、双电源、双数据通信等传统冗余技术,从而使得路由器的可靠性一般不成问题。

分发层路由器连接许多终端系统,连接对象较多,但系统相对简单,且数据流量较小,对这类路由器的要求是以尽量便宜的方法实现尽可能多的端点互连,同时还要求能够支持不同的服务质量。

访问层路由器主要应用于连接家庭或 ISP 内的小型企业客户群体。

(2) 按性能档次分。按性能档次将路由器分为高、中、低档路由器。

通常将路由器吞吐量大于 40Gbps 的路由器称为高档路由器,吞吐量在 25~40Gbps 的路由器称为中档路由器,而将低于 25Gbps 的看作低档路由器。当然这只是一种宏观上的划分标准,各厂家划分并不完全一致,实际上路由器档次的划分不仅是以吞吐量为依据的,是有一个综合指标的。

4.3.3　路由器的管理与基本配置

路由器的管理模式和工作模式,以及常用命令等与交换机基本上一致,这里不再重复。下面重点讲一下路由器在管理与配置上有别于交换机的地方。

1. 路由器的串口

串口(serial 口)是连接两台路由器的串行接口,用一根串行线连接在一起的两个串口,一端是 DCE 端,另一端是 DTE 端。DCE 端提供同步时钟,从而保证通信两端的时钟同步。

路由器串口可以表示为:serial 插槽号/模块号/模块中的编号(可简写为:S 插槽号/模块号/模块中的编号),如 S1/0/0(表示 0 号插槽的 0 号模块的 1 号串口)。

2. 路由器的基本配置

路由器的物理网络端口通常要有一个 IP 地址,才可以实现路由器的不同网段的路由和转发功能。配置路由器 IP 地址时必须做到:相邻路由器的相连端口 IP 地址必须在同一网段上;同一路由器的不同端口的 IP 地址必须在不同的网段上。

(1) 接口 IP 配置。如交换机虚接口 IP 地址配置方法一样,路由器接口 IP 配置也包括进入接口、配置 IP 地址和启用接口三步。接口 IP 配置命令如下:

```
[Huawei]interface interface-type mod_num/port_num
[Huawei]ip address address subnet-mask
```

例如,想为 GE0/0/0 口配置 IP 地址 192.168.1.1/24,配置命令如下:

```
[Huawei]interface g0/0/0
[Huawei]ip address 192.168.1.1 255.255.255.0
```

(2) 查看路由表。路由器配置好接口 IP 地址并且接口状态为 UP 时(物理连接好),路由进程自动生成直连路由,通过查看路由表命令可以看到生成的直连路由。命令格式如下:

```
[Huawei]display ip routing-table
```

(3) 配置实例。

例 4-1 按图 4-2 所示配置路由器及 PC,实现不同网段的两台 PC 的互通,并查看路由信息。

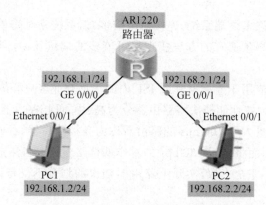

图 4-2 路由器配置实例网络拓扑结构(1)

① 配置路由器接口 IP 地址。

```
<Huawei>system-view
[Huawei]interface g0/0/0
[Huawei-GigabitEthernet0/0/0]ip address 192.168.1.1 255.255.255.0
[Huawei-GigabitEthernet0/0/0]quit
[Huawei]interface g0/0/1
[Huawei-GigabitEthernet0/0/1]ip address 192.168.2.1 255.255.255.0
```

② 设置 PC 的 IP 相关信息。

按表 4-1 所示设置各 PC 的 IP 相关信息。

表 4-1　各 PC 的 IP 信息

设置项目	PC1	PC2
IP 地址	192.168.1.2	192.168.2.2
子网掩码	255.255.255.0	255.255.255.0
默认网关	192.168.1.1	192.168.2.1

③ 查看路由表。

[Huawei]display ip routing-table

命令执行结果如图 4-3 所示。

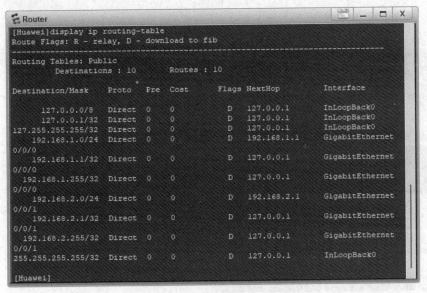

图 4-3　路由器配置实例路由表

Destionation/Mask 表示目的地网络及子网掩码。

Proto 列下的 Direct 表示直连路由。

Interface 表示到达目的地的输出接口。

（4）测试连通性。PC1 与 PC2 相互能 ping 通,原因是路由器为两个不同的网段提供了路由。

例 4-2　按图 4-4 所示的网络拓扑结构配置路由器和 PC,其中 RT1 的 S1/0 口为 DCE 端。配置完成后测试 PC 的连通性,并查看路由表。

① 为路由器添加模块。路由器接口数比交换机少许多,有时可能不够用,部分型号的路由器允许添加一些接口模块。本题中两台路由器中均需要一个串口,这里可以通过添加 2SA 口实现。路由器接口的添加操作需在路由器选项卡中进行,如图 4-5 所示,添加接口的步骤如下。

首先右击路由器 R1 图标,在弹出的快捷菜单中选择"设置"命令。关闭电源(单击图 4-5 中的"电源"按钮,红色标识消失,表示电源关闭),在"eNSP 支持的接口卡"列表中选择 2SA,按住鼠标左键将其拖动到设备视图区域的插槽处,松开鼠标左键,即添加了 2 个 S 接口,如

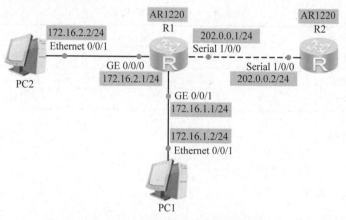

图4-4 路由器配置实例网络拓扑结构(2)

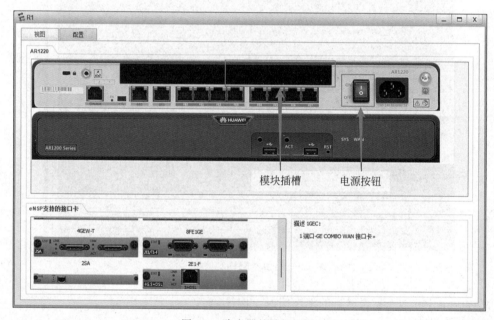

图4-5 路由器的设置视图

图4-6所示,最后打开电源(红色标识出现,表明电源打开)。

(1)用模块字符含义如下。

S表示串口。如:2SA表示有2个同异步串口的网络模块,每一个串口可以独立被配置为同步模式或者异步模式,并提供在单个级别的混合媒介的拨号支持。

(2)型号为AR1220的路由器,添加接口时只能添加两个2SA模块。

(3)删除路由器接口。若添加的接口不能满足要求,也可以在路由器"设置"选项中删除。操作步骤:首先关闭电源,在"视图"区域选择需删除的模块,按住鼠标左键将其拖动到"eNSP支持的接口卡"区域,松开鼠标左键即可,最后打开电源。

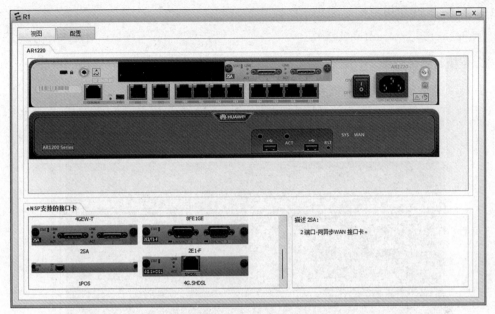

图 4-6 添加一个 2SA 模块后的效果图

② 配置 R1 路由器接口的 IP 地址。命令如下：

```
<Huawei>system-view
[Huawei]sysname R1
[R1]interface g0/0/0
[R1-GigabitEthernet0/0/0]ip address 172.16.2.1 255.255.255.0
[R1-GigabitEthernet0/0/0]quit
[R1]interface g0/0/1
[R1-GigabitEthernet0/0/1]ip address 172.16.1.1 255.255.255.0
[R1-GigabitEthernet0/0/1]quit
[R1]interface s1/0/0
[R1-Serial1/0/0]ip address 202.0.0.1 255.255.255.0
```

③ 配置 R2 路由器接口的 IP 地址。命令如下：

```
<Huawei>system-view
[Huawei]sysname R2
[R2]interface s1/0/0
[R2-Serial1/0/0]ip address 202.0.0.2 255.255.255.0
```

④ 设置 PC 的 IP 相关信息。按表 4-2 所示设置各 PC 的 IP 相关信息。

表 4-2 设置各 PC 的 IP 相关信息

设置项目	PC1	PC2
IP 地址	172.16.1.2	172.16.2.2
子网掩码	255.255.255.0	255.255.255.0
默认网关	172.16.1.1	172.16.2.1

⑤ 查看 RT1 路由表。命令如下:

`[R1]display ip routing-table`

命令执行结果如图 4-7 所示。

```
R1                                                                    ⊟  _  □  X

[R1]display ip routing-table
Route Flags: R - relay, D - download to fib
-----------------------------------------------------------------------
Routing Tables: Public
         Destinations : 14     Routes : 14

Destination/Mask    Proto   Pre  Cost        Flags NextHop        Interface
        127.0.0.0/8     Direct  0    0            D     127.0.0.1      InLoopBack0
        127.0.0.1/32    Direct  0    .0           D     127.0.0.1      InLoopBack0
127.255.255.255/32    Direct  0    0            D     127.0.0.1      InLoopBack0
        172.16.1.0/24   Direct  0    0            D     172.16.1.1     GigabitEtherne
0/0/1
        172.16.1.1/32   Direct  0    0            D     127.0.0.1      GigabitEtherne
0/0/1
       172.16.1.255/32  Direct  0    0            D     127.0.0.1      GigabitEtherne
0/0/1
        172.16.2.0/24   Direct  0    0            D     172.16.2.1     GigabitEtherne
0/0/0
        172.16.2.1/32   Direct  0    0            D     127.0.0.1      GigabitEtherne
0/0/0
       172.16.2.255/32  Direct  0    0            D     127.0.0.1      GigabitEtherne
0/0/0
        202.0.0.0/24    Direct  0    0            D     202.0.0.1      Serial1/0/0
        202.0.0.1/32    Direct  0    0            D     127.0.0.1      Serial1/0/0
        202.0.0.2/32    Direct  0    0            D     202.0.0.2      Serial1/0/0
       202.0.0.255/32   Direct  0    0            D     127.0.0.1      Serial1/0/0
255.255.255.255/32    Direct  0    0            D     127.0.0.1      InLoopBack0
```

图 4-7　路由器配置实例路由表

⑥ 测试连通性。PC1 与 PC2 相互能 ping 通,原因是路由器为两个不同的网段提供了路由。

⑦ 查看 R1 的当前配置。命令如下:

`[R1]display current-configuration`

命令执行结果如图 4-8 所示。此时可以看到各端口 IP 的配置情况。

```
interface Serial1/0/0
 link-protocol ppp
 ip address 202.0.0.1 255.255.255.0
#
interface Serial1/0/1
 link-protocol ppp
#
interface GigabitEthernet0/0/0
 ip address 172.16.2.1 255.255.255.0
#
interface GigabitEthernet0/0/1
 ip address 172.16.1.1 255.255.255.0
```

图 4-8　查看 RT1 的当前配置

4.3.4　单臂路由

在正常情况下,一个路由器物理接口只能通过一个 VLAN 的数据,如果需要通过多个

VLAN 的数据,则必须要多个物理接口。但现实中路由器的接口并不多,因此只能在一个物理接口下划分多个逻辑子接口,使每个逻辑子接口通过一个 VLAN 的数据,从而实现不同 VLAN 间路由通信的目的。这样从物理状态上来说,就形成了一个物理接口通过多个 VLAN 信息的做法,这种网络拓扑结构被形象地称为单臂路由,如图 4-9 所示。单臂路由是解决 VLAN 间通信的一种廉价而实用的解决方案。

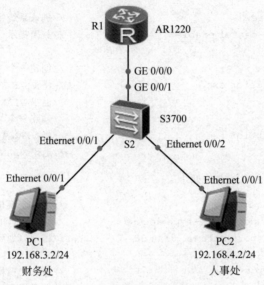

图 4-9　单臂路由网络拓扑结构

1. 单臂路由工作原理

PC0 和 PC1 分别属于 VLAN 30 和 VLAN 40,S2 是一个华为二层交换机,不具备实现 VLAN 间通信的功能。欲实现 VLAN 30 和 VLAN 40 的通信,现增加路由器 R1 来转发 VLAN 之间的数据包,交换机与路由器之间通过单链路相连,这样就形成了单臂路由。

要实施 VLAN 间的路由,必须在路由器的物理接口上启用子接口(即将以太网物理接口划分为多个逻辑的、可编址的接口),同时启动 IEEE 802.1q 协议,将子接口加入到相应的 VLAN,并为每个子接口分配 IP 地址作为相应 VLAN 的网关,这样路由器就能够知道如何到达这些互连 VLAN 了。

2. 单臂路由配置的关键步骤

(1) 进入子接口。命令如下:

[Huawei]interface interface-type mod_num/port_num.sub

(2) 子接口封装 IEEE 802.1q 协议并加入 VLAN。命令如下:

[Huawei-subif]dot1q termination vid vlan-id

(3) 配置子接口 IP。命令如下:

[Huawei-subif]ip address address subnet-mask

(4) 启动 ARP 的广播功能。命令如下:

```
[Huawei-subif]arp broadcast enable
```

3. 单臂路由配置实例

例 4-3 用单臂路由实现图 4-9 中财务处和人事处的相互访问。

(1) 配置交换机。

① 创建 VLAN。命令如下：

```
<Huawei>system-view                              //进入系统视图
[Huawei]undo info-center enable                  //关闭提示
[Huawei]sysname S1
[S1]vlan 30                                       //创建一个 VLAN 30
[S1-vlan30]description cwc                        //将 VLAN 30 命名为 cwc
[S1-vlan30]quit                                   //退出 VLAN 配置模式
[S1]vlan 40                                       //创建一个 VLAN 40
[S1-vlan40]description rsc                        //将 VLAN 40 命名为 rsc
[S1-vlan40]quit                                   //退出 VLAN 配置模式
```

② 将端口加入 VLAN。命令如下：

```
[S1]interface e0/0/1                             //进入交换机的 e0/0/1 端口
[S1-Ethernet0/0/1]port link-type access         //设置端口的属性,改成 Access 口
[S1-Ethernet0/0/1]port default vlan 30          //将端口划到 VLAN 30 中
[S1-Ethernet0/0/1]quit
[S1]interface e0/0/2                             //进入交换机的 e0/0/2 端口
[S1-Ethernet0/0/2]port link-type access         //设置端口的属性,改成 Access 口
[S1-Ethernet0/0/2]port default vlan 40          //将端口划到 VLAN 40 中
[S1-Ethernet0/0/2]quit
```

③ 将与路由器接口设置为 Trunk 模式。命令如下：

```
[S1]interface g0/0/1                             //进入交换机的 g0/0/1 端口
[S1-GigabitEthernet0/0/1]port link-type trunk   //将接口设置为 Trunk 模式
[S1-GigabitEthernet0/0/1]port trunk allow-pass vlan 30 40
                                                 //允许 VLAN 30 和 VLAN 40 通过
```

(2) 配置路由器。

① 基本配置。命令如下：

```
<Huawei>system-view
[Huawei]undo info-center enable
[Huawei]sysname R1
```

② 配置子接口。命令如下：

```
[R1]interface g0/0/0.1                           //进入 g0/0/0 的子接口 g0/0/0.1
[R1-GigabitEthernet0/0/0.1]dot1q termination vid 30
//在子接口 g0/0/0.1 上封装 IEEE 802.1q 协议,并将该接口加入 VLAN 30
[R1-GigabitEthernet0/0/0.1]ip address 192.168.3.1 255.255.255.0
//给子接口 g0/0/0.1 配置 IP 地址,这个 IP 地址就是 PC1 的默认网关地址
[R1-GigabitEthernet0/0/0.1]arp broadcast enable  //启动 ARP 的广播功能
[R1-GigabitEthernet0/0/0.1]quit
[R1]interface g0/0/0.2                           //进入 g0/0/0 的子接口 g0/0/0.2
```

```
[R1-GigabitEthernet0/0/0.2]dot1q termination vid 40
//在子接口 g0/0/0.2 上封装 IEEE 802.1q 协议,并将该子接口加入 VLAN 40
[R1-GigabitEthernet0/0/0.2]ip address 192.168.4.1 255.255.255.0
//给子接口 g0/0/0.2 配置 IP 地址,这个 IP 地址就是 PC2 的默认网关地址
[R1-GigabitEthernet0/0/0.2]arp broadcast enable        //启动 ARP 的广播功能
[R1-GigabitEthernet0/0/0.2]quit
```

③ 配置主机。

PC1：IP 地址为 192.168.3.2,子网掩码为 255.255.255.0,默认网关为 192.168.3.1。

PC2：IP 地址为 192.168.4.2,子网掩码为 255.255.255.0,默认网关为 192.168.4.1。

④ 查看路由表。命令如下：

```
[R1]display ip routing-table
```

路由表数据如图 4-10 所示。由此可见,路由器上连有两条直连网络,通过 GigabitEthernet0/0/0.1 连接的是 192.168.3.0/24,通过 GigabitEthernet0/0/0.2 连接的是 192.168.4.0/24。

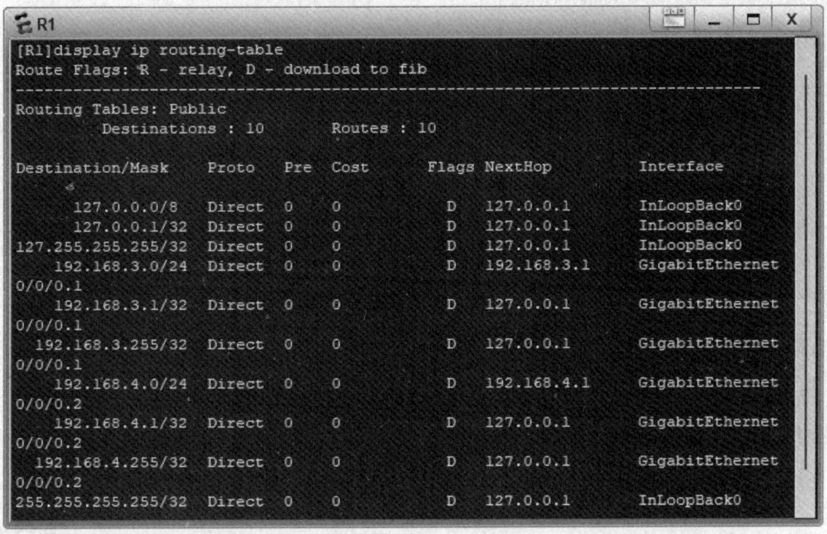

图 4-10　路由表数据

⑤ 测试连通性。此时 PC1 与 PC2 相互能 ping 通,原因是它们相当于直连路由。

4.4　项目设计与准备

1. 项目设计

(1) 根据教学项目要求搭建网络拓扑结构,如图 4-11 所示。要求为路由器添加串口或以太网口,正确连接网络设备。

(2) 完成网络设备的基本配置。

(3) 开启 R1、R2 和 R3 的 SSH 功能。

2. 项目准备

方案一：真实设备操作(以组为单位,小组成员协作,共同完成实训)。

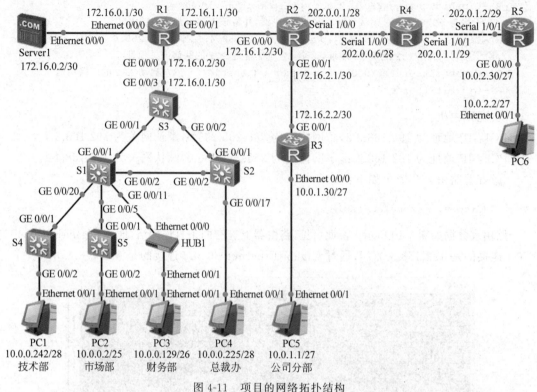

图 4-11　项目的网络拓扑结构

- 华为交换机、配置线、台式机或笔记本电脑。
- 用项目 3 的配置结果

方案二：在模拟软件中操作(以组为单位，成员相互帮助，各自独立完成实训)。

- 安装有 eNSP 1.3.0 的计算机每人一台。
- 用项目 3 的配置结果。

4.5　项目实施

任务 4-1　搭建网络拓扑结构

基本配置与
SSH 远程登录

路由器接口数比交换机少许多，有时可能不够用，部分型号的路由器允许添加一些接口模块。按照要求需要为 AR1220 路由器添加串口。

1. 为路由器 R2 添加串口

(1) 在模拟软件中右击路由器 R2 的图标，单击"设置"选项。

(2) 关闭电源(单击图 4-12 中的"电源"按钮，红色标识消失，表示电源关闭)，在"eNSP支持的接口卡"列表中选择 2SA，按住鼠标左键并将其拖动到设备视图区域的插槽处。松开鼠标左键，即添加了 2 个 S 接口。最后打开电源(红色标识出现，表明电源打开)，如图 4-13所示。

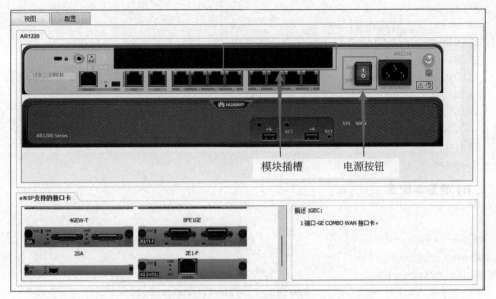

图 4-12 关闭电源

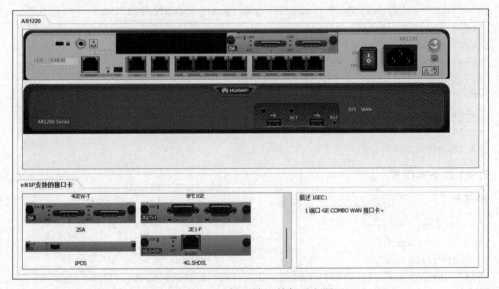

图 4-13 添加 S 端口并打开电源

2. 连接各网络设备

（略）。

任务 4-2 设备的基本配置

1. S3 的基本配置

命令如下：

```
<S3>system-view
```

```
[S3]vlan 2
[S3-vlan2]interface Vlanif 2
[S3-Vlanif2]ip address 172.16.0.1 255.255.255.252
[S3-Vlanif1]quit
[S3]interface g0/0/3
[S3-GigabitEthernet0/0/3]port link-type access
[S3-GigabitEthernet0/0/3]port default vlan 2
[S3-GigabitEthernet0/0/3]quit
[S3]quit
<S3>save
```

2. R1 的基本配置

命令如下:

```
<Huawei>system-view
[Huawei]sysname R1
[R1]interface g0/0/0
[R1-GigabitEthernet0/0/0]ip address 172.16.0.2 255.255.255.252
[R1-GigabitEthernet0/0/0]quit
[R1]interface g0/0/1
[R1-GigabitEthernet0/0/1]ip address 172.16.1.1 255.255.255.252
[R1-GigabitEthernet0/0/1]quit
[R1]vlan 10
[R1-vlan10]interface Vlanif 10
[R1-Vlanif10]ip address 172.16.10.1 255.255.255.252
[R1-Vlanif10]interface e0/0/0
[R1-Ethernet0/0/0]port link-type access
[R1-Ethernet0/0/0]port default vlan 10
[R1-Ethernet0/0/0]quit
```

3. R2 的基本配置

命令如下:

```
<Huawei>system-view
[Huawei]sysname R2
[R2]interface g0/0/0
[R2-GigabitEthernet0/0/0]ip address 172.16.1.2 255.255.255.252
[R2-GigabitEthernet0/0/0]quit
[R2]interface g0/0/1
[R2-GigabitEthernet0/0/1]ip address 172.16.2.1 255.255.255.252
[R2-GigabitEthernet0/0/0]quit
[R2]interface s1/0/0
[R2-Serial1/0/0]ip address 202.0.0.1 255.255.255.240
[R2-Serial1/0/0]quit
```

4. R3 的基本配置

命令如下:

```
<Huawei>system-view
```

```
[Huawei]sysname R3
[R3]interface g0/0/1
[R3-GigabitEthernet0/0/1]ip address 172.16.2.2 255.255.255.252
[R3-GigabitEthernet0/0/1]quit
[R3]vlan 10
[R3-vlan10]interface Vlanif 10
[R3-Vlanif10]ip address 10.0.1.30 255.255.255.224
[R3-Vlanif10]interface e0/0/0
[R3-Ethernet0/0/0]port link-type access
[R3-Ethernet0/0/0]port default vlan 10
[R3-Ethernet0/0/0]quit
```

5. R4 的基本配置
命令如下：

```
<Huawei>system-view
[Huawei]sysname R4
[R4]interface s1/0/0
[R4-Serial1/0/0]ip address 202.0.0.6 255.255.255.240
[R4-Serial1/0/0]quit
[R4]interface s1/0/1
[R4-Serial1/0/1]ip address 202.0.1.1 255.255.255.252
[R4-Serial1/0/1]quit
```

6. R5 的基本配置
命令如下：

```
<Huawei>system-view
[Huawei]sysname R5
[R5]interface s1/0/1
[R5-Serial1/0/1]ip address 202.0.1.2 255.255.255.248
[R5-Serial1/0/1]quit
[R5]interface g0/0/0
[R5-GigabitEthernet0/0/0]ip address 10.0.2.30 255.255.255.224
[R5-GigabitEthernet0/0/0]quit
```

7. 按规划设置 PC 与服务器的参数
（1）单击 PC5 图标，打开 PC5 对话框中的"基础配置"选项卡。

（2）在 IPv4 配置下方选择"静态"，IP 地址设置为 10.0.1.1，子网掩码设置为 255.255.255.224，网关设置为 10.0.1.30，如图 4-14 所示。

同理对 PC6 进行如下设置。PC6 的 IP 地址 10.0.2.2，子网掩码为 255.255.255.224，默认网关为 10.0.2.30。

Server 的 IP 地址 172.16.0.2，子网掩码为 255.255.255.252，默认网关为 172.16.0.1。

任务 4-3   SSH 的配置

1. 配置 R1 的 SSH 远程登录和本地密码
命令如下：

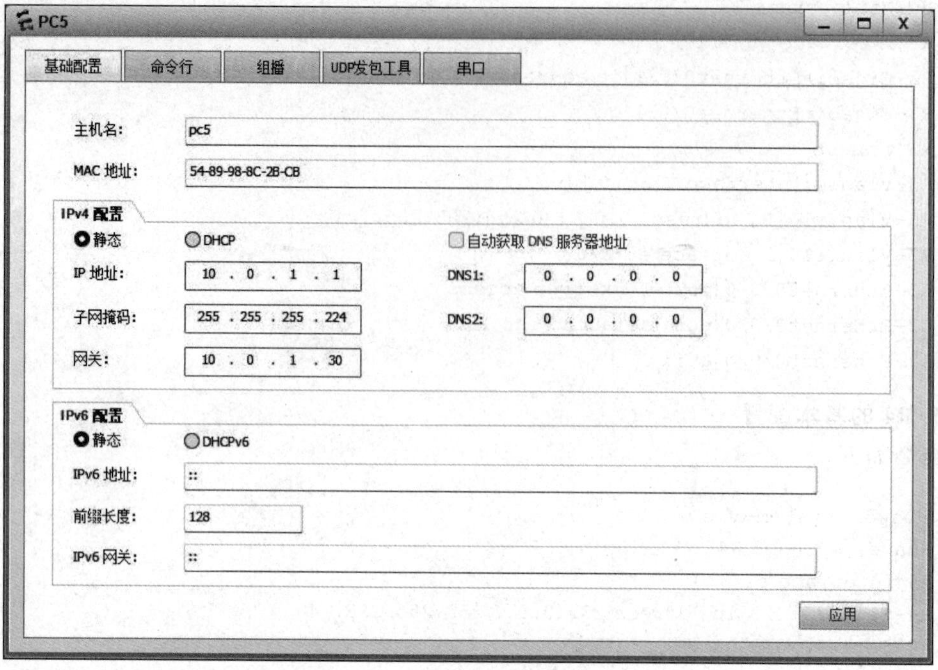

图 4-14 "基础配置"选项卡

```
[R1]user-interface console 0
[R1-ui-console0]set authentication password cipher 123456
[R1-ui-console0]quit
[R1]stelnet server enable
[R1]aaa
[R1-aaa]local-user root password cipher 111111
[R1-aaa]local-user root service-type ssh
[R1-aaa]local-user root privilege level 3
[R1-aaa]quit
[R1]user-interface vty 0 4
[R1-ui-vty0-4]authentication-mode aaa
[R1-ui-vty0-4]protocol inbound ssh
[R1-ui-vty0-4]quit
[R1]quit
<R1>save
```

2. 配置 R2、R3 的 SSH 远程登录和本地密码

该配置与 R1 相同,此处省略。

4.6 项目验收

4.6.1 设备基本配置验收

1. 查看 R3 的当前配置文件

操作如下:

```
<R3>display current-configuration        //显示信息如图 4-15 所示
```

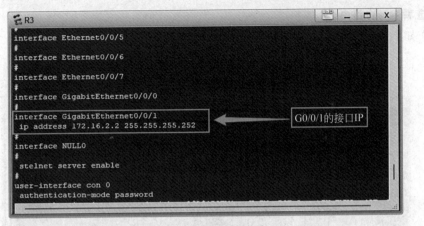

图 4-15　当前配置文件信息(1)

按 Space 键,显示下一屏信息,如图 4-16 所示。

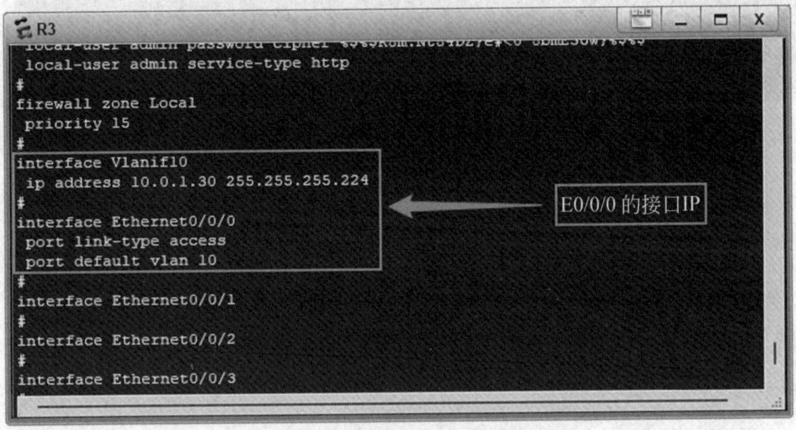

图 4-16　当前配置文件信息(2)

按 Space 键,继续显示下一屏信息,如图 4-17 所示。

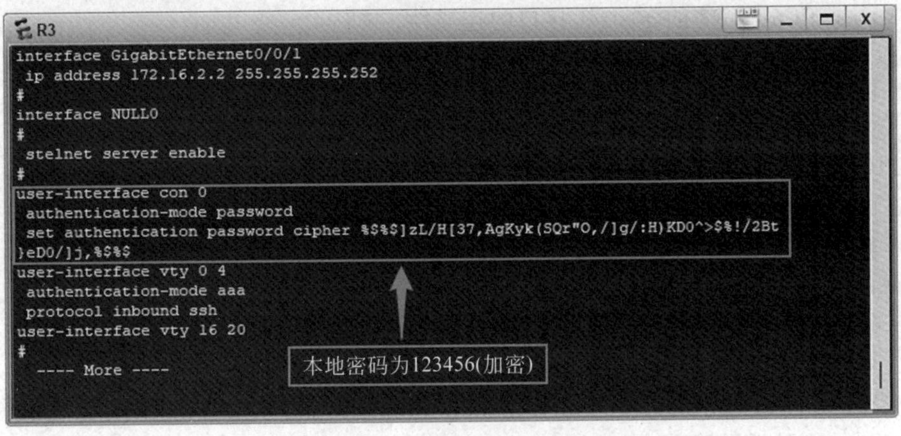

图 4-17　当前配置文件信息(3)

同理查看 S3、R1、R2、R4、R5 的当前配置文件。

2. 查看 R3 的路由表

操作如下：

```
<R3>display ip routing-table            //显示结果如图 4-18 所示
```

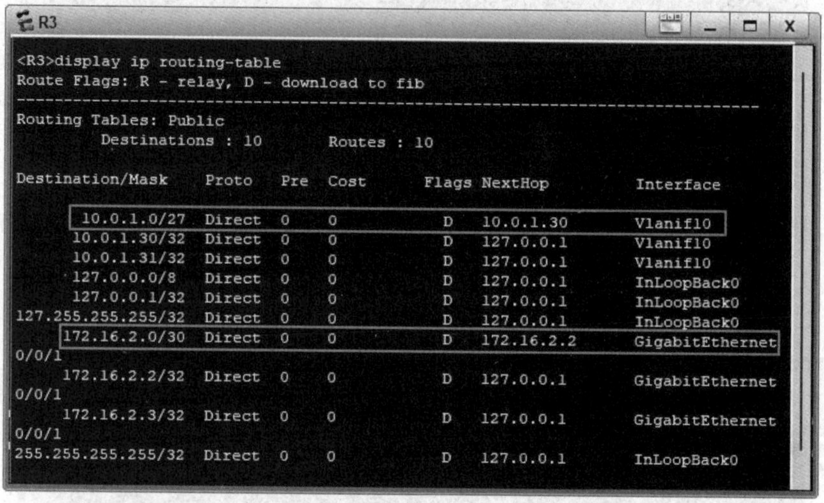

图 4-18　R3 路由表

可见 R3 只有两条直连路由。

同理查看 S3、R1、R2、R4、R5 的路由表。

3. 测试连通性

(1) 测试 PC5 与 R3 的 e0/0/0 接口的连通性。

操作如下：

```
ping 10.0.1.30
```

可以 ping 通,原因是 10.0.1.0/27 是路由器 R3 的直连网段,且 PC5 的网关地址已指向 R3 的 e0/0/0 接口,该接口的 IP 为 10.0.1.30,子网掩码为 255.255.255.240。

(2) 测试 PC5 与 R3 的 g0/0/1 接口的连通性。

操作如下：

```
ping 172.16.2.2
```

可以 ping 通,原因是 172.16.2.0/30 网段是路由器 R3 的直连网段,g0/0/1 为 R3 的接口。

(3) 测试 PC5 与 R2 的 g0/0/1 接口的连通性。

操作如下：

```
ping 172.16.2.1
```

可以 ping 不通,原因是 172.16.2.0/30 网段虽是路由器 R3 的直连网段,但是没有从 R2 到 10.0.1.30/27 的返回路由。

4.6.2 测试远程登录管理功能

(1) 通过交换机 S3 远程登录 R1,发现可以通过正确的账号及密码远程登录。其测试情况如图 4-19 所示。

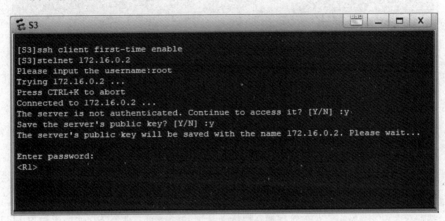

图 4-19 远程登录 R1

操作如下:

```
<S3>system-view
[S3]ssh client firest-time enable
[S3]stelnet 172.16.0.2        //输入两次 Y 并按 Enter 键。账号为 root,密码为 111111
```

(2) 通过 R1 远程登录 R2,其测试情况如图 4-20 所示。

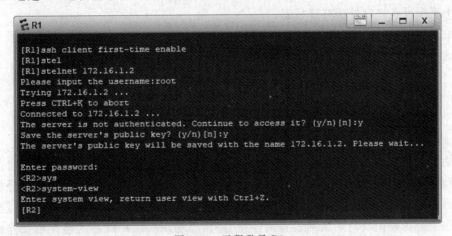

图 4-20 远程登录 R2

操作如下:

```
<R1>system-view
[R1]ssh client firest-time enable
[R1]stelnet 172.16.1.2          //输入两次 Y 并按 Enter 键。账号为 root,密码为 111111
```

(3) 通过 R2 远程登录 R3,其测试情况如图 4-21 所示。

操作如下:

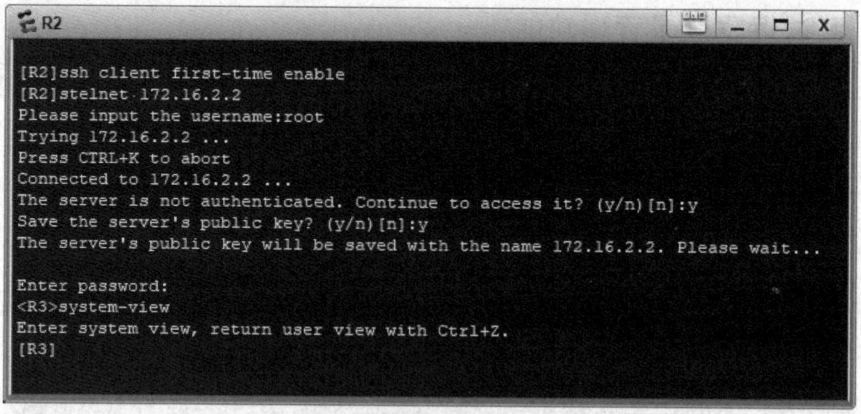

图 4-21　远程登录 R3

```
<R2>system-view
[R2]ssh client firest-time enable
[R2]stelnet 172.16.2.2          //输入两次 Y 并按 Enter 键。账号为 root,密码为 111111
```

4.7　项目小结

内外网连接需要注意的事项如下。

(1) AR1220 路由器没有串口,必要时需添加相应模块。

(2) 定期查看设备的当前配置文件,确保当前配置参数的正确性。

(3) 确保设备接口处于打开状态。

(4) 在模拟软件中,双击设备图标就可进行相关配置。可不用配置线,但真实设备的初始配置必须用配置线连接 PC 与路由器,并通过 PC 完成路由器的配置。

4.8　知识扩展

下面介绍路由器的硬件连接。

路由器的接口类型非常多,它们各自用于不同的网络连接。如果不能明白各自端口的作用,就很可能进行错误的连接,导致网络连接不正确,因此网络不通。下面通过分析路由器的几种网络连接形式,进一步理解各种端口的连接应用环境。路由器的硬件连接根据端口类型主要分为路由器与局域网设备的连接、路由器与 Internet 设备的连接以及路由器配置端口的连接三类。

1. 路由器与局域网设备的连接

局域网设备主要是指交换机与集线器,交换机通常使用的端口只有 RJ-45 和 SC,而集线器使用的端口则通常为 AUI、BNC 和 RJ-45。

2. 路由器与 Internet 设备的连接

路由器的主要应用是互联网的连接,路由器与互联网接入设备的连接情况主要有以下几种。

(1) 通过异步串行口连接。异步串口主要是用来与调制解调器连接,用于实现远程计算机通过公用电话网拨入局域网络。除此之外,也可用于连接其他终端。当路由器通过电缆与调制解调器连接时,必须使用 AYSNC to DB-25 或 AYSNC to DB-9 适配器来连接。

(2) 通过同步串行口连接。路由器所能支持的同步串行端口类型比较多,如华为系统就可以支持多种不同类型的同步串行端口。但是要注意,因为一般适配器连线的两端是采用不同的外形(一般称带插针之类的适配器头一端为公头,而带有孔的适配器一端通常为母头),这主要是考虑到连接的紧密。公头为 DTE(data terminal equipment,数据终端设备)连接适配器,母头为 DCE(data communications equipment,数据通信设备)连接适配器。

3. 配置端口的连接

与前面讲的一样,路由器的配置端口依据配置方式的不同,所采用的端口也不一样,主要是两种:一种是本地配置所采用的 Console 端口,另一种是远程配置时采用的 AUX 端口。下面分别讲一下各自的连接方式。

(1) Console 端口的连接方式。当使用计算机配置路由器时,必须使用翻转线将路由器的 Console 口与计算机的串口/并口连接在一起,这种连接线一般来说需要特制。根据计算机端所使用的是串口还是并口,选择制作 RJ-45 to DB-9 或 RJ-45 to DB-25 转换用适配器。

(2) AUX 端口的连接方式。当需要通过远程访问的方式实现对路由器的配置时,就需要采用 AUX 端口进行。

4.9　练习题

一、填空题

1. 路由器的两大功能是_____和_____。

2. 根据数据包目的地不同,路由可分为_____和_____。

3. 根据目的地与转发设备是否直接相连,路由可分为_____和_____。

4. 路由的来源主要有_____、_____、_____。

5. _____命令可以查看路由表。

二、单项选择题

1. 第一次对路由器进行配置时,采用的配置方式是( )。

　　A. 通过 Console 口配置　　　　　　　　B. 通过拨号远程配置

　　C. 通过 Telnet 方式配置　　　　　　　　D. 通过 FTP 方式传送配置文件

2. 不包含在路由表中的关键项是( )。

　　A. 目的地址　　　　　　　　　　　　　B. 源地址

　　C. 下一跳 IP 地址　　　　　　　　　　D. 输出接口

三、多项选择题

1. 下面正确描述了路由协议的是( )。

　　A. 允许数据包在主机间传送的一种协议

　　B. 定义数据包中域的格式和用法的一种方式

C. 通过执行一个算法来完成路由选择的一种协议

D. 指定 MAC 地址和 IP 地址捆绑的方式和时间的一种协议

2. 参见图 4-22,从路由器的配置输出中可得出的结论是(　　　)。

```
<R1>display current-configuration
[V200R003C00]
#
 sysname R1
#
 board add 0/1 2SA
#
 snmp-agent local-engineid 800007DB03000000000000
 snmp-agent
#
 clock timezone China-Standard-Time minus 08:00:00
#
portal local-server load flash:/portalpage.zip
#
 drop illegal-mac alarm
#
 undo info-center enable
#
vlan batch 10
#
 wlan ac-global carrier id other ac id 0
#
 set cpu-usage threshold 80 restore 75
#
 rsa peer-public-key 172.16.1.2
  public-key-code begin
   3047
     0240
       C974420D DD712C58 36A67819 362FEB9C 9C17E326 24101B32 C272F9C
       C2C73F7C BC89A0E0 994995EF 7885F359 57B25237 3D441556 A050F82
     0203
       010001
  public-key-code end
 peer-public-key end
#
aaa
 authentication-scheme default
 authorization-scheme default
 accounting-scheme default
 domain default
 domain default_admin
 local-user root password cipher %$%$qX0o(JA/<S8Dee/P*_=+K(Q3%$%$
 local-user root privilege level 3
```

图 4-22　路由器的配置输出

A. 主机名为 R1

B. 本地账号 root 的密码为明文密码

C. 告警提示模式已关闭

D. 显示的命令决定了路由器的当前运行情况

四、简答题

1. 路由器有几种命令模式？各模式的提示符是怎样的？如何在各种模式之间进行切换？

2. 如何将路由器的名字改为 sdlg？

3. 如何保存配置信息？

4. 假设路由器接口的 IP 地址是 192.168.1.1,如何让 192.168.2.0 网络的 PC 远程用 Telnet 工具对它进行管理？请举例说明。

5.如何知道接口的工作情况?

4.10 项目实训

为路由器 R1 和 R2 各添加一个 2SA 模块,按图 4-23 所示的实训网络拓扑结构搭建网络,并完成下面的具体要求。

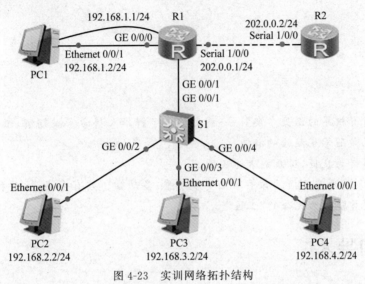

图 4-23 实训网络拓扑结构

(1) 按网络拓扑结构中所标识的信息重命名各设备。

(2) 在交换机上创建 VLAN 20、VLAN 30 和 VLAN 40,分别将 PC2、PC3 和 PC4 所连接的端口 G0/0/2、G0/0/3 和 G0/0/4 依次添加到对应的 VLAN 中。

(3) 按网络拓扑结构中所标识的信息配置路由器 R1 的 G0/0/0 口和 S1/0/0 口的 IP 地址,并将 G0/0/1 口划分子接口,依次配置 G0/0/1.2 的 IP 地址为 192.168.2.1/24,G0/0/1.3 的 IP 地址为 192.168.3.1/24,G0/0/1.4 的 IP 地址为 192.168.4.1/24。

实训操作

(4) 按网络拓扑结构中标识信息设置各 PC 的 IP,网关对应使用 R1 三个子接口的 IP 地址。

(5) 查看路由器 R1 的路由表,并测试 PC1 与其他三台 PC 的连通性。

(6) 通过 PC1 配置路由器 R1 的 SSH 远程登录账号为 admin,密码为 star,本地口令为 star,并通过路由器 R2 使用 SSH 方式登录到路由器。

(7) 保存配置信息。

项目 5
添加静态路由

课程思政

- 了解"计算机界的诺贝尔奖"——图灵奖。了解华人科学家姚期智,激发学生的求知欲,从而唤醒学生沉睡的潜能。
- "观众器者为良匠,观众病者为良医。"
- "为学日益;为道日损。"青年学生要多动手、多动脑。只有多实践,多积累,才能提高技艺,也才能成为优秀的"工匠"。

5.1 项目导入

网络设备连接好后,各网段通过路由器实现了网络的物理连接,但通过不同路由器相连的网段间因为不知道数据的传输路径,不能将数据包从源节点传递到目的节点,无法实现数据的传递,因此它们之间是不能完成信息交互的。

如何实现跨越多台路由器的网段间的数据传输呢? 其实很简单,只需在源端与目的端之间经过的每台路由器上,将非直连网段的路由信息添加至路由表中即可。

5.2 职业能力目标和要求

- 掌握添加和删除静态路由的方法。
- 掌握添加和删除默认路由的方法。
- 掌握默认路由与静态路由的区别和联系。

5.3 相关知识

5.3.1 静态路由概述

静态路由就是手工配置的固定的路由,除非网络管理员干预,否则静态路由不会发生变化。由于静态路由不能对网络的改变做出反应,一般用于网络规模不大、网络拓扑结构固定的网络中。静态路由的优点是简单、高效、可靠,静态路由开销小。在所有的路由中,静态路由优先级最高。

默认路由也称为缺省路由,指的是在没有找到匹配的路由表项时才使用的路由。如果没有默认路由,那么目的地址在路由表中没有匹配表项的包将被丢弃。默认路由是一种特殊的静态路由,常用在末梢网络上(比如一个局域网连接外网的出口路由器,或者一个局域网到另一个局域网之间的连接路由器),默认路由会大大简化路由器的配置,减轻管理员的工作负担,提高网络性能。

5.3.2　静态路由配置

1. 添加静态路由

要配置静态路由,需在全局配置模式中执行以下命令。

```
[Huawei]ip route-static destination-network subnet-mask
            next-hop-address | outgoing interface
```

 说 明　destination-network:要加入路由表的非直连网络的目的网络地址。
next-hop-address/outgoing interface:下一跳路由器的接口 IP 地址或者本路由器的出接口名,常见前一种情况。

2. 删除静态路由

如果静态路由配置有误,可以删除。删除静态路由命令格式如下:

```
[Huawei]undo ip route-static destination-network subnet-mask
```

静态路由配置

3. 静态路由配置实例

例 5-1　按图 5-1 所示搭建网络(R1 的 S2/0 口是 DCE 端),并通过在相应设备上添加静态路由实现 PC1 与 PC2 之间的相互通信。

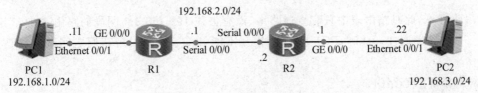

图 5-1　静态网络拓扑结构

(1) R1 基本配置。

```
[R1]int g0/0/0
[R1-GigabitEthernet0/0/0]ip address 192.168.1.1 24
[R1-GigabitEthernet0/0/0]quit
[R1]int s0/0/0
[R1-Serial0/0/0]ip address 192.168.2.1 24
[R1-Serial0/0/0]quit
```

(2) R2 基本配置。

```
[R2]int g0/0/0
[R2-GigabitEthernet0/0/0]ip address 192.168.3.1 24
[R2-GigabitEthernet0/0/0]quit
```

```
[R2]int s0/0/0
[R2-Serial0/0/0]ip address 192.168.2.2 24
[R2-Serial0/0/0]quit
```

(3) PC 配置。

按表 5-1 所示设置各 PC 的 IP 相关信息。

表 5-1   设置各 PC 的 IP 相关信息

设置项目	PC1	PC2
IP 地址	192.168.1.11	192.168.3.22
子网掩码	255.255.255.0	255.255.255.0
默认网关	192.168.1.1	192.168.3.1

(4) 查看路由表(以 R1 为例)。

```
<R1>display ip routing-table
Route Flags: R - relay, D - download to fib
-----------------------------------------------------------------
Routing Tables: Public
Destinations: 7          Routes: 7
Destination/Mask   Proto   Pre  Cost  Flags  NextHop       Interface
127.0.0.0/8        Direct  0    0     D      127.0.0.1     InLoopBack0
127.0.0.1/32       Direct  0    0     D      127.0.0.1     InLoopBack0
192.168.1.0/24     Direct  0    0     D      192.168.1.1   GigabitEthernet0/0/0
192.168.1.1/32     Direct  0    0     D      127.0.0.1     GigabitEthernet0/0/0
192.168.2.0/24     Direct  0    0     D      192.168.2.1   Serial0/0/0
192.168.2.1/32     Direct  0    0     D      127.0.0.1     Serial0/0/0
192.168.2.2/32     Direct  0    0     D      192.168.2.2   Serial0/0/0
```

由此可见,此时路由表中只有直连路由,没有去往 192.168.3.0 网段的路由。

(5) 测试连通性。此时,PC1 与 PC2 相互不能 ping 通,原因是它们之间缺少可达对方的路由。

(6) 添加静态路由。

```
//在路由器 R1 上配置通向网段 192.168.3.0/24 的静态路由,下一跳地址是 192.168.2.2(也可以
  写成 R1 的出接口 S2/0)
[R1]ip route-static 192.168.3.0 255.255.255.0 192.168.2.2
//在路由器 R2 上配置通向网段 192.168.1.0/24 的静态路由,下一跳地址是 192.168.2.1
[R2]ip route-static 192.168.1.0 255.255.255.0 192.168.2.1
```

(7) 查看路由表(以 R1 为例)。

```
<R1>display ip routing-table
Route Flags: R - relay, D - download to fib
-----------------------------------------------------------------
Routing Tables: Public
Destinations : 8          Routes : 8
Destination/Mask   Proto   Pre  Cost  Flags  NextHop       Interface
127.0.0.0/8        Direct  0    0     D      127.0.0.1     InLoopBack0
127.0.0.1/32       Direct  0    0     D      127.0.0.1     InLoopBack0
```

192.168.1.0/24	Direct	0	0	D	192.168.1.1 GigabitEthernet0/0/0
192.168.1.1/32	Direct	0	0	D	127.0.0.1 GigabitEthernet0/0/0
192.168.2.0/24	Direct	0	0	D	192.168.2.1 Serial0/0/0
192.168.2.1/32	Direct	0	0	D	127.0.0.1 Serial0/0/0
192.168.2.2/32	Direct	0	0	D	192.168.2.2 Serial0/0/0
192.168.3.0/24	Static	60	0	RD	192.168.2.2 Serial0/0/0

由此可见,除了直连路由外,此时路由表中已存在添加的静态路由(RD 表示经添加静态路由获得的路由)。

(8) 测试连通性。此时 PC1 与 PC2 相互能 ping 通,原因是它们添加了可达对方的静态路由。

(9) 路由匹配过程。PC1 构造一个目标地址是 192.168.3.2/24 的 echo 数据包传送给 R1,R1 取出数据包中的目标地址(192.168.3.2)与路由表中的第一条路由记录(此时为目标地址为 192.168.1.0 的直连路由)的子网掩码(255.255.255.0)进行按位相与运算,得到结果(192.168.1.0)后,再把运算的结果与该路由记录的目标网段值(192.168.3.0)相比较,比较的结果是二者不同,匹配不成功;接下来 R1 再对第二条直连路由重复上面的操作,结果仍然是匹配不成功;最后 R1 再对添加的静态路由重复上面的操作,此次匹配成功,于是 R1 沿静态路由将数据包发送给 R2。R2 取出数据包中的目标地址(192.168.3.2)与路由表中的路由记录按路由优先级进行匹配,最终结束路由选择过程,把数据包传递给主机 192.168.3.2。

5.3.3　默认路由

默认路由指的是路由表中未直接列出目标网络的路由选择项,它用于在不明确的情况下指示数据帧下一跳的方向。路由器如果配置了默认路由,则所有未明确指明目标网络的数据包都按默认路由进行转发。

在路由表中,默认路由以到网络 0.0.0.0/0(即 0.0.0.0　0.0.0.0)的路由形式出现,前一个 0.0.0.0 作为目的网络号,后一个 0.0.0.0 作为子网掩码。每个 IP 地址与子网掩码 0.0.0.0 进行二进制"与"操作后的结果都是 0,与目的网络号 0.0.0.0 相等,也就是说用 0.0.0.0/0 作为目的网络的路由记录符合所有的网络。

添加默认路由

1. 默认路由的配置与删除命令

命令如下:

```
Router(config)#ip route 0.0.0.0 0.0.0.0
              next-hop-address | outgoing interface    //默认路由配置
Router(config)#no ip route 0.0.0.0 0.0.0.0             //默认路由删除
```

2. 默认路由配置实例

例 5-2　将例 5-1 中 R1 上去往 191.168.3.0 网段的静态路由改为用默认路由实现。

(1) R1 上删除去往 191.168.3.0 网段的静态路由。

```
[R1]undo ip route-static 192.168.3.0 255.255.255.0
```

(2) 查看路由表。

```
<R1>display ip routing-table
Route Flags: R - relay, D - download to fib
-----------------------------------------------------------------
Routing Tables: Public
        Destinations : 7          Routes : 7
Destination/Mask    Proto   Pre   Cost    Flags   NextHop        Interface
127.0.0.0/8         Direct  0     0       D       127.0.0.1      InLoopBack0
127.0.0.1/32        Direct  0     0       D       127.0.0.1      InLoopBack0
192.168.1.0/24      Direct  0     0       D       192.168.1.1    GigabitEthernet0/0/0
192.168.1.1/32      Direct  0     0       D       127.0.0.1      GigabitEthernet0/0/0
192.168.2.0/24      Direct  0     0       D       192.168.2.1    Serial0/0/0
192.168.2.1/32      Direct  0     0       D       127.0.0.1      Serial0/0/0
192.168.2.2/32      Direct  0     0       D       192.168.2.2    Serial0/0/0
```

由此可见,此时静态路由已被删除。

(3)测试连通性。此时 PC0 与 PC1 相互不能 ping 通,原因是它们之间缺少由 R1 到达 R2 的路由。

(4)添加默认路由。

```
[R1]ip route-static 0.0.0.0 0.0.0.0 192.168.2.2 //在路由器 R1 上配置通向所有网段的默
                                                 认路由,下一跳地址是 192.168.2.2
[R1]ip route-static 0.0.0.0 0.0.0.0 192.168.2.1 //在路由器 R2 上配置通向所有网段的默
                                                 认路由,下一跳地址是 192.168.2.1
```

(5)查看路由信息(以 R1 为例)。

```
<R1>display ip routing-table
Route Flags: R - relay, D - download to fib
-----------------------------------------------------------------
Routing Tables: Public
        Destinations : 8          Routes : 8
Destination/Mask    Proto   Pre   Cost    Flags   NextHop        Interface
0.0.0.0/0           Static  60    0       RD      192.168.2.2    Serial0/0/0
127.0.0.0/8         Direct  0     0       D       127.0.0.1      InLoopBack0
127.0.0.1/32        Direct  0     0       D       127.0.0.1      InLoopBack0
192.168.1.0/24      Direct  0     0       D       192.168.1.1    GigabitEthernet0/0/0
192.168.1.1/32      Direct  0     0       D       127.0.0.1      GigabitEthernet0/0/0
192.168.2.0/24      Direct  0     0       D       192.168.2.1    Serial0/0/0
192.168.2.1/32      Direct  0     0       D       127.0.0.1      Serial0/0/0
192.168.2.2/32      Direct  0     0       D       192.168.2.2    Serial0/0/0
```

由此可见,此时路由表中已存在添加的默认路由。

(6)测试连通性。此时 PC1 与 PC2 相互能 ping 通,原因是它们拥有了可达对方的路由。

3. 默认路由与静态路由的区别和联系

默认路由即默认静态路由,属于静态路由的一种,一个默认路由与若干条静态路由等价。下面我们通过实例看一下它们的区别与联系。

例 5-3 如图 5-2 所示,现要求分别在路由器 R1、R2、R3、R4 上配置静态路由(包括默认路由),实现 PC1 与 PC2 的互通。

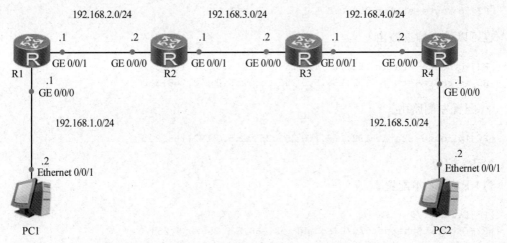

图 5-2 静态路由的网络拓扑结构

1) R1 配置

(1) R1 的基本配置。

```
[R1]int g0/0/0
[R1-GigabitEthernet0/0/0]ip add 192.168.1.1 255.255.255.0
[R1-GigabitEthernet0/0/0]quit
[R1]int g0/0/1
[R1-GigabitEthernet0/0/1]ip add 192.168.2.1 255.255.255.0
[R1-GigabitEthernet0/0/1]quit
```

(2) 添加静态路由。可通过下面两种等价的方式完成相应的配置。

① 通过默认路由配置。

```
[R1]ip route-static 0.0.0.0 0.0.0.0 192.168.2.2
```

② 通过静态路由配置。

```
[R1]ip route-static 192.168.3.0 255.255.255.0 192.168.2.2
[R1]ip route-static 192.168.4.0 255.255.255.0 192.168.2.2
[R1]ip route-static 192.168.5.0 255.255.255.0 192.168.2.2
```

2) R2 配置

(1) R2 的基本配置。

```
[R2]int g0/0/0
[R2-GigabitEthernet0/0/0]ip add 192.168.2.2 255.255.255.0
[R2-GigabitEthernet0/0/0]quit
[R2]int g0/0/1
[R2-GigabitEthernet0/0/1]ip add 192.168.3.1 255.255.255.0
[R2-GigabitEthernet0/0/1]quit
```

(2) 添加静态路由。R2 右侧路径略复杂一些,适合采用默认路由(也可以使用一条静态路由);左侧路径较简单,适合配置静态路由。

① 配置右侧路由。

[R2]ip route-static 0.0.0.0 0.0.0.0 192.168.3.2

也可以使用静态路由:

[R2]ip route-static 192.168.4.0 255.255.255.0 192.168.3.2
[R2]ip route-static 192.168.5.0 255.255.255.0 192.168.3.2

② 配置左侧路由。

[R2]ip route-static 192.168.1.0 255.255.255.0 192.168.2.1

3) R3 配置

(1) R3 的基本配置。

[R3]int g0/0/0
[R3-GigabitEthernet0/0/0]ip add 192.168.3.2 255.255.255.0
[R3-GigabitEthernet0/0/0]quit
[R3]int g0/0/1
[R3-GigabitEthernet0/0/1]ip add 192.168.4.1 255.255.255.0
[R3-GigabitEthernet0/0/1]quit

(2) 添加静态路由。R3 左侧路径略复杂一些,适合采用默认路由;右侧路径较简单,适合配置静态路由。

① 配置左侧路由。

[R3]ip route-static 0.0.0.0 0.0.0.0 192.168.3.1

也可以使用静态路由:

[R3]ip route-static 192.168.2.0 255.255.255.0 192.168.3.1
[R3]ip route-static 192.168.1.0 255.255.255.0 192.168.3.1

② 配置右侧路由。

[R3]ip route-static 192.168.5.0 255.255.255.0 192.168.4.2

4) RT4 配置

(1) RT4 的基本配置。

[R4]int g0/0/0
[R4-GigabitEthernet0/0/0]ip add 192.168.4.2 255.255.255.0
[R4-GigabitEthernet0/0/0]quit
[R4]int g0/0/1
[R4-GigabitEthernet0/0/1]ip add 192.168.5.1 255.255.255.0
[R4-GigabitEthernet0/0/1]quit

(2) 添加静态路由。可通过下面两种等价的方式完成相应的配置。

① 通过默认路由配置。

[R4]ip route-static 0.0.0.0 0.0.0.0 192.168.4.1

② 通过静态路由配置。

[R4]ip route-static 192.168.3.0 255.255.255.0 192.168.4.1

```
[R4]ip route-static 192.168.2.0 255.255.255.0 192.168.4.1
[R4]ip route-static 192.168.1.0 255.255.255.0 192.168.4.1
```

5）路由匹配过程

PC1 用 ping 命令连接 PC2 的过程是这样的：PC1 构造一个目标地址是 192.168.5.0/24 的 echo 数据包传送给 R1；R1 查看路由表，路由表中有网段 192.168.5.0/24，R1 沿下一跳地址把数据包传送给 R2；R2 查看路由表，路由表中有网段 192.168.5.0/24，R2 沿下一跳地址把数据包传送给 AR3；R3 查看路由表，路由表中有网段 192.168.5.0/24，R3 沿下一跳地址把数据包传送给 R4；R4 查看路由表，路由表中有网段 192.168.5.0/24，R4 把数据包传送给 PC2。PC2 按照同样的原理把目标地址是 192.168.1.0/24 的 echo 数据包返回给 PC1，PC1 与 PC2 就可以相互访问了。

提示　　只通过添加静态路由的方法解决这个问题时，在各路由器上配置一条静态路由即可实现路由连通的目的，但这种配置方法分析起来难度较大，弄不好可能会因缺少路由导致网络不通。即使网络能通，在某些品牌的设备上有时可能会出现丢包现象。为安全起见，最好在各路由器上添加往返途经的所有网段的静态路由，这种配置方法虽然麻烦了一点，但路由添加前的分析工作却容易得多。

5.4　项目设计与准备

1. 项目设计

根据静态路由与默认路由的特点来看，本项目中需在各路由器上添加以下静态路由。

（1）添加公司外网的接入路由器 R2 的静态路由。①在公司外网的接入路由器 R2 上添加到达公司分部的静态路由。②在公司外网的接入路由器 R2 上添加到达公网路由器 R4 上的默认路由。

（2）添加分部路由器 R3 的静态路由。在分部路由器 R3 上添加到达公司外网的接入路由器 R2 的默认路由。

（3）添加合作伙伴路由器 R5 的静态路由。在合作伙伴路由器 R5 上添加到达公网路由器 R4 的默认路由。

通过添加静态路由完成本任务，可以按下面流程执行：在各路由器上添加静态路由→查看路由表→测试连通性。

2. 项目准备

方案一：真实设备操作（以组为单位，小组成员协作，共同完成实训）。

- 华为交换机、配置线、台式机或笔记本电脑。
- 用项目 4 的配置结果。

方案二：在模拟软件中操作（以组为单位，成员相互帮助，各自独立完成实训）。

- 安装有华为 eNSP 的计算机，每人一台。
- 用项目 4 的配置结果。

5.5 项目实施

任务 5-1 添加 R2 的静态路由

1. 在公司外网接入路由器 R2 上添加到公司分部的静态路由

命令如下:

```
[R2]ip route-static 10.0.1.0 255.255.255.224 172.16.2.2
//添加到目的网段 10.0.1.0/27 的静态路由,下一跳路由器的 IP 地址是 172.16.2.2
```

2. 在公司外网接入路由器 R2 上添加到公网路由器 R4 上的默认路由

命令如下:

```
[R2]ip route-static 0.0.0.0 0.0.0.0 202.0.0.6
//在 R2 上添加下一跳地址是 202.0.0.6 的默认路由
```

3. 验证测试

(1) 查看 R2 路由表。

```
<R2>display ip routing-table
Destination/Mask   Proto   Pre   Cost   Flags   NextHop      Interface
0.0.0.0/0          Static  60    0      RD      202.0.0.6    Serial0/0/0
10.0.1.0/27        Static  60    0      RD      172.16.2.2   GigabitEthernet0/0/1
```

可以看到 R2 路由表中有一条默认路由和一条静态路由。

(2) 在 PC5 上测试与 R2 的 G0/0/1 端口的可达性。操作如下:

```
ping 172.16.2.1
```

可以 ping 通,原因是 PC5 把数据包传给路由器 R3。R3 查看路由表,发现有直连网段 172.16.2.0/30,路由器 R2 的路由表中有到 PC5 的路由,通过路由器 R3 可把数据包返回。

(3) 在 PC5 上测试与 R2 的 G0/0/0 端口的可达性。操作如下:

```
ping 172.16.1.2
```

无法 ping 通,原因是路由器 R3 上没有配置除直连路由外的其他路由。PC4 把数据包传给路由器 R3,R3 路由表中没有到 R2 的 G0/0/0 端口的路由。

(4) 在 PC5 上测试与 R2 的 S1/0/0 端口的可达性。操作如下:

```
ping 202.0.0.1
```

无法 ping 通,原因是路由器 R3 上没有配置除直连路由外的其他路由。PC4 把数据包传给路由器 R3,R3 路由表中没有到 R2 的 S1/0/0 端口的路由。

任务 5-2 添加 R3 的静态路由

1. 在分部路由器 R3 上添加到公司外网接入路由器 R2 的默认路由

命令如下:

[R3]ip route-static 0.0.0.0 0.0.0.0 172.16.2.1
//添加下一跳地址是 172.16.2.1 的默认路由

2. 验证测试

（1）可以看到 R3 的路由表中有一条默认路由：

<R3>display ip routing-table
0.0.0.0/0　Static　60　0　RD　172.16.2.1　GigabitEthernet0/0/1

（2）在 PC5 上测试与 R2 的 G0/0/0 端口的可达性。操作如下：

ping 172.16.1.2

可以 ping 通，原因是 PC5 把数据包传给路由器 R3。AR3 查看路由表，发现有默认路由，即有到路由器 R2 的 G0/0/0 端口的路由，而 AR2 的路由表中有到 PC4 的静态路由，通过路由器 AR3 可把数据包返回。

（3）在 PC5 上测试与 R1 的 G0/0/1 端口的可达性。操作如下：

ping 172.16.1.1

无法 ping 通，原因是 PC5 把数据包传给路由器 R3。R3 查看路由表，发现有默认路由，即有到路由器 R1 的 G0/0/1 端口的路由，而 R1 的路由表中没有到 PC5 的路由，即无返回路由。

（4）在 PC5 上测试与 R2 的 S1/0/0 端口的可达性。操作如下：

ping 202.0.0.1

可以 ping 通，原因是 PC4 把数据包传给路由器 R3。R3 查看路由表，发现有默认路由，即有到路由器 AR2 的 S1/0/0 端口的路由，而 R2 的路由表中有到 PC5 的静态路由，通过路由器 R3 可把数据包返回。

（5）在 PC5 上测试与 R4 的 S01/0/0 端口的可达性。操作如下：

ping 202.0.0.6

无法 ping 通，原因是 PC5 把数据包传给路由器 R3。R3 查看路由表，发现有默认路由，即有到路由器 R4 的 S1/0/0 端口的路由，而 R4 的路由表中没有到 PC4 的路由，即无返回路由。

任务 5-3　添加 R5 的静态路由

1. 在合作伙伴路由器 R5 上配置到公网路由器 R4 的默认路由

命令如下：

[R5]ip route-static 0.0.0.0 0.0.0.0 202.0.1.1
//在 R5 上配置下一跳地址是 202.0.1.1 的默认路由

2. 验证测试

（1）在 PC6 上测试与 R5 的 G0/0/0 端口的可达性。操作如下：

ping 10.0.2.30

可以 ping 通。

（2）在 PC6 上测试与 AR5 的 S1/0/1 端口的可达性。操作如下：

```
ping 202.0.1.2
```

可以 ping 通。

（3）在 PC6 上测试与 R4 的 S1/0/1 端口的连通性。操作如下：

```
ping 202.0.1.1
```

无法 ping 通。

5.6　项目验收

5.6.1　查看路由表

分别查看路由器 R2、R3、R4、R5 的路由表。

（1）查看公司外网接入路由器 R2 的路由表。路由表中到公司分部的静态路由是：

```
10.0.1.0/27  Static  60  0  RD  172.16.2.2  GigabitEtherne0/0/1
```

路由表中到合作伙伴的默认路由是：

```
0.0.0.0/0  Static  60  0  RD  202.0.0.6  Serial0/0/0
```

（2）查看分部路由器 R3 的路由表。路由表中到公司总部的默认路由是：

```
0.0.0.0/0  Static  60  0  RD  172.16.2.1  GigabitEthernet0/0/1
```

（3）查看公网路由器 R4 的路由表。路由表中的直连路由是：

```
127.0.0.0/8   Direct  0  0  D  127.0.0.1  InLoopBack0
127.0.0.1/32  Direct  0  0  D  127.0.0.1  InLoopBack0
202.0.0.0/29  Direct  0  0  D  202.0.0.6  Serial0/0/0
202.0.0.1/32  Direct  0  0  D  202.0.0.1  Serial0/0/0
202.0.0.6/32  Direct  0  0  D  127.0.0.1  Serial0/0/0
202.0.1.0/30  Direct  0  0  D  202.0.1.1  Serial0/0/1
202.0.1.1/32  Direct  0  0  D  127.0.0.1  Serial0/0/1
202.0.1.2/32  Direct  0  0  D  202.0.1.2  Serial0/0/1
```

（4）查看合作伙伴路由器 R5 的路由表。路由表中到公网路由器的默认路由是：

```
0.0.0.0/0  Static  60  0  RD  202.0.1.1  Serial0/0/0
```

5.6.2　测试连通性

（1）测试 PC5 与 R2 的 G0/0/0 接口的连通性。操作如下：

```
ping 172.16.2.1
```

可以 ping 通，原因是 R2 到合作伙伴 10.0.1.0/27 配置了静态路由，合作伙伴有指向 R2 的默认路由，数据包可返回。

（2）测试分部与公司总部的可达性，结果是不可达。原因是总部没有到分部的路由。

（3）测试分部与公网路由器 R4 的 S1/0/0 端口的可达性，ping 的结果是不可达。原因是 R4 上没有到分部的路由。

（4）测试合作伙伴与公网路由器 R4 的 S1/0/1 端口的可达性，ping 的结果是不可达。原因是 R4 上没有到合作伙伴的路由。

提示　若想实现全网连通，需在 VLAN 较多的公司总部配置动态路由，同时把静态路由引入到动态路由中；需在边界路由器上用 NAT 或 NAPT 技术完成私有地址向公有地址的转换。

5.7　项目小结

添加静态路由实训操作中需要注意的事项如下。
（1）有条理地添加静态路由，不要落下任何一条静态路由。
（2）选择合适的静态路由或默认路由。
（3）定期查看设备的当前配置文件或路由表，确保当前配置参数的正确性。
（4）确保添加静态路由过程中下一跳地址（或当前设备出口）的正确性。

5.8　知识扩展

这里介绍三条路由表原理。

原理1：每台路由器根据其自身路由表中的信息独立做出决定。

网络中的每台路由器根据自己路由表中的信息独立做出转发决定，不会咨询任何其他路由器中的路由表，它也不知道其他路由器是否有到其他网络的路由。网络管理员负责确保每台路由器都能获知远程网络。

原理2：一台路由器的路由表中包含某些信息，并不表示其他路由器也包含相同的信息。

任何一台路由器不知道其他路由器的路由表中有哪些信息，网络管理员负责确保下一跳路由器有到达该网络的路由。

原理3：有关两个网络之间路径的路由信息并不能提供反向路径（即返回路径）的路由信息。

网络通信大多数都是双向的，这表示数据包必须在相关终端设备之间进行双向传输。配置路由一定要是双向的。

5.9　练习题

一、填空题

1. 静态路由就是_____的固定路由。除非网络管理员干预，否则静态路由不会发生变化。

2.要配置静态路由,需在全局配置模式中执行以下命令。

```
[Huawei]ip route-static destination-network subnet-mask next-hop-address |
outgoing interface
```

其中,destination-network 为 _____,next-hop-address 为 _____,outgoing interface 为_____。

3.默认路由以到网络_____的路由形式出现,前一个 0.0.0.0 作为_____,后一个 0.0.0.0 作为_____。

二、选择题

1.(单项选择题)在路由器里正确添加静态路由的命令是( )。

A. [Huawei]ip route-static 192.168.5.0 255.255.255.0 serial 0

B. [Huawei]ip route-static 192.168.1.1 255.255.255.0 10.0.0.1

C. [Huawei]ip route-static add 172.16.5.1 255.255.255.0 192.168.1.1

D. [Huawei]ip route-static add 0.0.0.0 255.255.255.0 192.168.1.0

2.(多项选择题)如图 5-3 所示,所有路由器的路由表中都有到达每个网络的路由。这些路由器上没有配置默认路由。以下关于数据包在该网络中转发方式的结论中,两项正确的是( )。

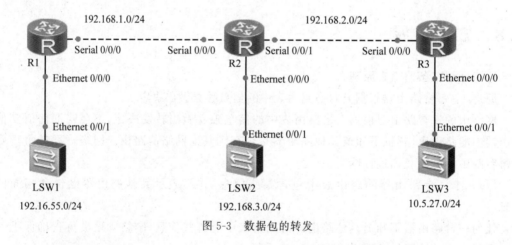

图 5-3 数据包的转发

A. 如果 R3 接收到发往 10.5.1.1 的数据包,它将把该数据包从接口 E0/0/1 转发出去

B. 如果 R1 接收到发往 192.168.3.146 的数据包,它将把该数据包从接口 S0/0/0 转发出去

C. 如果 R2 接收到发往 10.5.27.15 的数据包,它将把该数据包从接口 S0/0/1 转发出去

D. 如果 R2 接收到发往 172.20.255.1 的数据包,它将把该数据包从接口 S0/0/0 转发出去

E. 如果 R3 接收到发往 192.16.5.101 的数据包,它将把该数据包从接口 S0/0/0 转发

出去

三、简答题

1. 静态路由与默认路由的区别和联系是什么?

2. 如何配置默认路由?

5.10　项目实训

按图 5-4 网络拓扑结构搭建网络,并完成下面具体要求。

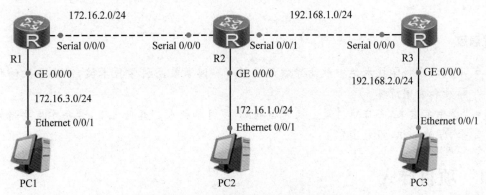

图 5-4　静态路由配置的网络拓扑结构

(1) 按表 5-2 完成各 PC 和路由器的基本配置。

表 5-2　PC 和路由器的基本配置

设备名称	接　　口	IP 地址	子网掩码	默认网关
R1	G0/0/0	172.16.3.1	255.255.255.0	不适用
	S0/0/0	172.16.2.1	255.255.255.0	不适用
R2	G0/0/0	172.16.1.1	255.255.255.0	不适用
	S0/0/0	172.16.2.2	255.255.255.0	不适用
	S0/0/1	192.168.1.1	255.255.255.0	不适用
R3	G0/0/0	192.168.2.1	255.255.255.0	不适用
	S0/0/0	192.168.1.2	255.255.255.0	不适用
PC1	网卡	172.16.3.10	255.255.255.0	172.16.3.1
PC2	网卡	172.16.1.10	255.255.255.0	172.16.1.1
PC3	网卡	192.168.2.10	255.255.255.0	192.168.2.1

(2) 分别查看 R1、R2、R3 的路由表。

(3) 测试各 PC 的连通性。

(4) 分别用不同的方法在 R1、R2、R3 上配置静态路由(包括默认路由),实现各 PC 之间相互能 ping 通的目标,并查看此时各路由器上的路由表。

项目 6
配置动态路由

课程思政

- 了解国家科学技术奖中最高等级的奖项——国家最高科学技术奖,激发学生的科学精神和爱国情怀。
- "盛年不重来,一日难再晨。及时当勉励,岁月不待人。"盛世之下,青年学生要惜时如金,学好知识,报效国家。

6.1 项目导入

由于 AAA 公司总部的 VLAN 太多,若全部采用静态路由则不太合适,因为这需要对每一条路由条目进行配置,过程烦琐,且静态路由不能适应网络拓扑结构经常变化的网络环境。

动态路由正好弥补了静态路由的缺陷,适应规模大且拓扑有变化的复杂网络环境。动态路由的维护量小,自适应性非常强。若不同网段采用不同的路由技术,亦可通过路由重引入技术实现网络的互联。在这里,我们为公司总部配置动态 OSPF 路由使网络结构达到最优化。

6.2 职业能力目标和要求

- 了解路由协议与可路由协议的含义。
- 了解路由协议的特点。
- 掌握动态路由协议的分类。
- 掌握管理距离、度量值和收敛时间的含义。
- 了解 RIP 与 OSPF 协议的原理。
- 掌握 RIP 路由的配置、删除的方法。
- 掌握 OSPF 路由的配置、删除的方法。
- 掌握多路由协议配置的方法。
- 了解 VRRP 技术的应用。

6.3　相关知识

6.3.1　路由协议概述

1. 路由协议与可路由协议

（1）路由协议。路由协议（routing protocol）是用来计算、维护路由信息的协议，起到一个地图导航，负责找路的作用，通常工作在网络层与传输层。路由协议通常采用一定的算法产生路由，并用一定的方法确定路由的有效性，从而维护路由。常用路由协议包括 RIP、IGRP、EIGRP 和 OSPF 等。

（2）可路由协议。可路由协议（routed protocol）又称为被路由协议，指以寻址方案为基础，为分组从一个主机发送到另一个主机提供充分的第三层地址信息的任何网络协议，比如 TCP/IP 栈中的 IP、Nover IPX/SPX 协议栈的 IPX 协议等。可路由协议通常工作在 OSI 模型的网络层，定义了数据包内各字段的格式和用途，其中包括网络地址。路由器可根据数据包内的网络地址对数据包进行转发。

2. 路由协议的特点

使用路由协议后，各路由器间会通过相互连接的网络，动态地相互交换所知道的路由信息。通过这种机制，网络上的路由器会知道网络中其他网段的信息，动态地生成、维护相应的路由表。如果存在到目标网络有多条路径，而且其中的一个路由器由于故障无法工作时，到远程网络的路由可以自动重新配置。

如图 6-1 所示，为了从网络 N1 到达 N2，可以在路由器 RTA 上配置静态路由指向路由器 RTD，通过路由器 RTD 最后到达 N2。如果路由器 RTD 出了故障，就必须由网络管理员手动修改路由表，由路由器 RTB 到 N2 来保证网络畅通。如果运行了动态路由协议，情况就不一样了，当路由器 RTD 出故障后，路由器之间会通过动态路由协议来自动发现另外一条到达目标网络的路径，并修改路由表，指导数据由路由器 RTB 转发。

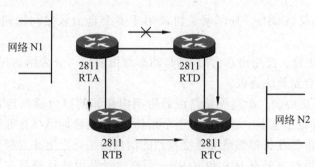

图 6-1　路由协议自动发现路径

总的来说，路由表的维护不再由管理员手动进行，而是由路由协议来自动管理。采用路由协议管理路由表在大规模的网络中是十分有效的，它可以大大减少管理员的工作量。每个路由器上的路由表都是由路由协议通过相互间协商自动生成的，管理员不需要再去操心每台路由器上的路由表，而只需要简单地在每台路由器上运行动态路由协议，其他的工作都由路由协议自动完成。

另外,采用路由协议后,网络对网络拓扑结构变化的响应速度会大大提高。无论是网络正常的增减还是异常的网络链路损坏,相邻的路由器都会检测到它的变化,会把网络拓扑结构的变化通知网络中其他的路由器,使它们的路由表也产生相应的变化,这样的过程比手动对路由的修改要快得多,也准确得多。

由于有这些特点的存在,在当今的网络中,动态路由是人们主要选择的方案。在路由器少于 10 台的网络中,可能会采用静态路由。如果网络规模进一步增大,人们一定会采用动态路由协议来管理路由表。

3. 动态路由协议的分类

按不同的分类标准,动态路由协议可划分成不同的类别。

(1) 按自治系统分。自治系统(autonomous system,AS)是指一组通过统一的路由政策或路由协议互相交换路由信息的网络。

根据是否在一个自治系统 AS 内部使用,动态路由协议分为内部网关协议(IGP)和外部网关协议(EGP),如图 6-2 所示。

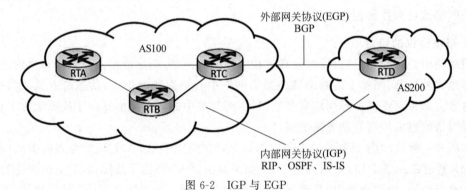

图 6-2　IGP 与 EGP

① 内部网关协议(IGP)。内部网关协议是自治域内部采用的路由选择协议,常用的有RIP、OSPF、EIGRP、IS-IS 等。

② 外部网关协议(EGP)。外部网关协议用于多个自治域之间的路由选择,常用的是BGP 和 BGP-4。

(2) 按路由算法分。按路由算法的不同,动态路由协议可分为距离矢量算法协议、链路状态算法协议和混合型算法协议。

① 距离矢量算法协议。距离矢量路由器定期向相邻的路由器发送它们的整个路由选择表,但仅发送到邻近结点上。它不了解整个拓扑,只知道目标网络在邻近路由器的哪个方向和距离。每个路由器在从相邻路由器接收到的信息的基础之上建立自己的路由选择信息表。距离矢量路由协议主要有 RIP 和 IGRP。距离向量路由选择是最古老也是最简单的一种路由选择协议算法。距离矢量路由协议有一个严重的缺点,缓慢的收敛过程会造成路由回路。

② 链路状态算法协议。链路状态算法协议是为解决距离向量算法协议存在的问题而研究制定的。链路状态算法协议发送路由信息到自治系统内的所有结点,然而对于每个路由器,仅发送它的路由表中描述了其自身链路状态的那一部分。它了解整个网络拓扑结构,知道目标网络的具体位置。链路状态算法协议路由协议主要有 OSPF、IS-IS 等。链路状态

路由选择协议的主要优点有两条：一是不可能形成路由回路，二是收敛速度非常快。不足之处就是协议本身庞大复杂，实现起来较困难。

③ 混合型算法协议。混合型算法协议兼具有前两种的优点。

（3）按子网学习分。按是否具有子网学习功能，动态路由协议可分为有类路由协议和无类路由协议。

① 有类路由协议。有类路由协议包括 RIPv1、IGRP 等。

② 无类路由协议。无类路由协议包括 RIPv2、OSPF、EIGRP 等。

（4）动态路由协议归纳。动态路由协议归纳如图 6-3 所示。

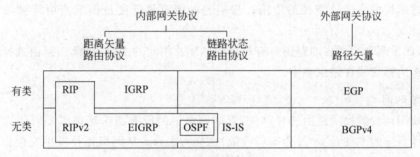

图 6-3　动态路由协议归纳

提示　　一台路由器可以配置运行多种路由协议进程，实现与运行不同路由协议的网络连接。但是不同的路由协议没有实现互操作，每个路由协议都按照其自己独特的方式，进行路由信息的采集和对网络拓扑变化的响应，所以在不同路由协议进程交换路由信息，必须通过配置选项进行适当的控制。

4. 管理距离和度量值

管理距离（AD）是用来衡量接收来自相邻路由器上路由选择信息的可信度的，也叫路由优先级。每一种路由协议按可靠性从高到低，依次分配一个信任等级，这个信任等级就叫管理距离。管理距离是一种优先级度量，对于两种不同的路由协议到一个目的地的路由信息，路由器首先根据管理距离决定相信哪一个协议。AD 值越低，则它的优先级越高。一个管理距离是一个从 0～255 的整数值，0 是最可信赖的，而 255 则意味着不会有业务量通过这个路由。表 6-1 给出了 Cisco 路由器用来判断到远程网络使用什么路由的默认管理距离。

表 6-1　默认的管理距离

路由源	默认 AD	路由源	默认 AD
直连路由	0	IGRP	100
静态路由	1	OSPF	110
EIGRP	90	RIP	120

度量值常被叫作路由花费（metric），这是路由算法用以确定到达目的地的最佳路径的计量标准。不同路由来源的度量方式也不一样，距离向量算法协议主要考虑跳步数，即分组在从源到目的的路途中必须经过的网络产品，如路由器的个数。链路状态算法协议一般常

考虑带宽、时延和可靠性等。一些路由协议允许网管给每个网络链接赋以 metric 值,其取值范围为 1~4294967295。

度量是通过优先权评价路由的一种手段,度量越低,路径越短。度量指明了路径的优先级,管理距离则指明了发现路由方式的优先级。

路由表中显示的路由均为最优路由,即管理距离和度量值都最小。如果一台路由器接收到两个对同一远程网络的更新内容,路由器首先要检查的是 AD。如果一个被通告的路由比另一个具有较低的 AD 值,则那个带有较低 AD 值的路由将会被放置在路由表中。

如果两个被通告的到同一网络的路由具有相同的 AD 值,则路由协议的度量值将被用作寻找到达远程网络最佳路径的依据。被通告的带有最低度量值的路由将被放置在路由表中。

然而,如果两个被通告的路由具有相同的 AD 及相同的度量值,那么路由选择协议将会把这两条路由都安装在路由表中。

5. 收敛时间

无论使用何种类型的路由选择算法,互联网络上的所有路由器都需要时间以更新它们在路由选择表中的改动,这个过程叫作收敛,也称为聚合。从网络拓扑发生变化到网络中所有路由器都知道这个表化的时间就叫收敛时间(convergence time)。

6.3.2 RIP

1. RIP 概述

RIP(routing information protocols,路由信息协议)是使用最广泛的距离向量协议,是一种较为简单的内部网关协议,主要用于规模较小的网络中,比如校园网以及结构较简单的地区性网络。RIP 处于 UDP 的上层,通过 UDP 报文进行路由信息的交换,使用的端口号是520。RIP 最大的特点是无论实现原理还是配置方法都非常简单。

(1) 度量方法。RIP 使用跳数来衡量到达目的网络的距离。在 RIP 中,路由器与它直接相连网络之间的跳数为 0,通过与其直接相连的路由器到达下一个紧邻网络的跳数为 1,其余以此类推,即每多经过一个网络,跳数加 1。为限制收敛时间,RIP 规定度量值取 0~15的整数,大于或等于 16 的跳数被定义为无穷大,即目的网络或主机不可达。由于这个限制,使得 RIP 不适合应用于大型网络。

(2) 路由更新。RIP 中路由的更新是通过定时广播实现的。默认情况下,路由器每隔30s 向与它相连的网络广播自己的路由表,接到广播的路由器将收到的信息添加至自身的路由表中。每个路由器都如此广播,最终网络上所有的路由器都会得知全部的路由信息。下面以图示形式给出了 A、B、C 这 3 台相连路由器从 RIP 启动到路由收敛过程的路由信息表。

① RIP 启动前各路由器的路由表如图 6-4 所示。

② 第一个更新周期后各路由器的路由表如图 6-5 所示。

③ 第二个更新周期后(此时已收敛)各路由器的路由表如图 6-6 所示。

(3) 路由环路。如图 6-7 所示,所有路由器都具有正确一致的路由表,网络是收敛的。若此时 10.4.0.0 网段发生故障,直连路由器 C 最先收到故障信息。路由器 C 把网络 10.4.0.0 从路由表中删除,并等待更新周期到来后发送路由更新给相邻路由器。假若此时路由器 B 先到达更新周期,路由器 C 接收到路由器 B 发出的更新后,发现路由更新中有路由项 10.4.0.0,而

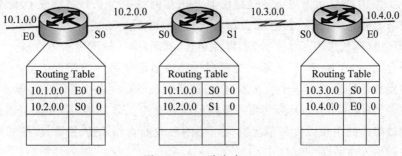

图 6-4　RIP 路由表（1）

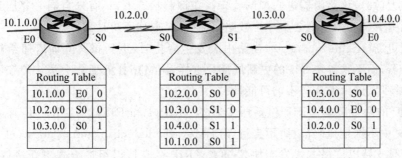

图 6-5　RIP 路由表（2）

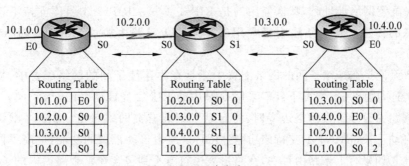

图 6-6　RIP 路由表（3）

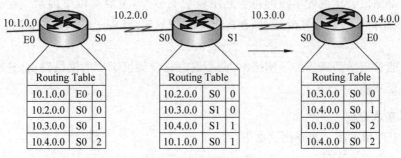

图 6-7　RIP 路由表（4）

自己路由表中没有，就把这条路由项增加到路由表中，并修改其接口为 S0，跳数为 2。这样，路由器 C 的路由表中就记录了一条错误的路由，此时路由器 B 认为可以通过路由器 C 去往网络 10.4.0.0,路由器 C 认为可以通过路由器 B 去往网络 10.4.0.0,就形成了环路。

如果网络上有路由循环,信息就会循环传递,永远不能到达目的地。为了避免这个问题,RIP 距离向量算法采用了水平分割、毒性逆转、抑制计时、触发更新等机制。

- 水平分割(split horizon)。水平分割保证路由器记住每一条路由信息的来源,并且不在收到这条信息的端口上再次发送它,这是保证不产生路由循环的最基本措施。
- 毒性逆转(poison reverse)。当一条路径信息变为无效之后,路由器主动把路由表中发生故障的路由项以度量值无穷大(16)的形式通告给 RIP 邻居,以使邻居能够及时得知网络发生故障。
- 抑制计时(holddown timer)。一条路由信息无效之后,此时该路由的度量值被记为无穷大(16),该路由器进入抑制状态。在抑制状态下,只有来自同一邻居且度量值小于无穷大(16)的路由更新才会被路由器接收,取代不可达路由。
- 触发更新(trigger update)。当路由表发生变化时,更新报文立即广播给相邻的所有路由器,而不是等待 30s 的更新周期。这样,网络拓扑的变化会最快地在网络上传播开,减少了路由循环产生的可能性。

(4) RIP 的两个版本。RIP 包括两个版本:RIPv1 和 RIPv2。RIPv1 是有类别路由协议,协议报文中不携带掩码信息,不支持 VLSM(variable length subnet mask,可变长子网掩码),RIPv1 只支持以广播方式发布协议报文。RIPv2 支持以组播方式更新协议报文,支持VLSM,同时 RIPv2 支持明文认证和 MD5 密文认证。

RIP 在配置网络地址时,默认使用的是 RIPv1 协议。RIPv1 本身不支持不连续子网间的路由信息的传递。解决办法中最常用的是采用无类路由协议(如采用 RIPv2 或 OSPF协议)。

RIPv2 无论是在连续子网的网络配置中还是在不连续子网的网络配置中,都能完成路由信息的传递,因此一般情况下我们采用 RIP 中的 RIPv2 完成网络的配置。

当子网路由穿越有类网络边界时,将自动汇聚成有类网络路由。RIPv2 默认情况下将进行路由自动汇聚,RIPv1 不支持该功能。RIPv2 路由自动汇聚的功能,提高了网络的伸缩性和有效性。如果有汇聚路由存在,在路由表中将看不到包含在汇聚路由内的子路由,这样可以大大缩小路由表的规模。

通告汇聚路由会比通告单独的每条路由将更有效率,主要有以下因素:当查找 RIP 数据库时,汇聚路由会得到优先处理;当查找 RIP 数据库时,任何子路由将被忽略,减少了处理时间。

有时可能希望学到具体的子网路由,而不愿意只看到汇聚后的网络路由,这时需要关闭路由自动汇聚功能。

2. RIP 基本配置

(1) 指定使用 RIP。命令格式如下:

```
[Huawei]rip
```

(2) 指定 RIP 版本。命令格式如下:

```
[Huawei-rip-1]version[1/2]
```

例如：

```
[Huawei-rip-1]version 2          //启用 RIPv2 协议
```

RIPv2 路由
协议配置

（3）指定与路由器直接相连的网络。路由器上任何符合 network 命令中的网络地址的接口都将启用，可发送和接收 RIP 数据包。此网络（或子网）将被包括在 RIP 路由更新中。命令格式如下：

```
[Huawei-rip-1]network
network-address
```

其中，network-address 是与路由器直接相连的网络号。例如，以下命令声明与路由器直接相连的网络 172.16.16.0/24。

```
172.16.16.0
```

（4）删除路由器所有的 RIP 路由。命令格式如下：

```
[Huawei]undo rip 1
```

（5）关闭路由自动汇聚。命令格式如下：

```
[Huawei-rip-1]#undo summary
```

（6）打开路由自动汇聚。命令格式如下：

```
[Huawei-rip-1]#summary always
```

（7）查看 RIP 版本和路由汇聚信息。命令格式如下：

```
[Huawei]display rip
```

3. RIP 配置实例

例 6-1 按图 6-8 所示网络拓扑结构搭建网络，并在各路由器上配置 RIP 动态路由协议，实现 PC0、PC1 以及 PC2 之间的相互通信。

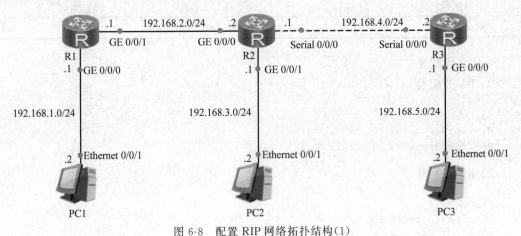

图 6-8 配置 RIP 网络拓扑结构(1)

1）各设备的基本配置

（1）R1 的配置。

```
[R1]int g0/0/0
[R1-GigabitEthernet0/0/0]ip add 192.168.2.1 24
[R1-GigabitEthernet0/0/0]quit
[R1]int g0/0/1
[R1-GigabitEthernet0/0/1]ip add 192.168.1.1 24
[R1-GigabitEthernet0/0/1]quit
```

（2）R2 的配置。

```
[R2]int g0/0/0
[R2-GigabitEthernet0/0/0]ip add 192.168.2.2 24
[R2-GigabitEthernet0/0/0]quit
[R2]int g0/0/1
[R2-GigabitEthernet0/0/1]ip add 192.168.3.1 24
[R2-GigabitEthernet0/0/1]quit
[R2]int s0/0/0
[R2-Serial0/0/0]ip add 192.168.4.1 24
[R2-Serial0/0/0]quit
```

（3）R3 的配置。

```
[R3]int g0/0/0
[R3-GigabitEthernet0/0/0]ip add 192.168.5.1 24
[R3-GigabitEthernet0/0/0]quit
[R3]int s0/0/0
[R3-Serial0/0/0]ip add 192.168.4.2 24
[R3-Serial0/0/0]quit
```

（4）设置 PCIP 相关信息。按表 6-2 所示设置各 PC 的 IP 相关信息。

表 6-2　各 PC 的 IP 相关信息

设置项目	PC1	PC2	PC3
IP 地址	192.168.1.2	192.168.3.2	192.168.5.2
子网掩码	255.255.255.0	255.255.255.0	255.255.255.0
默认网关	192.168.1.1	192.168.3.1	192.168.5.1

2）RIP 的配置

（1）R1 的配置。

```
[R1]rip
[R1-rip-1]network 192.168.1.0
[R1-rip-1]network 192.168.2.0
```

（2）R2 的配置。

```
[R2]rip
[R2-rip-1]network 192.168.2.0
[R2-rip-1]network 192.168.3.0
[R2-rip-1]network 192.168.4.0
```

（3）R3 的配置。

```
[R3]rip
[R3-rip-1]network 192.168.4.0
[R3-rip-1]network 192.168.5.0
```

3）查看路由表

（1）R1 的路由表。

```
<R1>dis ip routing-table
Route Flags: R-relay, D-download to fib
------------------------------------------------------------------
Routing Tables: Public
Destinations : 9          Routes : 9
Destination/Mask   Proto   Pre  Cost  Flags  NextHop       Interface
127.0.0.0/8        Direct  0    0     D      127.0.0.1     InLoopBack0
127.0.0.1/32       Direct  0    0     D      127.0.0.1     InLoopBack0
192.168.1.0/24     Direct  0    0     D      192.168.1.1   GigabitEthernet0/0/0
192.168.1.1/32     Direct  0    0     D      127.0.0.1     GigabitEthernet0/0/0
192.168.2.0/24     Direct  0    0     D      192.168.2.1   GigabitEthernet0/0/1
192.168.2.1/32     Direct  0    0     D      127.0.0.1     GigabitEthernet0/0/1
192.168.3.0/24     RIP     100  1     D      192.168.2.2   GigabitEthernet0/0/1
192.168.4.0/24     RIP     100  1     D      192.168.2.2   GigabitEthernet 0/0/1
192.168.5.0/24     RIP     100  2     D      192.168.2.2   GigabitEthernet0/0/1
```

（2）R2 的路由表。

```
<R2>dis ip routing-table
Route Flags: R-relay, D-download to fib
------------------------------------------------------------------
Routing Tables: Public
Destinations : 11         Routes : 11
Destination/Mask   Proto   Pre  Cost  Flags  NextHop       Interface
127.0.0.0/8        Direct  0    0     D      127.0.0.1     InLoopBack0
127.0.0.1/32       Direct  0    0     D      127.0.0.1     InLoopBack0
192.168.1.0/24     RIP     100  1     D      192.168.2.1   GigabitEthernet0/0/0
192.168.2.0/24     Direct  0    0     D      192.168.2.2   GigabitEthernet0/0/0
192.168.2.2/32     Direct  0    0     D      127.0.0.1     GigabitEthernet0/0/0
192.168.3.0/24     Direct  0    0     D      192.168.3.1   GigabitEthernet0/0/1
192.168.3.1/32     Direct  0    0     D      127.0.0.1     GigabitEthernet0/0/1
192.168.4.0/24     Direct  0    0     D      192.168.4.1   Serial0/0/0
192.168.4.1/32     Direct  0    0     D      127.0.0.1     Serial0/0/0
192.168.4.2/32     Direct  0    0     D      192.168.4.2   Serial0/0/0
192.168.5.0/24     RIP     100  1     D      192.168.4.2   Serial0/0/0
```

（3）R3 的路由表。

```
<R3>dis ip routing-table
Route Flags: R-relay, D-download to fib
------------------------------------------------------------------
Routing Tables: Public
Destinations : 10         Routes : 10
Destination/Mask   Proto   Pre  Cost  Flags  NextHop       Interface
127.0.0.0/8        Direct  0    0     D      127.0.0.1     InLoopBack0
```

127.0.0.1/32	Direct	0	0	D	127.0.0.1	InLoopBack0
192.168.1.0/24	RIP	100	2	D	192.168.4.1	Serial0/0/0
192.168.2.0/24	RIP	100	1	D	192.168.4.1	Serial0/0/0
192.168.3.0/24	RIP	100	1	D	192.168.4.1	Serial0/0/0
192.168.4.0/24	Direct	0	0	D	192.168.4.2	Serial0/0/0
192.168.4.1/32	Direct	0	0	D	192.168.4.1	Serial0/0/0
192.168.4.2/32	Direct	0	0	D	127.0.0.1	Serial0/0/0
192.168.5.0/24	Direct	0	0	D	192.168.5.1	GigabitEthernet0/0/0
192.168.5.1/32	Direct	0	0	D	127.0.0.1	GigabitEthernet0/0/0

4）测试连通性

此时 3 台 PC 均能 ping 通。

例 6-2 按图 6-9 所示网络拓扑结构搭建网络，并在各路由器上配置 RIPv2 动态路由协议，实现 PC0、PC1 以及 PC2 相互通信。分别查看取消路由汇聚功能前后各路由器的路由表。

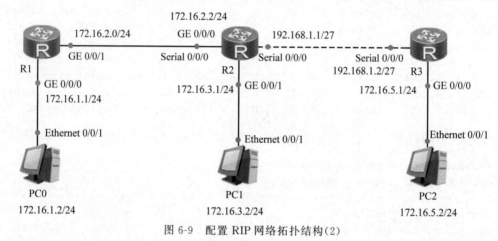

图 6-9 配置 RIP 网络拓扑结构（2）

R1、R2、R3 及 PC0、PC1、PC2 的基本配置和例 1 中的类似，此处不再赘述。下面仅给出各路由器上的 RIP 配置结果。

（1）R1 的配置。

```
[R1]rip                    //启用 RIP,默认情况下启用的是 RIPv1 协议
[R1-rip-1]version 2        //启用 RIPv2 协议
[R1-rip-1]net 172.16.0.0   //将 RIPv2 发布到网络 172.16.0.0
```

（2）R2 的配置。

```
[R2]rip                    //启用 RIP,默认情况下启用的是 RIPv1 协议
[R2-rip-1]version 2        //启用 RIPv2 协议
[R1-rip-1]net 172.16.0.0   //将 RIPv2 发布到网络 172.16.0.0
[R1-rip-1]net 192.168.1.0  //将 RIPv2 发布到网络 192.168.1.0
```

（3）R3 的配置。

```
[R3]rip                    //启用 RIP,默认情况下启用的是 RIPv1 协议
[R3-rip-1]version 2        //启用 RIPv2 协议
[R3-rip-1]net 172.16.0.0   //将 RIPv2 发布到网络 172.16.0.0
[R3-rip-1]net 192.168.1.0  //将 RIPv2 发布到网络 192.168.1.0
```

（4）查看路由表。

① R1 的路由表。

```
<R1>dis ip routing-table
Route Flags: R -relay, D -download to fib
--------------------------------------------------------------------
Routing Tables: Public
      Destinations : 9          Routes : 9
Destination/Mask    Proto   Pre  Cost  Flags  NextHop      Interface
127.0.0.0/8         Direct  0    0     D      127.0.0.1    InLoopBack0
127.0.0.1/32        Direct  0    0     D      127.0.0.1    InLoopBack0
172.16.1.0/24       Direct  0    0     D      172.16.1.1   GigabitEthernet0/0/0
172.16.1.1/32       Direct  0    0     D      127.0.0.1    GigabitEthernet0/0/0
172.16.2.0/24       Direct  0    0     D      172.16.2.1   GigabitEthernet0/0/1
172.16.2.1/32       Direct  0    0     D      127.0.0.1    GigabitEthernet0/0/1
172.16.3.0/24       RIP     100  1     D      172.16.2.2   GigabitEthernet0/0/1
172.16.5.0/24       RIP     100  2     D      172.16.2.2   GigabitEthernet0/0/1
192.168.1.0/27      RIP     100  1     D      172.16.2.2   GigabitEthernet0/0/1
```

② R2 的路由表。

```
<R2>dis ip routing-table
Route Flags: R -relay, D -download to fib
--------------------------------------------------------------------
Routing Tables: Public
      Destinations : 11         Routes : 11
Destination/Mask    Proto   Pre  Cost  Flags  NextHop      Interface
127.0.0.0/8         Direct  0    0     D      127.0.0.1    InLoopBack0
127.0.0.1/32        Direct  0    0     D      127.0.0.1    InLoopBack0
172.16.1.0/24       RIP     100  1     D      172.16.2.1   GigabitEthernet0/0/0
172.16.2.0/24       Direct  0    0     D      172.16.2.2   GigabitEthernet0/0/0
172.16.2.2/32       Direct  0    0     D      127.0.0.1    GigabitEthernet0/0/0
172.16.3.0/24       Direct  0    0     D      172.16.3.1   GigabitEthernet0/0/1
172.16.3.1/32       Direct  0    0     D      127.0.0.1    GigabitEthernet0/0/1
172.16.5.0/24       RIP     100  1     D      192.168.1.2  Serial0/0/0
192.168.1.0/27      Direct  0    0     D      192.168.1.1  Serial0/0/0
192.168.1.1/32      Direct  0    0     D      127.0.0.1    Serial0/0/0
192.168.1.2/32      Direct  0    0     D      192.168.1.2  Serial0/0/0
```

③ R3 的路由表。

```
<R3>dis ip routing-table
Route Flags: R -relay, D -download to fib
--------------------------------------------------------------------
Routing Tables: Public
      Destinations : 10         Routes : 10
Destination/Mask    Proto   Pre  Cost  Flags  NextHop      Interface
127.0.0.0/8         Direct  0    0     D      127.0.0.1    InLoopBack0
127.0.0.1/32        Direct  0    0     D      127.0.0.1    InLoopBack0
172.16.1.0/24       RIP     100  2     D      192.168.1.1  Serial0/0/0
172.16.2.0/24       RIP     100  1     D      192.168.1.1  Serial0/0/0
172.16.3.0/24       RIP     100  1     D      192.168.1.1  Serial0/0/0
```

172.16.5.0/24	Direct	0	0	D	172.16.5.1	GigabitEthernet0/0/0
172.16.5.1/32	Direct	0	0	D	127.0.0.1	GigabitEthernet0/0/0
192.168.1.0/27	Direct	0	0	D	192.168.1.2	Serial0/0/0
192.168.1.1/32	Direct	0	0	D	192.168.1.1	Serial0/0/0
192.168.1.2/32	Direct	0	0	D	127.0.0.1	Serial0/0/

可以观察到,接收到的路由条目是具体的明细路由条目,而没有汇总路由,即此时 RIPv2 默认自动汇聚并没有生效。

这是因为在华为设备上,以太网接口和串口都默认启用了水平分割或毒性逆转的接口上,RIPv2 的默认汇总就会失效,所以从 R3 通告过来的都是具体的明细路由条目。

(5) 测试连通性。此时,PC0、PC1、PC2 互通,原因是它们拥有了可达对方的路由。

(6) RIPv2 默认自动汇总生效。

第一种方法:使用 summary always 命令。配置该命令后,无论水平分割是否启用,RIPv2 的自动汇聚都生效(这里以 R2 为例)。

关闭 R1、R2、R3 的路由自动汇聚功能(这里以 R2 为例)。

```
[R2]rip
[R2-rip-1]version 2
[R2-rip-1]summary always
```

第二种方法:关闭相应接口下的水平分割功能。

```
[R2]interface g0/0/1
[R1-GigabitEthernet0/0/1]undo rip split-horizon
```

(7) 查看路由表。

① R1 的路由表。

```
<R1>dis ip routing-table
Route Flags: R - relay, D - download to fib
------------------------------------------------------------------
Routing Tables: Public
Destinations : 9          Routes : 9
Destination/Mask    Proto   Pre  Cost  Flags  NextHop      Interface
127.0.0.0/8         Direct  0    0     D      127.0.0.1    InLoopBack0
127.0.0.1/32        Direct  0    0     D      127.0.0.1    InLoopBack0
172.16.0.0/16       RIP     100  2     D      172.16.2.2   GigabitEthernet0/0/1
172.16.1.0/24       Direct  0    0     D      172.16.1.1   GigabitEthernet0/0/0
172.16.1.1/32       Direct  0    0     D      127.0.0.1    GigabitEthernet0/0/0
172.16.2.0/24       Direct  0    0     D      172.16.2.1   GigabitEthernet0/0/1
172.16.2.1/32       Direct  0    0     D      127.0.0.1    GigabitEthernet0/0/1
172.16.3.0/24       RIP     100  1     D      172.16.2.2   GigabitEthernet0/0/1
192.168.1.0/24      RIP     100  1     D      172.16.2.2   GigabitEthernet0/0/1
```

② R2 的路由表。

```
<R2>dis ip routing-table
Route Flags: R - relay, D - download to fib
------------------------------------------------------------------
Routing Tables: Public
Destinations : 11         Routes : 11
```

```
Destination/Mask    Proto   Pre  Cost  Flags  NextHop        Interface
127.0.0.0/8         Direct  0    0     D      127.0.0.1      InLoopBack0
127.0.0.1/32        Direct  0    0     D      127.0.0.1      InLoopBack0
172.16.0.0/16       RIP     100  1     D      192.168.1.2    Serial0/0/0
172.16.1.0/24       RIP     100  1     D      172.16.2.1     GigabitEthernet0/0/0
172.16.2.0/24       Direct  0    0     D      172.16.2.2     GigabitEthernet0/0/0
172.16.2.2/32       Direct  0    0     D      127.0.0.1      GigabitEthernet0/0/0
172.16.3.0/24       Direct  0    0     D      172.16.3.1     GigabitEthernet0/0/1
172.16.3.1/32       Direct  0    0     D      127.0.0.1      GigabitEthernet0/0/1
192.168.1.0/27      Direct  0    0     D      192.168.1.1    Serial0/0/0
192.168.1.1/32      Direct  0    0     D      127.0.0.1      Serial0/0/0
192.168.1.2/32      Direct  0    0     D      192.168.1.2    Serial0/0/0
```

③ R3 的路由表。此时路由自动汇聚生效了。

```
<R3>dis ip routing-table
Route Flags: R - relay, D - download to fib
-------------------------------------------------------------------
Routing Tables: Public
Destinations : 8           Routes : 8
Destination/Mask    Proto   Pre  Cost  Flags  NextHop        Interface
127.0.0.0/8         Direct  0    0     D      127.0.0.1      InLoopBack0
127.0.0.1/32        Direct  0    0     D      127.0.0.1      InLoopBack0
172.16.0.0/16       RIP     100  1     D      192.168.1.1    Serial0/0/0
172.16.5.0/24       Direct  0    0     D      172.16.5.1     GigabitEthernet0/0/0
172.16.5.1/32       Direct  0    0     D      127.0.0.1      GigabitEthernet0/0/0
192.168.1.0/27      Direct  0    0     D      192.168.1.2    Serial0/0/0
192.168.1.1/32      Direct  0    0     D      192.168.1.1    Serial0/0/0
192.168.1.2/32      Direct  0    0     D      127.0.0.1      Serial0/0/0
```

　　打开或关闭路由自动汇聚后，必须过段时间路由才能更新完毕。为了避免前面路由信息的干扰，尽快看到更新后的路由信息，可以在配置 RIPv2 协议之前打开或关闭路由自动汇聚，也可以关闭模拟器（保存）并重新启动后再查看各路由器中的信息。

（8）测试连通性。此时，PC0、PC1、PC2 互通，原因是它们拥有了可达对方的路由。

6.3.3　OSPF 协议

1. OSPF 协议概述

OSPF 协议全称为开放式最短路径优先（open shortest path first）协议，是一种典型的链路状态（link state）路由协议，使用 Dijkstra 的最短路径优先算法计算和选择路由。这类路由协议关心网络中链路或接口的状态（Up、Down、IP 地址、子网掩码、带宽、利用率和时延等）。OSPF 在有组播发送能力的链路层上以组播地址发送协议包，它被直接封装在 IP 包中，协议号为 89。

OSPF 比 RIP 具有更大的扩展性、快速收敛性和安全可靠性，但其算法复杂，耗费更多的路由器内存和处理能力，因此只适合于中小型网络构建。

2. OSPF 网络类型

根据路由器所连接的物理网络不同,OSPF 将网络划分为四种类型:点到点型[point to point,图 6-10(a)]、点到多点型[point to multipoint,图 6-10(b)]、广播多路访问型[broadcast multiaccess,图 6-11(a)]、非广播多路访问型[none broadcast multiaccess,NBMA,图 6-11(b)]。

点到点型网络如 PPP、HDLC,广播多路访问型网络如 Ethernet、Token Ring、FDDI,NBMA 型网络如 Frame Relay、X.25.SMDS。

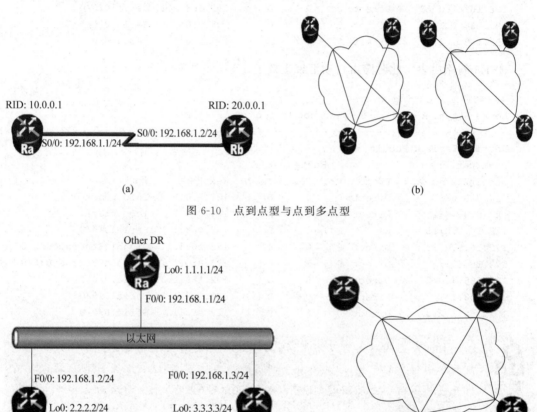

(a)   (b)

图 6-10 点到点型与点到多点型

(a)   (b)

图 6-11 广播多路访问型与非广播多路访问型

3. OSPF 协议工作过程

(1) 寻找邻居。OSPF 路由器周期性地从其启动 OSPF 协议的每一个接口以组播地址 224.0.0.5 发送 Hello 数据包,以寻找邻居。Hello 包里携带有一些参数,比如始发路由器的路由器 ID(router ID)、始发路由器接口的区域 ID(area ID)和路由优先级等。

当两台路由器共享一条公共数据链路,并且相互成功协商它们各自 Hello 包中所指定的某些参数时,它们就能成为邻居。

路由器通过记录彼此的邻居状态来确认是否与对方建立了邻接关系。两台路由器刚连接到一起时,处于 Down 状态;当一端接收到 Hello 包时,处于 Init 状态;只有在相互成功协商 Hello 包中所指定的某些参数后,才将该路由器确定为邻居,将其状态修改为 Two-Way 状态。OSPF 协议邻居建立过程如图 6-12 所示。

图 6-12　OSPF 协议邻居建立过程

(2) 建立邻接关系。在多路访问网络上可能存在多个路由器,如图 6-13(a)所示。为了避免路由器之间建立完全相邻关系而引起的大量开销,如图 6-13(b)所示,OSPF 要求在区域中选举一个 DR(designated router,指定路由器),DR 选举完成后,其他路由器都只与 DR 建立相邻关系,如图 6-13(c)所示。

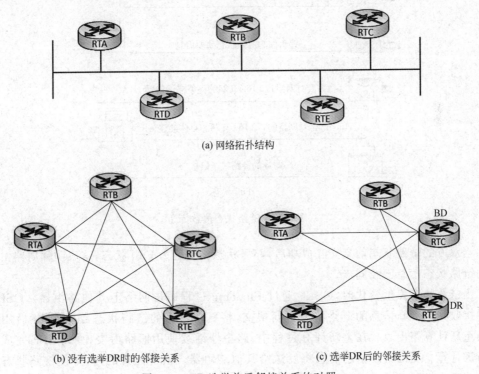

(a) 网络拓扑结构

(b) 没有选举DR时的邻接关系　　　(c) 选举DR后的邻接关系

图 6-13　DR 选举前后邻接关系的对照

　　DR 负责收集所有的链路状态信息,并发布给其他路由器。DR 一旦当选,除非路由器故障,否则不会更换;即便新加入一台优先级比 DR 高的路由器,也不更换。选举 DR 的同时也选举出一个BDR(backup designated router,备份指定路由器),在DR失效的时候,BDR担负起DR的职责。点对点型网络不需要DR,因为只存在两个节点,彼此间完全相邻。

(3) 链路状态信息传递。建立邻接关系的OSPF路由器之间通过发布LSA(link state advertisement,链路状态通告)来交互链路状态信息。通过获得的LSA,同步OSPF区域内的链路状态信息后,各路由器将形成相同的LSDB(link state database,链路状态数据库),如图6-14所示。

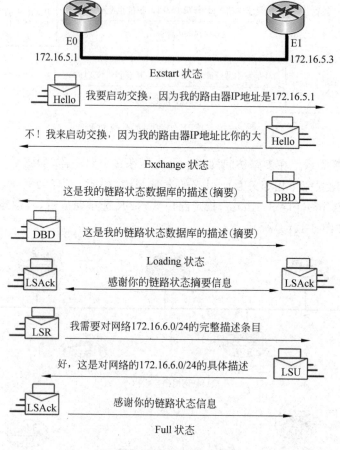

图6-14　链路状态信息传递

当双方的链路状态信息交互成功后,邻居状态将变迁为Full状态,这表明邻居路由器之间的链路状态信息已经同步。

当链路状态发生变化时,OSPF通过Flooding过程通告网络上其他路由器。OSPF路由器接收到包含新信息的链路状态更新报文,将更新自己的链路状态数据库,然后用SPF算法重新计算路由表。在重新计算过程中,路由器继续使用旧路由表,直到SPF完成新的路由表计算。新的链路状态信息将发送给其他路由器。值得注意的是,即使链路状态没有发生改变,OSPF路由信息也会自动更新,默认时间为30min。

(4) 路由计算。OSPF路由计算通过以下步骤完成。

① 评估一台路由器到另一台路由器所需要的开销,如图6-15所示。

接口类型	10^8/b/s = 开销
快速以太网及以上速度	10^8/100 000 000 b/s = 1
以太网	10^8/100 000 000 b/s = 10
E1	10^8/2 048 000 b/s = 48
T1	10^8/1 544 000 b/s = 64
128 kb/s	10^8/128 000 b/s = 781
64 kb/s	10^8/64 000 b/s = 1562
56 kb/s	10^8/56 000 b/s = 1785

图 6-15　开销表

一条路由的开销是指沿着到达目的网络的路径上所有路由器出接口的开销总和。开销越低,该接口越可能被用于转发数据流量。开销计算公式:

$$开销 = 10^8 \div 接口带宽$$

② 同步 OSPF 区域内每台路由器的 LSDB。

③ 使用 SPF 计算出路由,如图 6-16 所示。

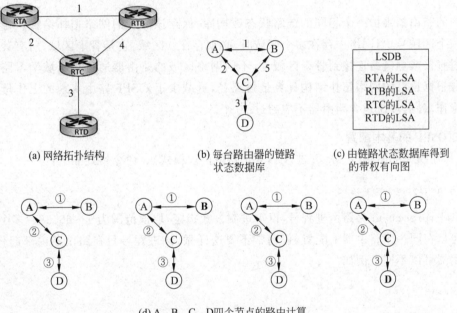

(a) 网络拓扑结构　　(b) 每台路由器的链路状态数据库　　(c) 由链路状态数据库得到的带权有向图

(d) A、B、C、D四个节点的路由计算

图 6-16　计算路由

4. OSPF 分区域管理

多区域 OSPF 如图 6-17 所示。

当网络规模变大时,LSDB 非常庞大,占用大量存储空间;计算最小生成树耗时增加,CPU 负担很重;网络拓扑结构经常发生变化,网络经常处于"动荡"中,以上原因导致 OSPF 实际上已不能正常工作。

为了减少路由协议通信流量,提高收敛速度,在一个自治系统内可划分出若干个区域,

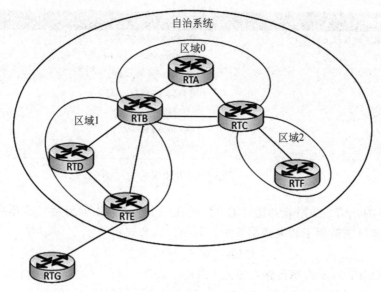

图 6-17　多区域 OSPF

区域内的路由器维护一个相同的链路状态数据库,保存该区域的网络拓扑结构。每个区域都有一个区域号,当网络中存在多个区域时,必须存在 0 区域,它是骨干区域,所有其他区域都通过直接或虚链路连接到骨干区域上,不同网络区域的路由器通过主干域学习路由。每个区域根据自己的网络拓扑结构计算最短路径,这减少了 OSPF 路由实现的工作量。为了优化操作,各区域所包含路由器不应超过 70 个。

5. OSPF 的基本配置

(1) 指定使用 OSPF 协议(进入 OSPF 路由协议模式)。命令格式如下:

```
[Huawei]ospf process-id
```

其中,process-id 为路由进程号,以十进制方式指定,取值范围为 1~65535。多个 OSPF 进程可以在同一个路由器上配置,但通常不要这样做,该进程号只在路由器内部起作用,不同路由器可以不同。例如:

```
[Huawei]ospf 1
```

其中,1 代表的是进程号。如果没有写明进程号,则默认是 1。

(2) 创建区域。使用 area 命令创建区域并进入 OSPF 区域视图,输入要创建的区域 ID。使用骨干区域,即为区域 0。命令格式如下:

```
[Huawei-ospf-1]area 0
```

(3) 声明与路由器直接相连的网络。路由器上任何符合 network 命令中的网络地址的接口都将启用,可发送和接收 OSPF 数据包。此网络(或子网)将被包括在 OSPF 路由更新中。命令格式如下:

```
[Huawei-ospf-1-area-0.0.0.0] network network-address wildcard
```

参数说明如下。

network-address：指路由器直连网段的网络号。

wildcard：即子网掩码的反码（通配符），其值为 255.255.255.255 减去子网掩码。例如，网段 172.16.1.0/30 的子网掩码为 11111111.11111111.11111111.11111100 = 255.255.255.252，wildcard 的值为"255-255"."255-255"."255-255"."255-252" = 0.0.0.3。

6. 单区域 OSPF 配置实例

例 6-3 按图 6-18 所示网络拓扑结构搭建网络（R2 的 S1/0 口是 DCE 端），用 OSPF 动态路由协议完成网络的配置，实现 PC0、PC1 以及 PC2 之间的相互通信。

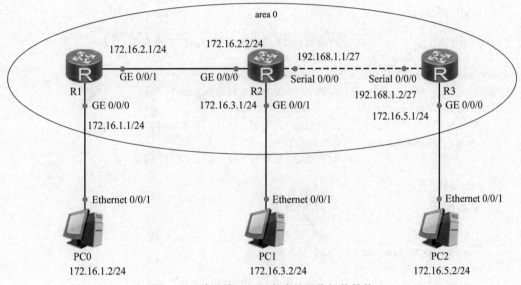

图 6-18 单区域 OSPF 实验的网络拓扑结构

（1）R1 的配置。

① 基本配置。

```
[R1]int g0/0/0
[R1-GigabitEthernet0/0/0]ip add 172.16.1.1 24
[R1-GigabitEthernet0/0/0]quit
[R1]int g0/0/1
[R1-GigabitEthernet0/0/1]ip add 172.16.2.1 24
[R1-GigabitEthernet0/0/1]quit
```

单区域 OSPF
路由配置

② OSPF 配置。

```
[R1]ospf 1                    //启用 OSPF 路由协议,定义 OSPF 进程 ID 号为 1
[R1-ospf-1]area 0             //使用区域 0
[R1-ospf-1-area-0.0.0.0]net 172.16.1.0 0.0.0.255
                              //将 OSPF 发布到 172.16.1.0/24 网段
[R1-ospf-1-area-0.0.0.0]net 172.16.2.0 0.0.0.255
                              //将 OSPF 发布到 172.16.2.0/24 网段
```

（2）R2 的配置。

① 基本配置。

```
[R2]int g0/0/0
[R2-GigabitEthernet0/0/0]ip add 172.16.2.2 24
[R2-GigabitEthernet0/0/0]quit
[R2]int g0/0/1
[R2-GigabitEthernet0/0/1]ip add 172.16.3.1 24
[R2-GigabitEthernet0/0/1]quit
[R2]int s0/0/0
[R2-Serial0/0/0]ip add 192.168.1.1 27
[R2-Serial0/0/0]quit
```

② OSPF 配置。

```
[R2]ospf 1                      //启用 OSPF 路由协议,定义 OSPF 进程 ID 号为 1
[R2-ospf-1]area 0               //使用区域 0
[R2-ospf-1-area-0.0.0.0]net 172.16.2.0 0.0.0.255
                                //将 OSPF 发布到 172.16.2.0/24 网段
[R2-ospf-1-area-0.0.0.0]net 172.16.3.0 0.0.0.255
                                //将 OSPF 发布到 172.16.3.0/24 网段
[R2-ospf-1-area-0.0.0.0]net 192.168.1.0 0.0.0.31
                                //将 OSPF 发布到 192.168.1.0/27 网段
```

(3) R3 的配置。

① 基本配置。

```
[R3]int s0/0/0
[R3-Serial0/0/0]ip add 192.168.1.2 27
[R3-Serial0/0/0]quit
[R3]int g0/0/0
[R3-GigabitEthernet0/0/0]ip add 172.16.5.1 24
[R3-GigabitEthernet0/0/0]quit
```

② OSPF 配置。

```
[R3]ospf 1                      //启用 OSPF 路由协议,定义 OSPF 进程 ID 号为 1
[R3-ospf-1]area 0               //使用区域 0
[R3-ospf-1-area-0.0.0.0]net 172.16.5.0 0.0.0.255
                                //将 OSPF 发布到 172.16.5.0/24 网段
[R3-ospf-1-area-0.0.0.0]net 192.168.1.0 0.0.0.31
                                //将 OSPF 发布到 192.168.1.0/27 网段
```

(4) 设置 PC 的 IP 相关信息。按表 6-3 设置各 PC 的 IP 相关信息。

表 6-3　各 PC 的 IP 相关信息

设置项目	PC0	PC1	PC2
IP 地址	172.16.1.2	172.16.3.2	172.16.5.2
子网掩码	255.255.255.0	255.255.255.0	255.255.255.0
默认网关	172.16.1.1	172.16.3.1	172.16.5.1

（5）查看路由表（以 R1 为例）。

```
<R1>dis ip routing-table
Route Flags: R -relay, D -download to fib
------------------------------------------------------------
Routing Tables: Public
Destinations : 9          Routes : 9
Destination/Mask    Proto   Pre  Cost   Flags   NextHop       Interface
127.0.0.0/8         Direct  0    0      D       127.0.0.1     InLoopBack0
127.0.0.1/32        Direct  0    0      D       127.0.0.1     InLoopBack0
172.16.1.0/24       Direct  0    0      D       172.16.1.1    GigabitEthernet0/0/0
172.16.1.1/32       Direct  0    0      D       127.0.0.1     GigabitEthernet0/0/0
172.16.2.0/24       Direct  0    0      D       172.16.2.1    GigabitEthernet0/0/1
172.16.2.1/32       Direct  0    0      D       127.0.0.1     GigabitEthernet0/0/1
172.16.3.0/24       OSPF    10   2      D       172.16.2.2    GigabitEthernet0/0/1
172.16.5.0/24       OSPF    10   1564   D       172.16.2.2    GigabitEthernet0/0/1
192.168.1.0/27      OSPF    10   1563   D       172.16.2.2    GigabitEthernet0/0/1
```

路由器 R1 路由表中包含到任何一个网段的路由信息，其中 OSPF 表示经 OSPF 协议获得的路由；10 表示 OSPF 路由协议管理距离的默认值；到 172.16.3.0 网段的花费值为 2（172.16.2.0 与 172.16.3.0 两个快速以太网段的路由花费值都是 1，两者相加的和是 2），到 172.16.5.0 网段的花费值为 1564，到 192.168.1.0 网段的花费值为 1563。

（6）测试连通性。PC0、PC1 以及 PC2 相互可以 ping 通，原因是它们拥有了可达对方的路由。

7. 多区域 OSPF 配置实例

例 6-4　在例 6-2 基础上，现要求使用多区域 OSPF 实现全网互通。其中 R1 与 R2 的 G0/0/0 端口以及 G0/0/1 端口配置为 area 0 区域，R2 的 S0/0/0 端口与 R3 配置为 area 1 区域。修改后的网络拓扑结构如图 6-19 所示。

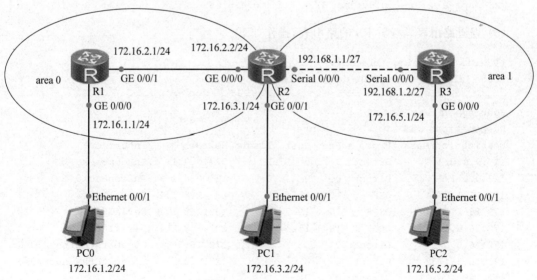

图 6-19　多区域 OSPF 实验的网络拓扑结构

（1）R1、R2、R3、PC0、PC1、PC2 的基本配置（略）。

（2）将 R2 的 G0/0/0 端口与 R1 配置为 area 0 区域的 OSPF 路由。

① R1 的 OSPF 配置。

```
[R1]ospf 1
[R1-ospf-1]area 0
[R1-ospf-1-area-0.0.0.0]net 172.16.1.0 0.0.0.255
[R1-ospf-1-area-0.0.0.0]net 172.16.2.0 0.0.0.255
```

多区域 OSPF 配置

② R2 的 OSPF 配置。

```
[R2]ospf 1
[R2-ospf-1]area 0
[R2-ospf-1-area-0.0.0.0]net 172.16.2.0 0.0.0.255
[R2-ospf-1-area-0.0.0.0]net 172.16.3.0 0.0.0.255
```

（3）测试连通性。此时 PC0 与 PC1 互通，原因是有可达对方的路由；PC2 与 PC0、PC2 与 PC1 都不通，原因是没有可达对方的路由。

（4）将 R2 的 S0/0/0 端口与 R3 配置为 area 1 区域的 OSPF 路由。

① R2 的 OSPF 配置。

```
[R2]ospf 1
[R2-ospf-1]area 1
[R2-ospf-1-area-0.0.0.1]net 192.168.1.0 0.0.0.31
```

② R3 的 OSPF 配置。

```
[R3]ospf 1
[R3-ospf-1]area 1
[R3-ospf-1-area-0.0.0.1]net 192.168.1.0 0.0.0.31
[R3-ospf-1-area-0.0.0.1]net 172.16.5.0 0.0.0.255
```

（5）查看路由表。查看 R3 的路由表，操作如下：

```
<R3>dis ip routing-table
Route Flags: R - relay, D - download to fib
-----------------------------------------------------------------
Routing Tables: Public
Destinations : 10          Routes : 10
Destination/Mask    Proto   Pre  Cost  Flags  NextHop       Interface
127.0.0.0/8         Direct  0    0     D      127.0.0.1     InLoopBack0
127.0.0.1/32        Direct  0    0     D      127.0.0.1     InLoopBack0
172.16.1.0/24       OSPF    10   1564  D      192.168.1.1   Serial0/0/0
172.16.2.0/24       OSPF    10   1563  D      192.168.1.1   Serial0/0/0
172.16.3.0/24       OSPF    10   1563  D      192.168.1.1   Serial0/0/0
172.16.5.0/24       Direct  0    0     D      172.16.5.1    GigabitEthernet0/0/0
172.16.5.1/32       Direct  0    0     D      127.0.0.1     GigabitEthernet0/0/0
192.168.1.0/27      Direct  0    0     D      192.168.1.2   Serial0/0/0
192.168.1.1/32      Direct  0    0     D      192.168.1.1   Serial0/0/0
192.168.1.2/32      Direct  0    0     D      127.0.0.1     Serial0/0/0
```

路由器 R3 路由表中包含到任何一个网段的路由信息。同理可以查看 R1、R2 的路由表，R1、R2 的路由表中包含到任何一个网段的路由信息。

（6）测试连通性。PC0、PC1 以及 PC2 相互可以 ping 通，原因是它们拥有了可达对方的路由。

6.3.4　路由引入

1. 路由引入的概念

在实际工作中，我们会遇到使用多个 IP 路由协议的网络。为了使整个网络正常地工作，必须在多个路由协议之间进行成功的路由再分配，这样不同的路由协议间就可以相互通告路由信息了。这种从一种协议导入另一种协议或在同一种协议的不同进程之间引入路由的过程称为路由引入，又称重新分配路由或再分布路由。

静态路由重引入动态路由中

2. 静态路由、默认路由重分布到动态路由中

（1）配置 RIP 发布静态路由、默认路由。命令格式如下：

```
[Huawei-rip-1]default-route originate
```

（2）配置 OSPF 发布静态路由、默认路由。RIP 重分发直连路由的命令格式如下：

```
[Huawei-ospf-1]default-route-advertise always
```

例 6-5　在例 6-3 中，现要求 R1 与 R2 的 G0/0/0 及 G0/0/0 端口运行 OSPF 协议，在 R2 上配置到网段 172.16.5.0/24 的静态路由，R3 上配置到 R2 方向的默认静态路由，通过路由重分配实现 PC0、PC1、PC2 互通。修改后的网络拓扑结构如图 6-20 所示。

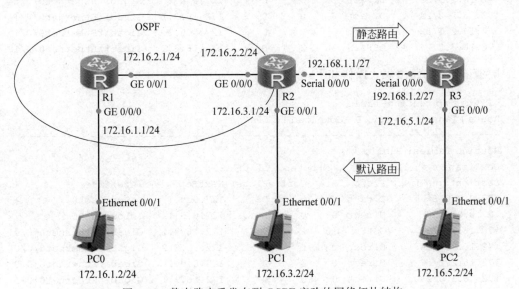

图 6-20　静态路由重发布到 OSPF 实验的网络拓扑结构

R1、R2、R3 及 PC0、PC1、PC2 的基本配置和例 6-1 中的一致，R1 的 OSPF 配置和例 6-3 中的也一致，此处不再赘述。

① R2 的 OSPF 配置。

```
[R2]ospf 1
[R2-ospf-1]area 0
[R2-ospf-1-area-0.0.0.0]net 172.16.2.0 0.0.0.255
[R2-ospf-1-area-0.0.0.0]net 172.16.3.0 0.0.0.255
```

② R2 的静态路由配置。

```
[R2]ip route-static  172.16.5.0  255.255.255.0  192.168.1.2
//配置到 172.16.5.0/24 网段的静态路由，下一跳地址是 192.168.1.2
```

③ R3 的默认路由配置。

```
[R3]ip route-static 0.0.0.0 0.0.0.0 192.168.1.1
//配置下一跳地址是 192.168.1.1 的默认路由，下一跳地址是 192.168.1.1
```

④ 查看路由表。

a. 查看 R1 的路由表。操作如下：

```
<R1>dis ip routing-table
Route Flags: R - relay, D - download to fib
--------------------------------------------------------------
Routing Tables: Public
Destinations : 7              Routes : 7
Destination/Mask    Proto   Pre   Cost   Flags   NextHop       Interface
127.0.0.0/8         Direct  0     0      D       127.0.0.1     InLoopBack0
127.0.0.1/32        Direct  0     0      D       127.0.0.1     InLoopBack0
172.16.1.0/24       Direct  0     0      D       172.16.1.1    GigabitEthernet0/0/0
172.16.1.1/32       Direct  0     0      D       127.0.0.1     GigabitEthernet0/0/0
172.16.2.0/24       Direct  0     0      D       172.16.2.1    GigabitEthernet0/0/1
172.16.2.1/32       Direct  0     0      D       127.0.0.1     GigabitEthernet0/0/1
172.16.3.0/24       OSPF    10    2      D       172.16.2.2    GigabitEthernet0/0/1
```

b. 查看 R2 的路由表。操作如下：

```
<R2>dis ip routing-table
Route Flags: R - relay, D - download to fib
--------------------------------------------------------------
Routing Tables: Public
Destinations : 11             Routes : 11
Destination/Mask    Proto   Pre   Cost   Flags   NextHop       Interface
127.0.0.0/8         Direct  0     0      D       127.0.0.1     InLoopBack0
127.0.0.1/32        Direct  0     0      D       127.0.0.1     InLoopBack0
172.16.1.0/24       OSPF    10    2      D       172.16.2.1    GigabitEthernet0/0/0
172.16.2.0/24       Direct  0     0      D       172.16.2.2    GigabitEthernet0/0/0
172.16.2.2/32       Direct  0     0      D       127.0.0.1     GigabitEthernet0/0/0
172.16.3.0/24       Direct  0     0      D       172.16.3.1    GigabitEthernet0/0/1
172.16.3.1/32       Direct  0     0      D       127.0.0.1     GigabitEthernet0/0/1
172.16.5.0/24       Static  60    0      RD      192.168.1.2   Serial0/0/0
192.168.1.0/27      Direct  0     0      D       192.168.1.1   Serial0/0/0
192.168.1.1/32      Direct  0     0      D       127.0.0.1     Serial0/0/0
192.168.1.2/32      Direct  0     0      D       192.168.1.2   Serial0/0/0
```

c. 查看 R3 的路由表。操作如下：

```
<R3>dis ip routing-table
Route Flags: R - relay, D - download to fib
----------------------------------------------------------------
Routing Tables: Public
Destinations : 8          Routes : 8
Destination/Mask    Proto   Pre  Cost  Flags  NextHop       Interface
0.0.0.0/0           Static  60   0     RD     192.168.1.1   Serial0/0/0
127.0.0.0/8         Direct  0    0     D      127.0.0.1     InLoopBack0
127.0.0.1/32        Direct  0    0     D      127.0.0.1     InLoopBack0
172.16.5.0/24       Direct  0    0     D      172.16.5.1    GigabitEthernet0/0/0
172.16.5.1/32       Direct  0    0     D      127.0.0.1     GigabitEthernet0/0/0
192.168.1.0/27      Direct  0    0     D      192.168.1.2   Serial0/0/0
192.168.1.1/32      Direct  0    0     D      192.168.1.1   Serial0/0/0
192.168.1.2/32      Direct  0    0     D      127.0.0.1     Serial0/0/0
```

R1 的路由表中只包含到网段 172.16.1.0/24、172.16.2.0/24、172.16.3.0/24 的路由信息，R2、R3 的路由表中包含到所有网段的路由信息。

⑤ 测试连通性。PC0 与 PC1 相互可以 ping 通，PC2 与 PC1 之间相互可以 ping 通，原因是它们拥有了可达对方的路由。PC2 与 PC0 不连通，原因是 PC0 没有达到对方 PC2 的路由，R2 到 PC0 所在网段 172.16.1.0/24 运行 OSPF 协议，R2 到 PC2 所在网段 172.16.5.0/24 配置的是静态路由，不同的协议之间不能相互通信。若要实现 PC2 与 PC0 之间的连通，必须进行路由重分配。

⑥ 路由重分配。在路由器 RT2 上把到分部的静态路由引入到 OSPF。

```
[R2]ospf                                  //进入 OSPF 路由协议模式
[R2-ospf-1]default-route-advertise always //把静态路由重发布到 OSPF
```

⑦ 查看路由表。查看 R1 的路由表，操作如下：

```
<R1>dis ip routing-table
Route Flags: R - relay, D - download to fib
----------------------------------------------------------------
Routing Tables: Public
Destinations : 8          Routes : 8
Destination/Mask    Proto   Pre  Cost  Flags  NextHop       Interface
0.0.0.0/0           O_ASE   150  1     D      172.16.2.2    GigabitEthernet0/0/1
127.0.0.0/8         Direct  0    0     D      127.0.0.1     InLoopBack0
127.0.0.1/32        Direct  0    0     D      127.0.0.1     InLoopBack0
172.16.1.0/24       Direct  0    0     D      172.16.1.1    GigabitEtherne0/0/0
172.16.1.1/32       Direct  0    0     D      127.0.0.1     GigabitEthernet0/0/0
172.16.2.0/24       Direct  0    0     D      172.16.2.1    GigabitEthernet0/0/1
172.16.2.1/32       Direct  0    0     D      127.0.0.1     GigabitEthernet0/0/1
172.16.3.0/24       OSPF    10   2     D      172.16.2.2    GigabitEthernet0/0/1
```

R1 的路由表中包含到所有网段的路由信息（O_ASE 全称为 ospf autonomous system external，即外部路由标示，属于引入的外部路由协议的路由信息）。

同理可查看 R2、R3 的路由表，R2、R3 的路由表中包含到所有网段的路由信息。

⑧ 测试连通性。此时 PC0、PC1、PC2 互通,原因是它们拥有了可达对方的路由。

3. OSPF 与 RIP 的相互引入

多路由协议配置的相关命令如表 6-4 所示。

表 6-4　多路由协议配置的相关命令

任　　务	命　　令
重新分配 OSPF 路由到 RIP 中	Import-route rip process-id
重新分配 RIP 路由到 OSPF 中	Import-route ospf process-id
手工配置引入时的开销值	Import-route ospf/rip process-id cost value

例 6-6　在例 6-3 基础上,现要求 R1 及 R2 的 F0/0 端口和 F0/1 端口运行 OSPF 协议,R2 的 S1/0 端口以及 R3 运行 RIPv2 协议配置网络,实现PC0、PC1 以及 PC2 之间的相互通信。修改后的网络拓扑结构如图 6-21 所示。

RIP 与 OSPF
的相互引入

R1、R2、R3 及 PC0、PC1、PC2 的基本配置和例 6-1 中的一致,此处不再赘述。

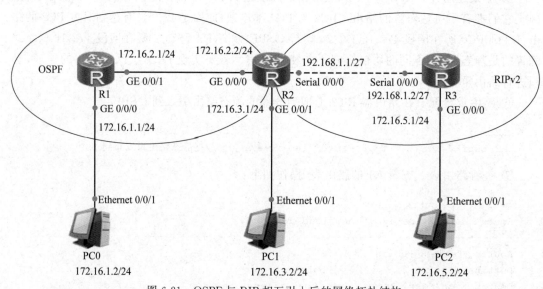

图 6-21　OSPF 与 RIP 相互引入后的网络拓扑结构

(1) R1 路由的配置。

```
[R1]ospf
[R1-ospf-1]area 0
[R1-ospf-1-area-0.0.0.0]net 172.16.1.0 0.0.0.255
[R1-ospf-1-area-0.0.0.0]net 172.16.2.0 0.0.0.255
```

(2) R2 路由的配置。

```
[R2]ospf
[R2-ospf-1]area 0
[R2-ospf-1-area-0.0.0.0]net 172.16.2.0 0.0.0.255
```

```
[R2-ospf-1-area-0.0.0.0]net 172.16.3.0 0.0.0.255
[R2-ospf-1-area-0.0.0.0]quit
[R2-ospf-1]quit
[R2]rip
[R2-rip-1]version 2
[R2-rip-1]net 192.168.1.0
```

（3）R3 路由的配置。

```
[R3]rip
[R3-rip-1]version 2
[R3-rip-1]net 192.168.1.0
[R3-rip-1]net 172.16.0.0
```

（4）路由重引入。

```
[R2-rip-1]quit
[R2]ospf 1
[R2-ospf-1]import-route rip 1    //把 RIP 路由引入到 OSPF 路由中
[R2-ospf-1]quit
[R2]rip
[R2-rip-1]import-route ospf 1    //把 OSPF 路由引入到 RIP 路由中
```

（5）查看路由表。

① 查看 R3 的路由表。操作如下：

```
<R3>dis ip routing-table
Route Flags: R - relay, D - download to fib
------------------------------------------------------------------
Routing Tables: Public
Destinations : 10         Routes : 10
Destination/Mask    Proto   Pre  Cost  Flags  NextHop      Interface
127.0.0.0/8         Direct  0    0     D      127.0.0.1    InLoopBack0
127.0.0.1/32        Direct  0    0     D      127.0.0.1    InLoopBack0
172.16.1.0/24       RIP     100  1     D      192.168.1.1  Serial0/0/0
172.16.2.0/24       RIP     100  1     D      192.168.1.1  Serial0/0/0
172.16.3.0/24       RIP     100  1     D      192.168.1.1  Serial0/0/0
172.16.5.0/24       Direct  0    0     D      172.16.5.1   GigabitEthernet0/0/0
172.16.5.1/32       Direct  0    0     D      127.0.0.1    GigabitEthernet0/0/0
192.168.1.0/27      Direct  0    0     D      192.168.1.2  Serial0/0/0
192.168.1.1/32      Direct  0    0     D      192.168.1.1  Serial0/0/0
192.168.1.2/32      Direct  0    0     D      127.0.0.1    Serial0/0/0
```

② 查看 R2 的路由表。操作如下：

```
<R2>dis ip routing-table
Route Flags: R - relay, D - download to fib
------------------------------------------------------------------
Routing Tables: Public
Destinations : 11         Routes : 11
Destination/Mask    Proto   Pre  Cost  Flags  NextHop      Interface
127.0.0.0/8         Direct  0    0     D      127.0.0.1    InLoopBack0
127.0.0.1/32        Direct  0    0     D      127.0.0.1    InLoopBack0
```

172.16.1.0/24	OSPF	10	2	D	172.16.2.1	GigabitEthernet0/0/0
172.16.2.0/24	Direct	0	0	D	172.16.2.2	GigabitEthernet0/0/0
172.16.2.2/32	Direct	0	0	D	127.0.0.1	GigabitEthernet0/0/0
172.16.3.0/24	Direct	0	0	D	172.16.3.1	GigabitEthernet0/0/1
172.16.3.1/32	Direct	0	0	D	127.0.0.1	GigabitEthernet0/0/1
172.16.5.0/24	RIP	100	1	D	192.168.1.2	Serial0/0/0
192.168.1.0/27	Direct	0	0	D	192.168.1.1	Serial0/0/0
192.168.1.1/32	Direct	0	0	D	127.0.0.1	Serial0/0/0
192.168.1.2/32	Direct	0	0	D	192.168.1.2	Serial0/0/0

③ 查看 R1 的路由表。操作如下:

```
<R1>dis ip routing-table
Route Flags: R -relay, D -download to fib
------------------------------------------------------------
Routing Tables: Public
Destinations : 9           Routes : 9
Destination/Mask    Proto   Pre  Cost  Flags  NextHop       Interface
127.0.0.0/8         Direct  0    0     D      127.0.0.1     InLoopBack0
127.0.0.1/32        Direct  0    0     D      127.0.0.1     InLoopBack0
172.16.1.0/24       Direct  0    0     D      172.16.1.1    GigabitEthernet0/0/0
172.16.1.1/32       Direct  0    0     D      127.0.0.1     GigabitEthernet0/0/0
172.16.2.0/24       Direct  0    0     D      172.16.2.1    GigabitEthernet0/0/1
172.16.2.1/32       Direct  0    0     D      127.0.0.1     GigabitEthernet0/0/1
172.16.3.0/24       OSPF    10   2     D      172.16.2.2    GigabitEthernet0/0/1
172.16.5.0/24       O_ASE   150  1     D      172.16.2.2    GigabitEthernet0/0/1
192.168.1.0/27      O_ASE   150  1     D      172.16.2.2    GigabitEthernet0/0/1
```

路由器 R1、R2、R3 的路由表中包含到所有网段的路由信息。

(6) 测试连通性。此时,PC0、PC1、PC2 互通,原因是它们拥有了可达对方的路由。

 提示 要做双向引入才能确保不丢失路由。

6.4 项目设计与准备

1. 项目设计

分别在 S3、R1、R2 上配置 OSPF 动态路由;在 R2 上进行路由重分配:把静态路由、默认路由引入动态路由中。

2. 项目准备

方案一:真实设备操作(以组为单位,小组成员协作,共同完成实训)。

• 华为交换机、配置线、台式机或笔记本电脑。

• 用项目 5 的配置结果。

方案二:在模拟软件中操作(以组为单位,成员相互帮助,各自独立完成实训)。

• 安装有华为 eNSP 的计算机,每人一台。

● 用项目 5 的配置结果。

6.5 项目实施

任务 6-1 配置动态路由

公司总部配置单区域 OSPF 动态路由,即将 SW3 的所有端口、R1 的所有端口和 R2 的 F0/0 端口配置为骨干区域,运行 OSPF,实现公司总部的连通。

1. S3 的配置

命令如下:

```
[S3]ospf
[S3-ospf-1]area 0
[S3-ospf-1-area-0.0.0.0]net 172.16.0.0 0.0.0.3
[S3-ospf-1-area-0.0.0.0]net 10.0.0.0 0.0.0.127
[S3-ospf-1-area-0.0.0.0]net 10.0.0.128 0.0.0.63
[S3-ospf-1-area-0.0.0.0]net 10.0.0.192 0.0.0.31
[S3-ospf-1-area-0.0.0.0]net 10.0.0.224 0.0.0.15
[S3-ospf-1-area-0.0.0.0]net 10.0.0.240 0.0.0.15
[S3-ospf-1-area-0.0.0.0]net 192.168.100.0 0.0.0.7
```

2. R1 的配置

命令如下:

```
[R1]ospf
[R1-ospf-1]area 0
[R1-ospf-1-area-0.0.0.0]net 172.16.0.0 0.0.0.3
[R1-ospf-1-area-0.0.0.0]net 172.16.10.0 0.0.0.3
[R1-ospf-1-area-0.0.0.0]net 172.16.1.0 0.0.0.3
```

项目实施

3. R2 的配置

命令如下:

```
[R2]ospf
[R2-ospf-1]area 0
[R2-ospf-1-area-0.0.0.0]net 172.16.1.0 0.0.0.3
```

4. 查看路由表

命令如下:

```
[S3]display ip routing-table
[R1]display ip routing-table
[R2]display ip routing-table
```

S3、R1 的路由表中有到公司总部所有网段的路由信息,但是没有到公司分部网段 10.0. 1.0/27 的路由信息,也没有到合作伙伴 10.0.2.0/27 的路由信息。因为公司总部配置的是动态路由,分部和合作伙伴配置的是静态路由,两种路由没有引入对方那里。

5. 测试连通性

(1) 在 PC1 上测试与 PC5 的连通性。命令如下：

```
ping 10.0.1.29
```

无法 ping 通，原因是公司总部配置的是动态路由，分部配置的是静态路由，两种路由没有引入到对方那里。

(2) 在 PC1 上测试与 PC6 的连通性。命令如下：

```
ping 10.0.2.29
```

无法 ping 通，原因是公司总部配置的是动态路由，合作伙伴配置的是静态路由，两种路由没有引入到对方那里。

(3) 在 PC1 上测试与 Server 的连通性。命令如下：

```
ping 172.16.10.2
```

可以 ping 通，原因是公司总部配置的是动态 ospf 路由，PC1 与 Server 都属于公司总部，有互达路由。

(4) 测试 PC1 与公司外网接入路由器 R2 的 G0/0/0 端口的可达性。命令如下：

```
ping 172.16.1.2(在 PC1 上测试)
```

可以 ping 通。

(5) 测试 PC1 与公司外网接入路由器 R2 的 S1/0/0 端口的可达性。命令如下：

```
ping 202.0.0.1(在 PC1 上测试)
```

无法 ping 通，原因是 R2 和 R1 之间网段是 OSPF 动态路由，向 R4 方向是默认路由，无法通信。

(6) 测试 PC1 与公司外网接入路由器 R2 的 G0/0/1 端口的可达性。命令如下：

```
ping 172.16.2.1(在 PC1 上测试)
```

无法 ping 通，原因是 R2 和 R1 之间网段是 OSPF 动态路由，向 R3 方向是静态路由，无法通信。

任务 6-2　重新分配路由

公司总部运行的是 OSPF 动态路由协议，R2 到分部以及公网用的都是静态路由，需要采用路由重新分配技术，实现不同路由网段之间的信息互访。

在路由器 R2 上把到公司分部的静态路由引入到 OSPF。

(1) 命令如下：

```
[R2]ospf                                        //进入 OSPF 路由协议模式
[R2-ospf-1]default-route-advertise always       //把静态路由引入 OSPF
```

(2) 验证测试。

① 测试 PC1 与 PC5 的连通性。命令如下：

ping 10.0.1.1(在 PC1 上测试)

可以 ping 通,原因是把到分部 10.0.1.0/27 网段的静态路由引入到了动态路由 OSPF 中。

② 测试 PC1 与公司外网接入路由器 RT2 的 G0/0/1 端口的可达性。命令如下:

ping 172.16.2.1(在 PC1 上测试)

无法 ping 通,原因是没有把到网段 172.16.2.0/30 网段的直连路由引入。

③ 测试 PC1 与公司外网接入路由器 R2 的 S1/0/0 端口的可达性。命令如下:

ping 202.0.0.1(在 PC1 上测试)

无法 ping 通,原因是没有把朝 R4 方向的网段路由引入。

④ 测试 PC1 与公司外网接入路由器 RT2 的 G0/0/1 端口的可达性。命令如下:

ping 172.16.2.1(在 PC1 上测试)

可以 ping 通,原因是路由器 R2 的直连网段 172.16.2.0/30 已经引入。

⑤ 测试 PC1 与公司分部路由器 R3 的 G0/0/1 端口的可达性。命令如下:

ping 172.16.2.2(在 PC1 上测试)

可以 ping 通。

⑥ 测试 PC1 与公司外网接入路由器 R2 的 S1/0/0 端口的可达性。命令如下:

ping 202.0.0.1(在 PC1 上测试)

可以 ping 通,原因是路由器 RT2 的直连网段 202.0.0.0/29 已经引入。

⑦ 测试 PC1 与 R4 的 S1/0/0 端口的可达性。命令如下:

ping 202.0.0.6

无法 ping 通。

6.6   项目验收

6.6.1   查看路由表

查看 R2 的路由表。操作如下:

```
<R2>display ip routing-table
Route Flags: R - relay, D - download to fib
----------------------------------------------------------------
Routing Tables: Public
Destinations : 17          Routes : 17
Destination/Mask    Proto    Pre  Cost  Flags  NextHop       Interface
0.0.0.0/0           Static   60   0     RD     202.0.0.6     Serial1/0/0
10.0.1.0/27         Static   60   0     RD     172.16.2.2    GigabitEthernet0/0/1
127.0.0.0/8         Direct   0    0     D      127.0.0.1     InLoopBack0
127.0.0.1/32        Direct   0    0     D      127.0.0.1     InLoopBack0
```

127.255.255.255/32	Direct	0	0	D	127.0.0.1	InLoopBack0
172.16.0.0/30	OSPF	10	2	D	172.16.1.1	GigabitEthernet0/0/0
172.16.1.0/30	Direct	0	0	D	172.16.1.2	GigabitEthernet0/0/0
172.16.1.2/32	Direct	0	0	D	127.0.0.1	GigabitEthernet0/0/0
172.16.1.3/32	Direct	0	0	D	127.0.0.1	GigabitEthernet0/0/0
172.16.2.0/30	Direct	0	0	D	172.16.2.1	GigabitEthernet0/0/1
172.16.2.1/32	Direct	0	0	D	127.0.0.1	GigabitEthernet0/0/1
172.16.2.3/32	Direct	0	0	D	127.0.0.1	GigabitEthernet0/0/1
202.0.0.0/28	Direct	0	0	D	202.0.0.1	Serial1/0/0
202.0.0.1/32	Direct	0	0	D	127.0.0.1	Serial1/0/0
202.0.0.6/32	Direct	0	0	D	202.0.0.6	Serial1/0/0
202.0.0.15/32	Direct	0	0	D	127.0.0.1	Serial1/0/0
255.255.255.255/32	Direct	0	0	D	127.0.0.1	InLoopBack0

路由器 R2 中包含到公司总部所有 VLAN 的路由,包含到分部的静态路由,包含指向公网路由器 R4 的默认路由。

同理,可查看 S3、R1、R3、R4、R5 的路由表,验收一下路由表中的信息是否正确。

6.6.2 测试连通性

1. 测试总部与分部的连通性

在总部任一 PC 上 ping 与分部的连通性,这里选用在 PC1 上测试与 PC5 的连通性。操作如下:

```
ping 10.0.1.1
```

可以 ping 通,说明总部与分部互通。

2. 测试部与合作伙伴的连通性

(1) 测试 PC6 与 R4 的 S1/0/0 的连通性。操作如下:

```
ping 202.0.0.6
```

无法 ping 通。

(2) 测试 PC4 与 RT2 的 S1/0/0 的连通性。操作如下:

```
ping 202.0.0.1(在 PC1 上测试)
```

可以 ping 通,分部向合作伙伴方向只能 ping 通到 R2 的 S1/0/0 口。

同理,可以测试公司总部向合作伙伴方向只能 ping 通到 R2 的 S1/0/0 口。

3. 测试合作伙伴与总部以及分部方向的连通性

(1) 测试 PC6 与 R4 的 S1/0/1 的连通性。操作如下:

```
ping 202.0.1.1
```

无法 ping 通。

(2) 测试 PC6 与 R5 的 S1/0/1 的连通性。操作如下:

```
ping 202.0.1.2
```

可以 ping 通,合作伙伴与总部以及分部方向只能 ping 通到 R5 的 S1/0/1 口。

6.7 项目小结

添加动态路由实训操作中需要注意的事项如下:

(1) OSPF 路由中必须有骨干区域。

(2) 为了管理方便,不同路由器的进程号可一致。

(3) 使用多个路由协议的网络,必须在多个路由协议之间进行成功的路由引入,不同的路由协议间才可以相互通告路由信息,使网络互通。

(4) 要熟记路由引入代码。

6.8 知识扩展

6.8.1 VRRP 的概念

虚拟路由冗余协议(virtual router redundancy protocol,VRRP)是由 IETF 提出的解决局域网中配置静态网关出现单点失效现象的路由协议。1998 年已推出正式的 RFC 2338 协议标准。VRRP 广泛应用在边缘网络中,它的设计目标是支持特定情况下 IP 数据流量失败转移不会引起混乱,允许主机使用单路由器,以及及时在实际第一跳路由器使用失败的情形下仍能够维护路由器间的连通性。它是一种选择协议,可以把一个虚拟路由器的 IP 动态分配到局域网上的 VRRP 路由器中的一台。控制虚拟路由器 IP 地址的 VRRP 路由器称为主路由器,它负责转发数据包到这些虚拟 IP 地址,一旦主路由器不可用,这种选择过程就提供了动态的故障转移机制,这就允许虚拟路由器的 IP 地址可以作为终端主机的默认第一跳。它是一种 LAN 接入设备备份协议,一个局域网络内的所有主机都设置默认网关,这样主机发出的目的地址不在本网段的报文将被通过默认网关发往路由器或三层交换机,从而实现了主机和外部网络的通信。它是一种路由容错协议,也可以叫作备份路由协议,一个局域网络内的所有主机都设置默认路由,当网内主机发出的目的地址不在本网段时,报文将被通过默认路由发往外部路由器,从而实现了主机与外部网络的通信。当默认路由器端口关闭之后,内部主机将无法与外部通信。如果路由器设置了 VRRP 时,那么虚拟路由将启用备份路由器,从而实现全网通信。

6.8.2 VRRP 的使用环境

VRRP 是一种容错协议。通常一个网络内的所有主机都设置一条默认路由,这样主机发出的目的地址不在本网段的报文将被通过默认路由发往路由器 RouterA,从而实现了主机与外部网络的通信。当路由器 RouterA 坏掉时,本网段内所有以 RouterA 为默认路由下一跳的主机将断掉与外部通信时产生的单点故障。图 6-22 所示为局域网组网方案。

VRRP 就是为解决上述问题而提出的,它为具有多播组播或广播能力的局域网(如以太网)设计。VRRP 将局域网的一组路由器(包括一个主路由器和若干个备份路由器)组织成一个虚拟路由器,称为一个备份组。这个虚拟的路由器拥有自己的 IP 地址 10.100.10.1(这

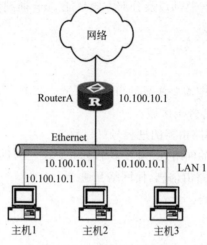

图 6-22   局域网组网方案

个 IP 地址可以和备份组内的某个路由器的接口地址相同,相同的则称为 IP 拥有者),备份组内的路由器也有自己的 IP 地址(如主路由器的 IP 地址为 10.100.10.2,备份路由器的 IP 地址为 10.100.10.3)。局域网内的主机仅仅知道这个虚拟路由器的 IP 地址 10.100.10.1,而并不知道具体的主路由器的 IP 地址 10.100.10.2 以及备份路由器的 IP 地址 10.100.10.3。它们将自己的缺省路由下一跳地址设置为该虚拟路由器的 IP 地址 10.100.10.1。于是,网络内的主机就通过这个虚拟的路由器与其他网络进行通信。如果备份组内的主路由器坏掉,备份路由器将会通过选举策略选出一个新的主路由器,继续向网络内的主机提供路由服务。从而实现网络内的主机不间断地与外部网络进行通信。

VRRP 组网示意图如图 6-23 所示。

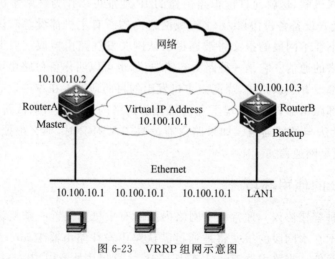

图 6-23   VRRP 组网示意图

6.8.3   VRRP 的工作原理

一个 VRRP 路由器有唯一的标识 VRID,范围为 0～255。该路由器对外表现为唯一的虚拟 MAC 地址,地址的格式为 00-00-5E-00-01-[VRID]。主路由器负责对 ARP 请求用该

MAC 地址做应答,这样,无论如何切换,保证给终端设备的是唯一一致的 IP 和 MAC 地址,减少了切换对终端设备的影响。VRRP 控制报文只有一种,名为 VRRP 通告,它使用 IP 多播数据包进行封装,组地址为 224.0.0.18,发布范围只限于同一局域网内,这保证了 VRID 在不同网络中可以重复使用。为了减少网络带宽消耗,只有主控路由器才可以周期性地发送 VRRP 通告报文。备份路由器在连续三个通告间隔内收不到 VRRP 或收到优先级为 0 的通告后,启动新的一轮 VRRP 选举。在 VRRP 路由器组中,按优先级选举主控路由器,VRRP 中优先级范围是 0～255。若 VRRP 路由器的 IP 地址和虚拟路由器的接口 IP 地址相同,则该 VRRP 路由器被称为该 IP 地址的所有者;IP 地址所有者自动具有最高优先级 255。优先级 0 一般用在 IP 地址所有者主动放弃主控者角色时使用。可配置的优先级范围为 1～254。优先级的配置原则可以依据链路的速度和成本、路由器性能和可靠性以及其他管理策略设定。主控路由器的选举中,高优先级的虚拟路由器获胜,因此,如果在 VRRP 组中有 IP 地址所有者,则它总是作为主控路由的角色出现。对于相同优先级的候选路由器,则按照 IP 地址大小顺序选举。VRRP 还提供了优先级抢占策略,如果配置了该策略,高优先级的备份路由器便会剥夺当前低优先级的主控路由器而成为新的主控路由器。

为了保证 VRRP 的安全性,提供了两种安全认证措施:明文认证和 IP 头认证。明文认证方式要求:在加入一个 VRRP 路由器组时,必须同时提供相同的 VRID 和明文密码。明文认证适用于避免局域网内的配置错误,但不能防止通过网络监听方式获得密码。IP 头认证的方式提供了更高的安全性,能够防止报文重放和修改等攻击。

6.8.4　VRRP 的备份组

VRRP 将局域网内的一组路由器划分在一起,称为一个备份组。备份组由一个主路由器和多个备份路由器组成,功能上相当于一台虚拟路由器。

VRRP 备份组具有以下特点。

- 虚拟路由器具有 IP 地址。局域网内的主机仅需要知道这个虚拟路由器的 IP 地址,并将其设置为默认路由的下一跳地址。
- 网络内的主机通过这个虚拟路由器与外部网络进行通信。
- 备份组内的路由器根据优先级,选举出主路由器,承担网关功能。当备份组内承担网关功能的主路由器发生故障时,其余的路由器将取代它继续履行网关职责,从而保证网络内的主机不间断地与外部网络进行通信。

1. 备份组中路由器的优先级

VRRP 根据优先级来确定备份组中每台路由器的角色(主路由器或备份路由器)。优先级越高,则越有可能成为主路由器。VRRP 优先级的取值范围为 0～255(数值越大表明优先级越高),可配置的范围是 1～254,优先级 0 为系统保留给特殊用途使用,255 则是系统保留给 IP 地址拥有者。当路由器为 IP 地址拥有者时,其优先级始终为 255。因此,当备份组内存在 IP 地址拥有者时,只要其工作正常,则为主路由器。

2. 备份组中路由器的工作方式

备份组中的路由器具有以下两种工作方式。

- 非抢占方式:如果备份组中的路由器工作在非抢占方式下,则只要主路由器没有出现故障,备份路由器即使随后被配置了更高的优先级也不会成为主路由器。

- 抢占方式:如果备份组中的路由器工作在抢占方式下,它一旦发现自己的优先级比当前的主路由器的优先级高,就会对外发送 VRRP 通告报文。导致备份组内路由器重新选举主路由器,并最终取代原有的主路由器。相应地,原来的主路由器将会变成备份路由器。

VRRP 接口的三种状态:初始状态、主状态、备份状态。

3. VRRP 工作过程

(1) 路由器使能 VRRP 功能后,会根据优先级确定自己在备份组中的角色。优先级高的路由器成为主路由器,优先级低的成为备份路由器。主路由器定期发送 VRRP 通告报文,通知备份组内的其他设备自己工作正常;备份路由器则启动定时器等待通告报文的到来。

(2) 在抢占方式下,当备份路由器收到 VRRP 通告报文后,会将自己的优先级与通告报文中的优先级进行比较。如果大于通告报文中的优先级,则成为主路由器,否则将保持备份状态。

(3) 在非抢占方式下,只要主路由器没有出现故障,备份组中的路由器始终保持活动或备份状态,备份路由器即使随后被配置了更高的优先级也不会成为主路由器。

(4) 如果备份路由器的定时器超时后仍未收到主路由器发送来的 VRRP 通告报文,则认为主路由器已经无法正常工作,此时备份路由器会认为自己是主路由器,并对外发送 VRRP 通告报文。备份组内的路由器根据优先级选举出主路由器,承担报文的转发功能。

6.8.5 VRRP 应用配置实例

VRRP 实验网络拓扑结构如图 6-24 所示。

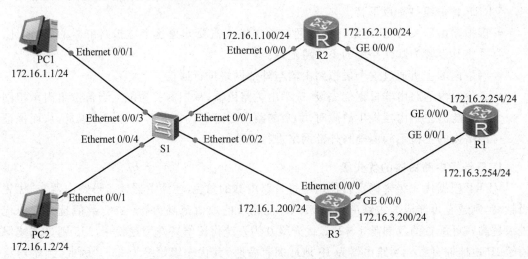

图 6-24 VRRP 实验的网络拓扑结构

(1) P1、P2、R1、R2、R3 基本配置(略)。

(2) OSPF 配置。

```
[R1]ospf 1
[R1-ospf-1]area 0
[R1-ospf-1-area-0.0.0.0]net 172.16.2.0 0.0.0.255
[R1-ospf-1-area-0.0.0.0]net 172.16.3.0 0.0.0.255
[R2]ospf 1
[R2-ospf-1]area 0
[R2-ospf-1-area-0.0.0.0]net 172.16.1.0 0.0.0.255
[R2-ospf-1-area-0.0.0.0]net 172.16.2.0 0.0.0.255
[R3]ospf 1
[R3-ospf-1]area 0
[R3-ospf-1-area-0.0.0.0]net 172.16.1.200 0.0.0.255
[R3-ospf-1-area-0.0.0.0]net 172.16.3.200 0.0.0.255
```

配置完成后,在 R1 上检查 OSPF 邻居建立情况。

```
[R1]display ospf peer brief
OSPF Process 1 with Router ID 172.16.2.254
Peer Statistic Information
----------------------------------------------------------------
Area Id        Interface            Neighbor id      State
0.0.0.0        GigabitEthernet0/0/0    172.16.1.100    Full
0.0.0.0        GigabitEthernet0/0/1    172.16.1.200    Full
----------------------------------------------------------------
```

可以观察到,此时 R1 已经与 R2、R3 成功建立起了 OSPF 邻居关系。

(3) 配置 VRRP。

```
[R2]int e0/0/0
[R2-Ethernet0/0/0]vrrp vrid 1 virtual-ip 172.16.1.254
[R2-Ethernet0/0/0]vrrp vrid 1 priority 120
[R3]int e0/0/0
[R3-Ethernet0/0/0]vrrp vrid 1 virtual-ip 172.16.1.254
```

配置完成后,在 R2 和 R3 上查看 VRRP 信息。

```
[R2]display vrrp
  Ethernet0/0/0 | Virtual Router 1
    State : Master
    Virtual IP : 172.16.1.254
    Master IP : 172.16.1.100
    PriorityRun : 120
    PriorityConfig : 120
    MasterPriority : 120
    Preempt : YES   Delay Time : 0 s
    TimerRun : 1 s
    TimerConfig : 1 s
    Auth type : NONE
    Virtual MAC : 0000-5e00-0101
    Check TTL : YES
    Config type : normal-vrrp
    Create time : 2022-07-19 10:40:29 UTC-08:00
    Last change time : 2022-07-19 10:40:33 UTC-08:00
```

```
[R3]display vrrp
  Ethernet0/0/0 | Virtual Router 1
    State : Backup
    Virtual IP : 172.16.1.254
    Master IP : 172.16.1.100
    PriorityRun : 100
    PriorityConfig : 100
    MasterPriority : 120
    Preempt : YES    Delay Time : 0 s
    TimerRun : 1 s
    TimerConfig : 1 s
    Auth type : NONE
    Virtual MAC : 0000-5e00-0101
    Check TTL : YES
    Config type : normal-vrrp
    Create time : 2022-07-19 10:41:22 UTC-08:00
    Last change time : 2022-07-19 10:41:22 UTC-08:00
      Type escape sequence to abort.
      Sending 5, 100-byte ICMP Echos to 10.1.1.1, timeout is 2 seconds:
      !!!!!
      Success rate is 100 percent (5/5), round-trip min/avg/max = 72/293/1084 ms
```

可观察到现在的 R2 的 VRRP 状态是活动的,R2 是备份的,两者都处于在 VRRP 备份组 1 中,且都是 0/0/0 接口运行在 VRRP 中。输出信息中的 PriorityRun 表示设备当前运行优先级,PriorityConfig 表示为该设备配置的优先级,MasterPriority 为该备份组中的 Master 的优先级。

(4) 验证 VRRP 的主、备切换。现在手动模拟网络出现故障,将 S1 的 E0/0/1 接口关闭。

```
[S1]int e0/0/1
[S1-Ethernet0/0/1]shutdown
[S1-Ethernet0/0/1]
```

经过 3s 左右,查看 R3 的 VRRP 信息。

```
[R3]display vrrp
  Ethernet0/0/0 | Virtual Router 1
    State : Master
    Virtual IP : 172.16.1.254
    Master IP : 172.16.1.200
    PriorityRun : 100
    PriorityConfig : 100
    MasterPriority : 100
    Preempt : YES    Delay Time : 0 s
    TimerRun : 1 s
    TimerConfig : 1 s
    Auth type : NONE
    Virtual MAC : 0000-5e00-0101
    Check TTL : YES
    Config type : normal-vrrp
```

```
Create time : 2022-07-19 10:41:22 UTC-08:00
Last change time : 2022-07-19 11:35:17 UTC-08:00
```

可以观察到 R3 切换成活动的,从而能确保用户对公网的访问,几乎感知不到故障的发生。

(5) 再次在 PC 上使用 traceroute 命令测试。

```
PC>tracert 172.16.2.254
traceroute to 172.16.2.254, 8 hops max
(ICMP), press Ctrl+C to stop
1  172.16.1.200  375 ms  47 ms  47 ms
2  172.16.2.254  109 ms  63 ms  62 ms
```

发现数据包发送路径已经切换到 R3。如果 R2 从故障中恢复,可以手动开启 S1 的 E0/0/1 接口。

```
[S1]int e0/0/1
[S1-Ethernet0/0/1]undo shutdown
```

查看 R2 和 R3 的 VRRP 工作状态。

```
[R2]display vrrp brief
VRID  State      Interface          Type     Virtual IP
-----------------------------------------------------------------
1     Master     Eth0/0/0           Normal   172.16.1.254
-----------------------------------------------------------------
Total:1    Master:1    Backup:0    Non-active:0

[R3]display vrrp brief
VRID  State      Interface          Type     Virtual IP
-----------------------------------------------------------------
1     Backup     Eth0/0/0           Normal   172.16.1.254
-----------------------------------------------------------------
Total:1    Master:0    Backup:1    Non-active:0
```

可以观察到活动的设备又立刻重新切换回 R2。

```
PC>tracert 172.16.2.254
traceroute to 172.16.2.254, 8 hops max
(ICMP), press Ctrl+C to stop
1  172.16.1.100  78 ms  47 ms  62 ms
2  172.16.2.254  63 ms  62 ms  78 ms
```

6.9 练习题

一、填空题

1. 刚出厂的路由器开机后进入到一种称为_____模式,使用_____键可以退出这种模式。

2. _____命令可以查看路由表。

3. 路由器的两大功能是_____和_____。

4. 路由器中保存配置的命令是_____或者_____。

5. 在同一自治系统中交换路由信息的协议称为_____。

6. OSPF 是一种典型的_____路由协议。

7. RIP 用_____作为度量值。

二、单项选择题

1. RIP 规定一条通路上最多可包含的路由器数量是(   )个。

    A. 1   B. 16   C. 15   D. 无数

2. 下列属于有类路由选择协议的是(   )。

    A. RIPv1   B. OSPF   C. RIPv2   D. 静态路由

3. 当 RIP 向相邻的路由器发送更新时,它使用(   )秒为更新计时的时间值。

    A. 30   B. 20   C. 15   D. 25

三、多项选择题

1. 解决路由环问题的方法有(   )。

    A. 水平分割   B. 路由保持法

    C. 路由器重启   D. 定义路由权的最大值

2. 距离矢量协议包括(   )。

    A. RIP   B. BGP   C. IS-IS   D. OSPF

3. 关于矢量距离算法,以下说法错误的是(   )。

    A. 矢量距离算法不会产生路由环路问题

    B. 矢量距离算法是靠传递路由信息来实现的

    C. 路由信息的矢量表示法是目标网络和度量值

    D. 使用矢量距离算法的协议只从自己的邻居获得信息

4. 在 RIP 中,计算度量值的参数是(   )。

    A. MTU   B. 时延   C. 带宽   D. 路由跳数

5. 下列关于链路状态算法的说法正确的是(   )。

    A. 链路状态是对路由的描述

    B. 链路状态是对网络拓扑结构的描述

    C. 链路状态算法本身不会产生自环路由

    D. OSPF 和 RIP 都使用链路状态算法

6. 在 OSPF 同一区域(区域 A)内,下列说法正确的是(   )。

    A. 每台路由器生成的 LSA 都是相同的

    B. 每台路由器根据该最短路径树计算出的路由都是相同的

    C. 每台路由器根据该 LSDB 计算出的最短路径树都是相同的

    D. 每台路由器的区域 A 的 LSDB(链路状态数据库)都是相同的

7. 在一个运行 OSPF 的自治系统之内(   )。

    A. 骨干区域自身也必须是连通的

    B. 非骨干区域自身也必须是连通的

C. 必须存在一个骨干区域(区域号为 0)

D. 非骨干区域与骨干区域必须直接相连或逻辑上相连

8. 下列关于 OSPF 协议的说法正确的是(　　)。

A. OSPF 支持基于接口的报文验证

B. OSPF 支持到同一目的地址的多条等值路由

C. OSPF 是一个基于链路状态算法的边界网关路由协议

D. OSPF 发现的路由可以根据不同的类型而有不同的优先级

9. 以下不属于动态路由协议的是(　　)。

A. RIP　　　　　　　B. ICMP　　　　　　C. IS-IS　　　　　　D. OSPF

10. 三种路由协议 RIP、OSPF、BGP 和静态路由各自得到了一条到达目标网络,在华为路由器默认情况下,最终选定(　　)路由作为最优路由。

A. RIP　　　　　　　B. OSPF　　　　　　C. BGP　　　　　　D. 静态路由

11. 关于 RIP,下列说法正确的有(　　)。

A. RIP 是一种 IGP　　　　　　　　　B. RIP 是一种 EGP

C. RIP 是一种距离矢量路由协议　　　D. RIP 是一种链路状态路由协议

12. RIP 是基于(　　)。

A. UDP　　　　　　　B. TCP　　　　　　C. ICMP　　　　　　D. 原始 IP

13. RIP 在收到某一邻居网关发布而来的路由信息后,下述对度量值的正确处理是(　　)。

A. 对本路由表中没有的路由项,只在度量值少于不可达时增加该路由项

B. 对本路由表中已有的路由项,当发送报文的网关相同时,只在度量值减少时更新该路由项的度量值

C. 对本路由表中已有的路由项,当发送报文的网关不同时,只在度量值减少时更新该路由项的度量值

D. 对本路由表中已有的路由项,当发送报文的网关相同时,只要度量值有改变,一定会更新该路由项的度量值

14. 关于 RIPv1 和 RIPv2,下列说法正确的是(　　)。

A. RIPv1 报文支持子网掩码

B. RIPv2 报文支持子网掩码

C. RIPv2 默认使用路由聚合功能

D. RIPv1 只支持报文的简单口令认证,而 RIPv2 支持 MD5 认证

15. 对路由器 A 配置 RIP,并在接口 S0(IP 地址为 10.0.0.1/24)所在网段使能 RIP 路由协议,使用的第一条命令是(　　)。

A. rip　　　　　　　　　　　　　B. rip 10.0.0.0

C. network 10.0.0.1　　　　　　D. network 10.0.0.0

16. 当接口运行在 RIP-2 广播方式时,它可以接收的报文有(　　)。

A. RIP-1 广播报文　　　　　　　B. RIP-1 组播报文

C. RIP-2 广播报文　　　　　　　D. RIP-2 组播报文

四、简答题

1. 静态路由和动态路由的区别是什么?

2. 动态路由分为哪几类？

3. 如何进行 RIP 路由配置？

4. RIPv1 和 RIPv2 的区别是什么？

5. OSPF 的特点有哪些？

6.10 项目实训

按图 6-25 网络拓扑结构搭建网络，并完成下面的具体要求。

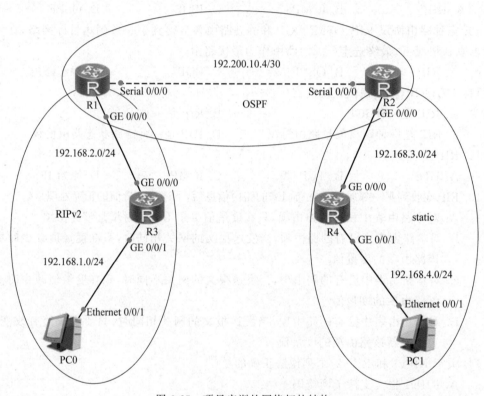

图 6-25 项目实训的网络拓扑结构

R1 的 S2/0 端口和 R2 的 S0/0/0 端口运行 OSPF，R1 的 G0/0/0 端口运行 RIPv2，R3 运行 RIPv2，R2 有指向 R4 的 192.168.4.0/24 网段的静态路由，R4 使用默认路由指向 RT2。 需要在 RT1 上重新分配 OSPF 和 RIP 路由，在 RT2 上重新分配静态路由和直连路由。

（1）路由器和 PC 的基本配置如表 6-5 所示。

表 6-5 设备的名称、接口和 IP 等参数

设备名称	接 口	IP 地址	子网掩码	默认网关
R1	G0/0/0	192.168.2.2	255.255.255.0	不适用
	S0/0/0	192.200.10.5	255.255.255.252	不适用
R2	G0/0/0	192.168.3.2	255.255.255.0	不适用
	S0/0/0	192.200.10.6	255.255.255.252	不适用

设备名称	接　口	IP 地址	子网掩码	默认网关
R3	G0/0/0	192.168.2.1	255.255.255.0	不适用
	G0/0/1	192.168.1.1	255.255.255.0	不适用
R4	G0/0/0	192.168.3.1	255.255.255.0	不适用
	G0/0/1	192.168.4.1	255.255.255.0	不适用
PC0	网卡	192.168.1.2	255.255.255.0	192.168.1.1
PC1	网卡	192.168.4.2	255.255.255.0	192.168.4.1

（2）按基本配置、路由配置和路由引入三个层次配置各路由器，每个层次配置完成后，逐个查看各路由器的路由表，并测试 PC0 与 PC1 的连通性。

项目 7
接入广域网

7.1　项目导入

AAA 公司最终需与 Internet 通信,为了增强广域网接入时的安全性,通常在公司或企业接入广域网的路由器上进行验证。可进行 PPP 的 PAP 验证,也可以进行 PPP 的 CHAP 验证。

7.2　职业能力目标和要求

- 了解 PPP、运行原理和验证方式。
- 掌握 PPP 的 CHAP 验证配置。
- 掌握 PPP 的 PAP 验证配置。
- 了解广域网接入的不同方式。

7.3　相关知识

7.3.1　PPP

广域网协议包括 PPP、HDLC 协议和帧中继(frame relay)协议等,本项目主要学习 PPP 的配置。

PPP(point to point protocol)点到点协议是 IETF(Internet engineering task force,因特网工程任务组)推出的点到点类型线路的数据链路层协议。PPP 是提供在点到点链路上承载网络层数据包的一种链路层协议,它提供了跨过同步和异步电路实现路由器到路由器(router-to-router)和主机到网络(host-to-network)的连接。PPP 定义了一整套的协议,包括链路控制协议(link control protocol,LCP,用于链路层参数的协商及建立、拆除和监控数据链路等)、网络层控制协议(network control protocol,NCP,支持不同网络层协议,如 IP、IPX 等)和验证协议(PAP 和 CHAP,用来验证 PPP 身份合法性,在一定程度上保证链路的安全性)。PPP 由于能够提供用户验证、易于扩充和支持同异步而获得较广泛的应用。

1. PPP 运行过程及原理

(1) 创建 PPP 链路,进入 LCP 开启状态。

(2) 使用验证协议 PAP 或 CHAP 进行用户验证。

(3) 调用网络层协议,如分配 IP 地址等。经过这 3 个阶段后,一条完整的 PPP 链路就建立起来了。

(4) 链路保持及数据传输。

(5) 链路关闭及撤销连接。如有明确的 LCP 或 NCP 帧关闭这条链路,或发生了某些外部事件,该链路便关闭,并撤销连接。

2. PPP 的验证方式

PPP 支持两种验证方式:PAP(password authentication protocol,口令验证协议)和 CHAP(challenge handshake authentication protocol,挑战握手验证协议)。

(1) PAP 为两次握手验证,口令为明文。PAP 验证过程如下(验证流程如图 7-1 所示)。

① 被验证方发送用户名和口令到验证方。

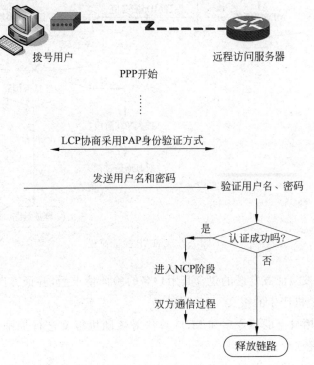

图 7-1 PAP 验证流程

② 验证方根据用户数据库查看是否有此用户以及口令是否正确,然后返回相应的响应。

(2) CHAP 为三次握手验证,口令为密文(密钥)。CHAP 验证过程如下(验证流程如图 7-2 所示)。

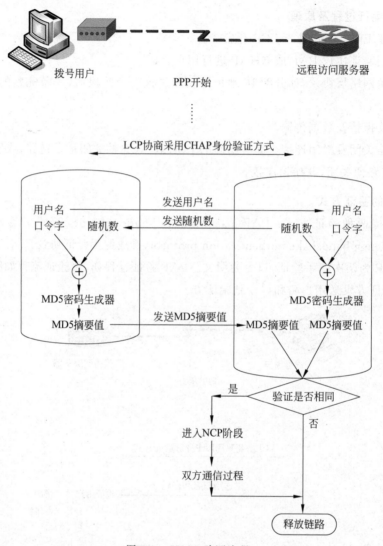

图 7-2　CHAP 验证流程

① 在接收到被验证方发送的包含其用户名的验证请求后,验证方向被验证方发送自己的主机名和一些随机产生的报文。

② 被验证方用自己的口令字和 MD5 算法对该随机报文进行加密,将生成的密文和自己的主机名一起发回验证方。

③ 验证方用自己保存的被验证方口令字和 MD5 算法对原随机报文加密,比较二者的密文,如相同则通过验证,否则验证失效。

7.3.2　PAP 验证配置

1. PPP 的 PAP 认证

（1）设置本端的 PPP 认证。命令如下：

```
[Huawei]int s4/0/0
[Huawei-Serial4/0/0]ppp authentication-mode pap domain domain
```

设置本端的 PPP 对对端设备的认证方式为 PAP，domain 为认证采用域名。

（2）配置本地认证信息。命令如下：

```
[Huawei]aaa
[Huawei-aaa]local-user username password cipher password
[Huawei-aaa]local-user username service-type ppp
```

Username 为对端认证方所使用的用户名，password 为密码。

（3）配置对端 PPP 的 PPP 认证。命令如下：

```
[Huawei]int s4/0/0
[Huawei-Serial4/0/0]ppp pap local-user username password cipher password
```

2. PAP 配置实例

例 7-1　为图 7-3 中的 R1 与 R2 配置 PPP 的 PAP 认证。要求路由器两端的验证密码为 huawei，路由协议使用 OSPF。

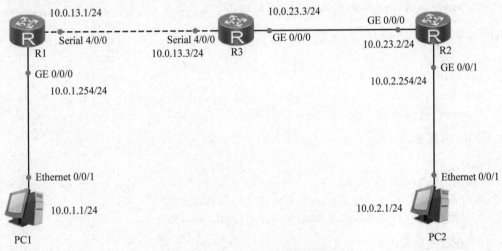

图 7-3　PPP 的 PAP 认证网络拓扑结构

路由器应当选用 AR2220，否则有些语句不能运行；同时由于 AR2220 初始没有串口，因此还需要外接串口。

（1）基本配置。

① R1 的配置。

```
[Huawei]sysname R1
[R1]int g0/0/0
```

```
[R1-GigabitEthernet0/0/0]ip address 10.0.1.254 24
[R1-GigabitEthernet0/0/0]int s0/0/0
[R1-Serial4/0/0]ip address 10.0.13.1 24
```

② R2 的配置。

```
[Huawei]sysname R2
[R2]int g0/0/1
[R2-GigabitEthernet0/0/1]ip address 10.0.2.254 24
[R2-GigabitEthernet0/0/1]int g0/0/0
[R2-GigabitEthernet0/0/0]ip address 10.0.23.2 24
```

③ R3 的配置。

```
[Huawei]sysname R3
[R3]int s0/0/0
[R3-Serial0/0/0]ip address 10.0.13.3 24
[R3-Serial4/0/0]int g0/0/0
[R3-GigabitEthernet0/0/0]ip address 10.0.23.3 24
```

(2) OSPF 配置。

① R1 的配置。

```
[R1]ospf
[R1-ospf-1]area 0
[R1-ospf-1-area-0.0.0.0]network 10.0.1.0 0.0.0.255
[R1-ospf-1-area-0.0.0.0]network 10.0.13.0 0.0.0.255
```

② R2 的配置。

```
[R2]ospf
[R2-ospf-1]area 0
[R2-ospf-1-area-0.0.0.0]network 10.0.2.0 0.0.0.255
[R2-ospf-1-area-0.0.0.0]network 10.0.23.0 0.0.0.255
```

③ R3 的配置。

```
[R3]ospf
[R3-ospf-1]area 0
[R3-ospf-1-area-0.0.0.0]network 10.0.13.0 0.0.0.255
[R3-ospf-1-area-0.0.0.0]network 10.0.23.0 0.0.0.255
```

(3) 查看路由表。

① R1 的路由表。

```
<R1>display ip routing-table
Route Flags: R -relay, D -download to fib
------------------------------------------------------------------
Routing Tables: Public
Destinations : 13              Routes : 13
Destination/Mask    Proto   Pre  Cost  Flags  NextHop      Interface
10.0.1.0/24         Direct  0    0     D      10.0.1.254   GigabitEthernet0/0/0
10.0.1.254/32       Direct  0    0     D      127.0.0.1    GigabitEthernet0/0/0
```

```
10.0.1.255/32       Direct  0   0    D    127.0.0.1    GigabitEthernet0/0/0
10.0.2.0/24         OSPF    10  50   D    10.0.13.3    Serial4/0/0
10.0.13.0/24        Direct  0   0    D    10.0.13.1    Serial4/0/0
10.0.13.1/32        Direct  0   0    D    127.0.0.1    Serial4/0/0
10.0.13.3/32        Direct  0   0    D    10.0.13.3    Serial4/0/0
10.0.13.255/32      Direct  0   0    D    127.0.0.1    Serial4/0/0
10.0.23.0/24        OSPF    10  49   D    10.0.13.3    Serial4/0/0
127.0.0.0/8         Direct  0   0    D    127.0.0.1    InLoopBack0
127.0.0.1/32        Direct  0   0    D    127.0.0.1    InLoopBack0
127.255.255.255/32  Direct  0   0    D    127.0.0.1    InLoopBack0
255.255.255.255/32  Direct  0   0    D    127.0.0.1    InLoopBack0
```

② R2 的路由表。

```
<R2>display ip routing-table
Route Flags: R -relay, D -download to fib
-------------------------------------------------------------
Routing Tables: Public
Destinations : 12           Routes : 12
Destination/Mask    Proto   Pre Cost Flags NextHop      Interface
10.0.1.0/24         OSPF    10  50   D    10.0.23.3    GigabitEthernet0/0/0
10.0.2.0/24         Direct  0   0    D    10.0.2.254   GigabitEthernet0/0/1
10.0.2.254/32       Direct  0   0    D    127.0.0.1    GigabitEthernet0/0/1
10.0.2.255/32       Direct  0   0    D    127.0.0.1    GigabitEthernet0/0/1
10.0.13.0/24        OSPF    10  49   D    10.0.23.3    GigabitEthernet0/0/0
10.0.23.0/24        Direct  0   0    D    10.0.23.2    GigabitEthernet0/0/0
10.0.23.2/32        Direct  0   0    D    127.0.0.1    GigabitEthernet0/0/0
10.0.23.255/32      Direct  0   0    D    127.0.0.1    GigabitEthernet0/0/0
127.0.0.0/8         Direct  0   0    D    127.0.0.1    InLoopBack0
127.0.0.1/32        Direct  0   0    D    127.0.0.1    InLoopBack0
127.255.255.255/32  Direct  0   0    D    127.0.0.1    InLoopBack0
255.255.255.255/32  Direct  0   0    D    127.0.0.1    InLoopBack0
```

③ R3 的路由表。

```
<R3>display ip routing-table
Route Flags: R -relay, D -download to fib
-------------------------------------------------------------
Routing Tables: Public
Destinations : 13           Routes : 13
Destination/Mask    Proto   Pre Cost Flags NextHop      Interface
10.0.1.0/24         OSPF    10  49   D    10.0.13.1    Serial4/0/0
10.0.2.0/24         OSPF    10  2    D    10.0.23.2    GigabitEthernet0/0/0
10.0.13.0/24        Direct  0   0    D    10.0.13.3    Serial4/0/0
10.0.13.1/32        Direct  0   0    D    10.0.13.1    Serial4/0/0
10.0.13.3/32        Direct  0   0    D    127.0.0.1    Serial4/0/0
10.0.13.255/32      Direct  0   0    D    127.0.0.1    Serial4/0/0
10.0.23.0/24        Direct  0   0    D    10.0.23.3    GigabitEthernet0/0/0
10.0.23.3/32        Direct  0   0    D    127.0.0.1    GigabitEthernet0/0/0
10.0.23.255/32      Direct  0   0    D    127.0.0.1    GigabitEthernet0/0/0
127.0.0.0/8         Direct  0   0    D    127.0.0.1    InLoopBack0
127.0.0.1/32        Direct  0   0    D    127.0.0.1    InLoopBack0
```

```
127.255.255.255/32 Direct 0    0    D    127.0.0.1    InLoopBack0
255.255.255.255/32 Direct 0    0    D    127.0.0.1    InLoopBack0
```

R1、R2、R3 的路由表中包含了所有网段的路由信息。

(4) 测试连通性。此时,PC1 和 PC2 互通,原因是它们拥有了可达对方的路由。

(5) 配置 PPP 的 PAP 认证。下面配置 PPP 的 PAP 认证时,先配置 RTA 端,再配置 RTB 端。

① 设置本端的 PPP。

```
[R3]int s4/0/0      //设置本端的 PPP 对对端设备的认证方式为 PAP,认证采用域名为 huawei
[R3-Serial4/0/0]ppp authentication-mode pap domain huawei
```

② 配置认证路由器 R3 的本地认证信息。

```
[R3]aaa
[R3-aaa]local-user R1@huaweiyu password cipher Huawei
//设定对端认证方所使用的用户名为 R1@huaweiyun,密码为 Huawei
[R3-aaa]local-user R1@huaweiyu service-type ppp
```

③ 重启 R1 与 R3 相连接口。

```
[R3]int s4/0/0
[R3-Serial4/0/0]shutdown
[R3-Serial4/0/0]undo shutdown
```

④ 检查 PC1、PC2 检查链路的连通性。

```
PC>ping 10.0.2.1
```

显示如下:

```
ping 10.0.2.1: 32 data bytes, Press Ctrl_C to break
Request timeout!
Request timeout!
Request timeout!
Request timeout!
Request timeout!
```

此时 PC1 和 PC2 间无法正常通信,因为没有经过身份验证。要想让 PC1、PC2 实现通信,必须使两个设备的 PAP 验证成功,第⑥步我们将配置 R1 路由器上的验证。

⑤ 在 R1 上配置 PAP。

```
[R1]int s4/0/0      //配置本端被对端以 PAP 方式验证时,本地发送的 PAP 用户名和密码
[R1-Serial4/0/0]ppp pap local-user R1@huaweiyu password cipher Huawei
```

⑥ 测试连通性。此时,PC0 和 PC1 可以互通。

7.3.3 CHAP 验证配置

对例 7-1 中串口链路进行抓包观察,观察报文中的用户名与密码。

在抓包前必须关闭重启接口,因为 PPP 链路只有协商阶段才会在报文中携带用户名与密码,如图 7-4 所示。

注 意

```
> Frame 6: 27 bytes on wire (216 bits), 27 bytes captured (216 bits) on interface 0
> Point-to-Point Protocol
✓ PPP Password Authentication Protocol
    Code: Authenticate-Request (1)
    Identifier: 1
    Length: 23
  ✓ Data
      Peer-ID-Length: 11
      Peer-ID: R1@huaweiyu
      Password-Length: 6
      Password: Huawei
```

图 7-4　报文中携带用户名和密码

　　可以观察到,在数据包中很容易找到所配置的用户名和密码。Peer-ID 显示内容为用户名,Password 显示内容为密码。由此验证了使用 PAP 认证时,口令将以明文方式在链路上传送,并且完成 PPP 链路的建立后,会不停地在链路上反复发送用户名和口令。而使用 CHAP 认证时,口令用 MD5 算法加密后在链路上发送,能有效地防止攻击。

1. PPP 的 CHAP 验证配置
(1) 配置命令。设置本端的 PPP 认证。命令如下:

CHAP 验证配置

```
[Huawei]int s4/0/0
[Huawei -Serial4/0/0]ppp authentication-mode CHAP
```

设置本端的 PPP 对对端设备的认证方式为 CHAP。
(2) 配置本地认证信息。命令如下:

```
[Huawei]aaa
[Huawei -aaa]local-user username password cipher password
[Huawei -aaa]local-user username service-type ppp
```

Username 为对端认证方所使用的用户名,password 为密码。
(3) 配置对端 PPP 的 PPP 认证。命令如下:

```
[Huawei]int s4/0/0
[Huawei -Serial4/0/0]ppp pap local-user username password cipher password
```

2. 配置实例
例 7-2　将例 7-1 中的验证方式修改为 CHAP 认证。
(1) 删除原有的 PAP 配置,域名保持不变。

```
[R1]int s4/0/0
[R1-Serial4/0/0]undo ppp pap local-user
[R3]int s4/0/0
[R3-Serial4/0/0]undo ppp authentication-mode
```

(2) 配置 PPP 的认证方式为 CHAP。

```
[R3]int s4/0/0
[R3-Serial4/0/0]ppp authentication-mode chap
//配置 PPP 认证方式为 CHAP
[R3-Serial4/0/0]q
[R3]aaa
```
//配置信息存储在本地,对端认证方所使用的用户名为 R1,密码为 huawei,其余认证方案和域的配置保持不变
```
[R3-aaa]local-user R1 password cipher huawei
[R3-aaa]local-user R1 service-type ppp
```

(3) 配置完成后,关闭连接接口一段时间后再打开,使链路重新协商,查看链路状态,并测试连通性。

```
PC>ping 10.0.2.1
```

显示如下:

```
ping 10.0.2.1: 32 data bytes, Press Ctrl_C to break
Request timeout!
Request timeout!
Request timeout!
Request timeout!
Request timeout!
```

PC1 和 PC2 间无法通信。

(4) 在对端配置 CHAP 认证的用户名和密码。

```
[R1]int s4/0/0
[R1-Serial4/0/0]ppp chap user R1
[R1-Serial4/0/0]ppp chap password cipher Huawei
```

配置完成,PC1 与 PC2 之间通信正常,此时再次抓取数据包查看,如图 7-5 所示。

```
> Frame 7: 27 bytes on wire (216 bits), 27 bytes captured (216 bits) on interface 0
> Point-to-Point Protocol
∨ PPP Challenge Handshake Authentication Protocol
    Code: Response (2)
    Identifier: 1
    Length: 23
  ∨ Data
      Value Size: 16
      Value: 3e2a1696c844ed7a58669f390d3a934d
      Name: R1
```

图 7-5 抓取数据包查看信息

可以观察到,现在的数据包内容已经为加密方式发送,安全性得到提高。

7.4 项目设计与准备

1. 项目设计
公司总部以及公司分部最终需与 Internet 通信,为了增强广域网接入时的安全性,在公

司外网接入路由器 R2 和公网路由器 R4 之间添加 PPP 的 CHAP 验证,在 R4 与 R5 之间添加 PPP 的 PAP 验证。

2. 项目准备

方案一:真实设备操作(以组为单位,小组成员协作,共同完成实训)。

- 华为交换机、配置线、台式机或笔记本电脑。
- 用项目 6 的配置结果。

方案二:在模拟软件中操作(以组为单位,成员相互帮助,各自独立完成实训)。

- 安装有华为 eNSP 的计算机,每人一台。
- 用项目 6 的配置结果。

7.5　项目实施

1. 为 R2 和 R4 之间添加 PPP 的 CHAP 验证,路由器两端的验证密码为 huawei

(1) R4 在接口配置 PPP。

```
[R4]int s1/0/0
[R4-Serial1/0/0]ppp authentication-mode chap
[R4]aaa
[R4-aaa]local-user R2 password cipher huawei
Info: Add a new user.
[R4-aaa]local-user R2 servoce-type ppp
```

(2) 配置完成后,关闭连接接口一段时间后再打开,使链路重新协商,查看链路状态,并测试连通性。

```
[R4]ping 202.0.0.1
```

项目实施

显示如下:

```
ping 202.0.0.1: 56   data bytes, press Ctrl_C to break
Request time out!
Request time out!
Request time out!
Request time out!
Request time out!
```

R2 和 PR4 之间无法通信。

(3) R2 在接口下配置 CHAP 认证的用户名和密码。

```
[R2]int s1/0/0
[R2-Serial1/0/0]ppp chap user R2
[R2-Serial1/0/0]ppp chap password cipher huawei
```

(4) 配置完成后,验证 R2 与 R4 可以通信。

```
[R4]ping 202.0.0.1
```

显示如下:

```
ping 202.0.0.1: 56   data bytes, press Ctrl_C to break
Reply from 202.0.0.1: bytes=56 Sequence=1 ttl=255 time=60 ms
Reply from 202.0.0.1: bytes=56 Sequence=2 ttl=255 time=30 ms
Reply from 202.0.0.1: bytes=56 Sequence=3 ttl=255 time=20 ms
Reply from 202.0.0.1: bytes=56 Sequence=4 ttl=255 time=20 ms
Reply from 202.0.0.1: bytes=56 Sequence=5 ttl=255 time=10 ms
```

2. 为 R4 和 R5 之间添加 PPP 的 CHAP 验证,路由器两端的验证密码为 huawei

(1) R5 的配置。

```
[R5]int s1/0/1
[R5-Serial1/0/1]ppp authentication-mode chap
[R5-Serial1/0/1]q
[R5]aaa
[R5-aaa]local-user R4 password cipher huawei
Info: Add a new user.
[R5-aaa]local-user R4 service-type ppp
```

(2) R4 的配置。

```
[R4]int s1/0/1
[R4-Serial1/0/1]ppp chap user R4
[R4-Serial1/0/1]ppp chap password cipher huawei
```

(3) 配置完成后,验证 R4 与 R5 之间通信正常。

```
[R4]ping 202.0.1.2
```

显示如下:

```
ping 202.0.1.2: 56   data bytes, press Ctrl_C to break
Reply from 202.0.1.2: bytes=56 Sequence=1 ttl=255 time=20 ms
Reply from 202.0.1.2: bytes=56 Sequence=2 ttl=255 time=20 ms
Reply from 202.0.1.2: bytes=56 Sequence=3 ttl=255 time=40 ms
Reply from 202.0.1.2: bytes=56 Sequence=4 ttl=255 time=30 ms
Reply from 202.0.1.2: bytes=56 Sequence=5 ttl=255 time=20 ms
```

7.6   项目验收

下面进行 PPP 配置验收。

(1) 配置完成后,验证 R2 与 R4 之间可以通信。

```
[R4]ping 202.0.0.1
```

显示如下:

```
ping 202.0.0.1: 56   data bytes, press Ctrl_C to break
Reply from 202.0.0.1: bytes=56 Sequence=1 ttl=255 time=60 ms
Reply from 202.0.0.1: bytes=56 Sequence=2 ttl=255 time=30 ms
Reply from 202.0.0.1: bytes=56 Sequence=3 ttl=255 time=20 ms
Reply from 202.0.0.1: bytes=56 Sequence=4 ttl=255 time=20 ms
```

```
Reply from 202.0.0.1: bytes=56 Sequence=5 ttl=255 time=10 ms
```

（2）配置完成后，验证 R4 与 R5 之间通信正常。

[R4]ping 202.0.1.2

显示如下：

```
ping 202.0.1.2: 56   data bytes, press Ctrl_C to break
Reply from 202.0.1.2: bytes=56 Sequence=1 ttl=255 time=20 ms
Reply from 202.0.1.2: bytes=56 Sequence=2 ttl=255 time=20 ms
Reply from 202.0.1.2: bytes=56 Sequence=3 ttl=255 time=40 ms
Reply from 202.0.1.2: bytes=56 Sequence=4 ttl=255 time=30 ms
Reply from 202.0.1.2: bytes=56 Sequence=5 ttl=255 time=20 ms
```

7.7 项目小结

目前最流行的 WAN 技术的工作方式以及在华为路由器上比较常用的广域网协议配置包括 PPP、HDLC、帧中继和 DDN 等。PPP CHAP 认证的配置中对端路由器验证密码要一致。

7.8 知识扩展

1. 广域网技术基础

广域网（WAN）是使用电信业务网提供的数据链路在广阔的地理区域以一定的带宽进行互联的网络。电信业务网是电信运营商面向广大公众提供电信业务的网络。为了能给用户提供多种电信业务，满足不同用户的电信需求，电信运营商建立了多种电信业务网络。

目前可以利用电信传输网提供的广域网接入方式主要有以下几种。

（1）电路交换：由 ISP 为企业远程网络间通信提供的临时数据传输通道，其操作特性类似电话拨号技术，如图 7-6 所示。

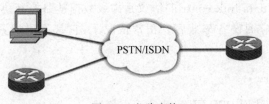

图 7-6 电路交换

典型的电路交换技术有 PSTN 模拟信号、ISDN 数字拨号。

（2）分组交换：由 ISP 为企业多个远程节点间通信提供的一种共享物理链路的 WAN 技术，如图 7-7 所示。

典型分组交换技术有 FR、ATM、X.25。

（3）专线技术：由 ISP 为企业远程网络节点之间通信提供的点到点专有线路连接的 WAN 链路技术，如图 7-8 所示。

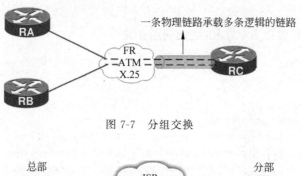

图 7-7　分组交换

图 7-8　专线技术

典型的专线技术有 DDN 专线、E1 专线、POS 专线、以太网专线。

(4) 虚拟专用网：通过一个公用网络(通常是因特网)建立一个临时的、安全的连接，是一条穿过混乱的公用网络的安全、稳定的隧道，如图 7-9 所示。

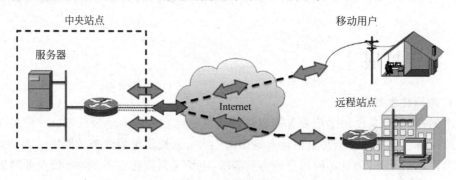

图 7-9　虚拟专用网

2. HDLC 协议及其配置

HDLC(high-level data link control)协议是高级数据链路控制协议，它是串行线路的默认封装协议，与其他供应商设备部兼容。正常情况下，它是不用配置的。HDLC 配置命令如下：

```
link-protocol hdlc
```

其他配置和验证方法同 PPP 配置，此处不再赘述。

7.9　练习题

一、填空题

1. 广域网协议包括_____、_____和_____等。

2. PPP 是提供在_____链路上承载网络层数据包的一种_____协议。

3. PPP 定义了一整套的协议，包括_____、_____和_____。

4. PPP 支持两种验证方式：_____和_____。

5. PAP 为_____握手验证，CHAP 为_____握手验证。

二、简答题

1. 广域网协议有哪些？

2. PPP 的 PAP 和 CHAP 两种认证方式有什么特点？它们是如何应用的？

3. PPP 做广域网链接时需要注意什么？

7.10 项目实训

根据图 7-10 搭建网络，并按图中所标识的左半部分配置 OSPF 协议，采用 CHAP 验证，右半部分配置 RIPv2 协议；采用 PAP 验证，使三台 PC 相互能 ping 通。

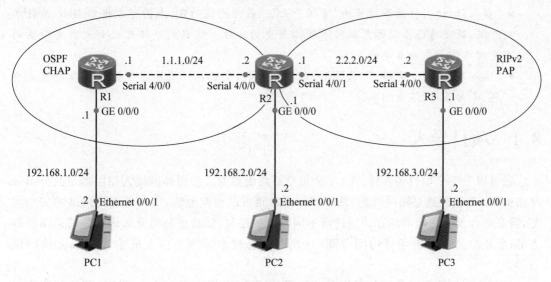

图 7-10 随堂实训的网络拓扑结构

（1）基本配置。配置 PC 及路由器各接口的 IP 地址。

（2）路由配置。左半部分配置 OSPF 协议，右半部分配置 RIPv2 协议，并相互引入，使 3 台 PC 相互能通信。

（3）验证配置。R1 与 R2 之间采用 CHAP 验证，R2 与 R3 之间采用 PAP 验证，并测试 3 台 PC 的连通性。

项目 8
控制子网间的访问

8.1　项目导入

通过以上 7 个项目的实施,AAA 公司总部路由器 R1、公司外网接入路由器 R2、公司分部路由器 R3 已经通过路由可达,总部和分部之间可以相互通信,但是考虑到网络的安全问题,需要对各部分之间的相互访问进行不同程度的控制,如禁止公司分部访问公司总部的财务部;禁止总公司的市场部访问分部;只允许信息技术部的工作人员通过 Telnet 访问设备等。

如何实现这些不同的控制目标呢? 很简单,可以在相应路由器上配置访问控制列表来完成。

8.2　职业能力目标和要求

- 掌握 ACL 的工作原理及类型。
- 掌握 ACL 的配置及删除方法。
- 能根据实际工作的需求在合适的位置部署相应的访问控制列表,以实现对网络中的访问数据流的控制,达到限制非法的未授权的数据服务,提高网络的安全性。

8.3　相关知识

8.3.1　ACL 的概念及用途

访问控制列表技术是一种重要的软件防火墙技术,配置在网络互联设备上,为网络提供安全保护功能。访问控制列表中包含了一组安全控制和检查的命令列表,一般应用在交换机或者路由器接口上,这些指令列表告诉路由器哪些数据包可以通过,哪些数据包需要拒绝。至于什么样特征的数据包被接收还是被拒绝,可以由数据包中携带的源地址、目的地址、端口号、协议等包的特征信息来决定。

访问控制列表技术通过对网络中所有的输入和输出访问数据流进行控制,过滤掉网络中非法的未授权的数据服务,限制通过网络中的流量,是对通信信息起到控制的手段,用来提高网络的安全性能。

1. 什么是访问控制列表

访问控制列表(access control lists,ACL)也称为访问列表(access lists),使用包过滤技术,在路由器上读取经过路由器接口上的数据报文的第三层及第四层包头中的信息,如源地址、目的地址、源端口、目的端口等,根据预先定义好的规则对包进行过滤,从而达到访问控制的目的。

2. ACL 用途

ACL 的用途很多,主要包括以下几项。

(1) 限制网络流量,提高网络性能。

(2) 提供对通信流量的控制手段。

(3) 提供网络访问的基本安全手段。

(4) 在路由器(交换机)接口处决定哪种类型的通信流量被转发,哪种被阻塞。

8.3.2 ACL 的工作过程

ACL 的工作分入站访问控制操作过程和出站访问控制操作过程这两种情况,下面分别介绍。

1. 入站访问控制操作过程

(1) 相关内容。相对网络接口来说,从网络上流入该接口的数据包为入站数据流,对入站数据流的过滤控制称为入站访问控制。如果一个入站数据包被访问控制列表禁止,那么该数据包被直接丢弃。只有那些被 ACL 允许的入站数据包才进行路由查找与转发处理。入站访问控制节省了那些不必要的路由查找、转发的开销。

(2) 工作原理。当数据包流入路由器的入站接口时,路由器首先检查接该口是否应用了 ACL,如果有,则利用该数据包的源地址或目标地址依次比对访问控制列表中的列表项,即逻辑测试。若测试结果为允许该数据包流入,则转到路由表中进行路由查找;若是查找到,则选择该网络接口将数据包转发出去,否则就将该数据包丢弃;若是逻辑测试结果为拒绝,则直接丢弃该数据包,而不再查找路由表。其工作原理逻辑图如图 8-1 所示。

2. 出站访问控制操作过程

(1) 相关内容。

① 从网络接口流出到网络的数据包,称为出站数据流。

② 出站访问控制是对出站数据流的过滤控制。

③ 那些被允许的入站数据流需要进行路由转发处理。

④ 在转发之前,交由出站访问控制进行过滤控制操作。

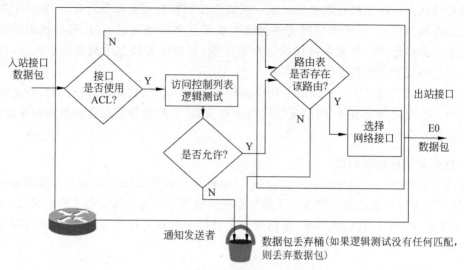

图 8-1　入站访问控制操作过程原理

（2）工作原理。当数据包流入路由器的入站接口时,路由器首先查找路由表,若没有找到相应的路由信息,则直接丢弃数据包;若找到,则选择相应的网络接口,检查接该口是否应用了 ACL。如果已经应用了 ACL,则利用该数据包的源地址或目标地址依次比对访问控制列表中的列表项,若测试结果允许该数据包流入,则将数据包从该接口转发出去;若是逻辑测试结果为拒绝,则直接丢弃该数据包。其工作原理逻辑图如图 8-2 所示。

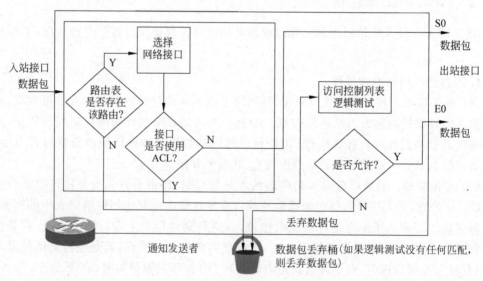

图 8-2　出站访问控制操作过程原理

3. ACL 的逻辑测试过程

无论是入站访问控制还是出站访问控制,当发现该接口上使用了 ACL 时,都要经过下面的逻辑测试过程。

按照规则的顺序依次进行匹配判断,如果匹配第一条规则,则使用该规则规定的动作

（允许或拒绝）来处理数据报文,而不再继续匹配后面的所有规则;如果不匹配,则依次往下进行匹配判断。若发现匹配成功,则不再继续匹配。若所有规则都测试完毕,仍没有发现相匹配的规则,则使用默认规则丢弃该数据报文。其工作原理逻辑图如图 8-3 所示。

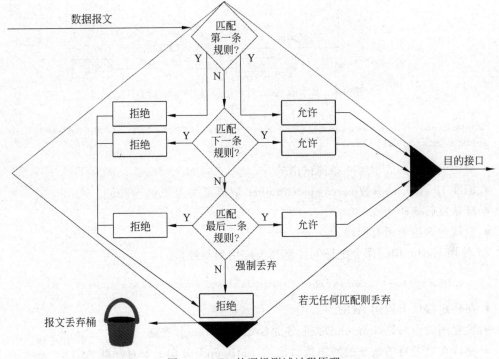

图 8-3　ACL 的逻辑测试过程原理

8.3.3　ACL 分类

按照使用方式及习惯不同,华为 ACL 可以分为基本 ACL 和高级 ACL 两种情况。这里我们主要学习用这种方式配置访问控制列表的方法。

访问控制列表使用不同的编号区别不同的访问控制列表,其中基本的访问控制列表的编号取值范围为 2000～2999;高级的扩展访问控制列表编号取值范围为 3000～3999。这两种 ACL 的区别是:基本的 ACL 只匹配、检查数据包头中的源地址信息;高级 ACL 不仅仅匹配检查数据包中源地址信息,还检查数据包的目的地址、特定协议类型、端口号等。高级的 ACL 提高了对数据流的检查细节,为网络访问提供更多的访问控制功能。

基本 ACL 配置

1. 基本的访问控制列表

基本的 ACL 对数据包过滤的示意图如图 8-4 所示。

1）基本 ACL 配置

（1）配置步骤。

① 使用 acl 命令创建访问控制列表。

高级 ACL 配置

```
[Huawei] acl access-list-number
```

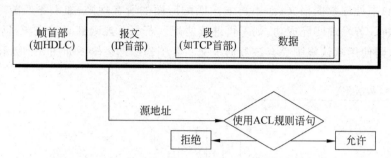

图 8-4　基本的 ACL 对数据包过滤的示意图

```
[Huawei-acl-basic-access-list-number] rule access-list-number {permit|deny}
source [source-wildcard]
```

- 为访问控制列表增加一条测试语句。
- 标准 IP ACL 的参数 access-list-number 取值范围为 2000～2999。
- 默认反转掩码为 0.0.0.0。
- 默认包含拒绝所有网段。

② 使用 traffic-filte 命令把访问控制列表应用到某接口。

```
[Huawei]traffic-filter {inbound|outbound} acl access-list-number
```

- 在特定接口上启用 ACL。
- 设置测试为入站(inbound)控制还是出站(outbound)控制。
- 建议在靠近目的地址的网络接口出站(outbound)方向上设置标准 ACL。

编号的标准访问控制列表只对源地址进行过滤,这样不会影响其他的访问。例如,禁止 pc0 访问 pc1,用在 g0/0 口上,不影响 pc0 访问 pc2,如图 8-5 所示。

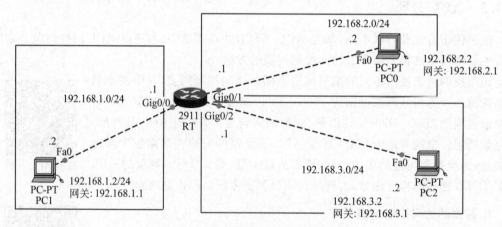

图 8-5　标准 ACL 只对源地址进行过滤

- undo access-group access-list-number 命令在特定接口禁用 ACL。

(2) 说明。

① host 关键字。host 的测试条件是检查所有的地址位。一个 IP 地址的 host 关键字示例如图 8-6 所示。

例如,172.30.16.29 0.0.0.0 表示检查所有的地址位,可以使用 host 关键字将以上语句简写为:

```
host 172.30.16.29
```

② any 关键字。any 的测试条件是忽略所有的地址位。任何 IP 地址的 any 关键字示例如图 8-7 所示。

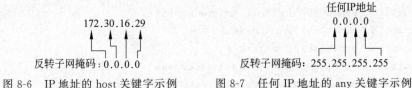

图 8-6 IP 地址的 host 关键字示例   图 8-7 任何 IP 地址的 any 关键字示例

例如,0.0.0.0 255.255.255.255 表示接收任何地址,可以使用关键字 any 将上语句简写为:

```
any
```

2) 编号的标准 ACL 实例

例 8-1   如图 8-8 所示,在路由器 RT 上配置只允许 192.168.1.0/24 网段和 192.168.2.2/24 主机访问 192.168.3.0/24 网段编号的标准 ACL。

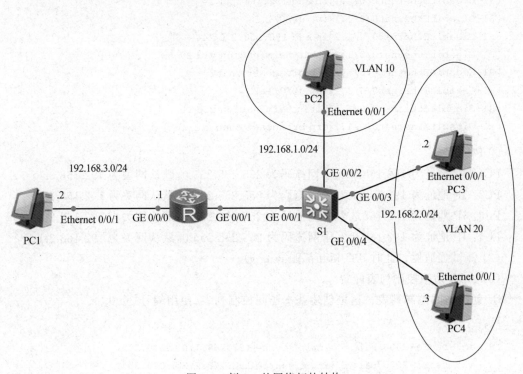

图 8-8 例 8-1 的网络拓扑结构

(1)基本配置。

① 交换机配置。

```
[S1]vlan 10
[S1-vlan10]vlan 20
[S1-vlan20]quit
[S1]int g0/0/2
[S1-GigabitEthernet0/0/2]port link-type access
[S1-GigabitEthernet0/0/2]port default vlan 10
[S1-GigabitEthernet0/0/2]int g0/0/3
[S1-GigabitEthernet0/0/3]port link-type access
[S1-GigabitEthernet0/0/3]port default vlan 20
[S1-GigabitEthernet0/0/3]int g0/0/4
[S1-GigabitEthernet0/0/4]port link-type access
[S1-GigabitEthernet0/0/4]port default vlan 20
[S1-GigabitEthernet0/0/4]int g0/0/1
[S1-GigabitEthernet0/0/1]port link-type trunk
[S1-GigabitEthernet0/0/1]port trunk allow-pass vlan all
```

② 路由器配置。

```
[R1]int g0/0/0
[R1-GigabitEthernet0/0/0]ip add 192.168.3.1 24
[R1-GigabitEthernet0/0/0]int g0/0/1.1
[R1-GigabitEthernet0/0/1.1]ip add 192.168.1.1 24
[R1-GigabitEthernet0/0/1.1]int g0/0/1.2
[R1-GigabitEthernet0/0/1.2]ip add 192.168.2.1 24
[R1-GigabitEthernet0/0/1.2]dot1q termination vid 20
[R1-GigabitEthernet0/0/1.2]arp broadcast enable
[R1-GigabitEthernet0/0/1.2]int g0/0/1.1
[R1-GigabitEthernet0/0/1.1]dot1q termination vid 10
[R1-GigabitEthernet0/0/1.1]arp broadcast enable
```

③ PC 配置。

PC1：IP 地址为 192.168.3.2,子网掩码为 255.255.255.0,默认网关为 192.168.3.1。

PC2：IP 地址为 192.168.1.2,子网掩码为 255.255.255.0,默认网关为 192.168.1.1。

PC3：IP 地址为 192.168.2.2,子网掩码为 255.255.255.0,默认网关为 192.168.2.1。

PC4：IP 地址为 192.168.2.3,子网掩码为 255.255.255.0,默认网关为 192.168.2.1。

(2) 测试连通性。此时,PC 相互都能 ping 通。

(3) ACL 访问控制列表配置。

① 创建访问控制列表。这里创建基本访问控制列表,使用编号 2000。

```
[R1]acl 2000
[R1-acl-basic-2000]rule 5 permit source 192.168.1.0 0.0.0.255
[R1-acl-basic-2000]rule 5 permit source 192.168.2.2 0.0.0.0
//192.168.2.2 0.0.0.0 也可以写成 host 192.168.2.2
[R1-acl-basic-2000]rule 10 deny 192.168.2.0 0.0.0.255
//拒绝除 192.168.2.2 之外的该网段中的其他主机访问。下行代码包含该功能,因此可省略
[R1-acl-basic-2000]rule 10 deny source any
```

//any 也可以用 0.0.0.0 255.255.255.255 代替。系统默认包含拒绝所有网段通过,因此也可以不写该行代码

② 把访问控制列表应用到接口上。因最好在靠近目的地址的网络接口上设置 ACL,这里把访问控制列表应用到 G0/0/0 接口的 outbound 方向上。

```
[R1]int g0/0/0
[R1-GigabitEthernet0/0/0]traffic-filter outbound acl 2000
```

(4) 测试连通性。此时,PC2、PC3 能 ping 通 PC1,但 PC4 不能 ping 通 PC1,原因是访问控制列表已生效。

2. 高级的访问控制列表

高级 ACL(编号为 3000~3999)可以测试 IP 报文的源地址、目的地址、协议、端口号。高级 ACL 对数据包过滤的示意图如图 8-9 所示。

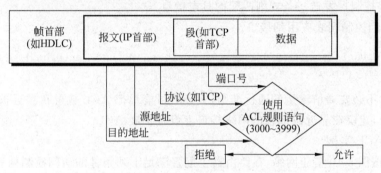

图 8-9　高级 ACL 对数据包过滤的示意图

1) 高级 ACL 配置

(1) 创建访问控制列表。

```
[Huawei-acl-adv-3000]rule access-list access-list-number {permit|deny}
protocol source source-wildcard[operator port]destination destination-wildcard
[operator port][established][log]
```

例如:

```
[R1-acl-adv-3000]rule 5 deny tcp source 192.168.1.2 0 destination 192.168.3.2 0
destination-port eq 21
```

参数说明如下。

- access-list-number(编号):3000~3999。
- protocol(协议):用于指示 IP 及所承载的上层协议,包括 IP、TCP(HTTP、FTP、SMTP)、UDP(DNS、SNMP、TFTP)、OSPF、ICMP、AHP、ESP 等。
- operator(操作):表示当协议类型为 TCP/UDP 时,支持端口比较,包括 eq(等于)、lt(小于)、gt(大于)和 neq(不等于)4 种情况。
- port(端口):表示比较的 TCP/UDP 端口,可以用端口号形式表示,也可以用对应的协议(或服务名称)形式表示。常用的协议(服务)与端口的对应关系如表 8-1 所示。

表8-1　常用的协议（服务）与端口的对应关系表

端口号	关 键 字	描　　述	TCP/UDP
20	FTP-DATA	文件传输协议（数据）	TCP
21	FTP	文件传输协议	TCP
23	TELNET	终端连接	TCP
25	SMTP	简单邮件传输协议	TCP
53	DNS	域名服务器	TCP/UDP
69	TFTP	普通文件传输协议	UDP
80	WWW	万维网	TCP

- establisted：用于 TCP 入站访问控制列表，意义在于允许 TCP 报文在建立了一个确定的连接后，后继报文可以通过。
- log：向控制台发送一条规则匹配的日志信息。

（2）把访问控制列表应用到接口。

```
[HUawei-GigabitEthernet0/0/1]traffic-filter {inbound | outbound}
access-list-number
```

根据减少不必要通信流量的通行准则，应该尽可能地把 ACL 放置在靠近被拒绝的通信流量的来源处，建议在靠近源地址的网络接口上设置扩展 ACL。

2）高级 ACL 实例

例8-2　按图 8-10 搭建网络，在路由器上配置满足下列条件的访问控制列表。

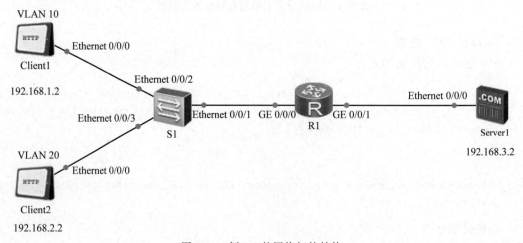

图 8-10　例 8-2 的网络拓扑结构

- 允许 VLAN 10 中 PC 访问服务器的 WWW 服务，但不允许访问 FTP 服务。
- 允许 VLAN 20 中 PC 访问服务器的 FTP 服务，但拒绝访问服务器的 WWW 服务。

（1）基本配置。

① 交换机配置。

```
[S1]vlan 10
```

```
[S1-vlan10]int e0/0/2
[S1-Ethernet0/0/2]port link-type access
[S1-Ethernet0/0/2]port default vlan 10
[S1-Ethernet0/0/2]quit
[S1]vlan 20
[S1-vlan20]int e0/0/3
[S1-Ethernet0/0/3]port link-type access
[S1-Ethernet0/0/3]port default vlan 20
[S1-Ethernet0/0/3]int e0/0/1
[S1-Ethernet0/0/1]port link-type trunk
[S1-Ethernet0/0/1]port trunk allow-pass vlan all
```

② 路由器配置。

```
[R1]int g0/0/1
[R1-GigabitEthernet0/0/1]ip add 192.168.3.1 24
[R1-GigabitEthernet0/0/1]int g0/0/0.1
[R1-GigabitEthernet0/0/0.1]ip add 192.168.1.1 24
[R1-GigabitEthernet0/0/0.1]dot1q termination vid 10
[R1-GigabitEthernet0/0/0.1]arp broadcast enable
[R1-GigabitEthernet0/0/0.1]int g0/0/0.2
[R1-GigabitEthernet0/0/0.2]ip add 192.168.2.1 24
[R1-GigabitEthernet0/0/0.2]dot1q termination vid 20
[R1-GigabitEthernet0/0/0.2]arp broadcast enable
[R1-GigabitEthernet0/0/0.2]
```

③ PC 与服务器配置。

PC1、PC2、Server1 的网络配置如下。

PC0：IP 地址为 192.168.1.2，子网掩码为 255.255.255.0，默认网关为 192.168.1.1。

PC1：IP 地址为 192.168.2.2，子网掩码为 255.255.255.0，默认网关为 192.168.2.1。

Server1：IP 地址为 192.168.3.2，子网掩码为 255.255.255.0，默认网关为 192.168.3.1。

(2) 测试验证。

① ping 测试。此时 PC 及服务器相互都能 ping 通。

② WWW 服务测试。两台 PC 通过 Web 浏览器(在地址栏中输入服务器 IP 地址 192.168.3.2)可以访问服务器上的 WWW 服务，如图 8-11 所示。

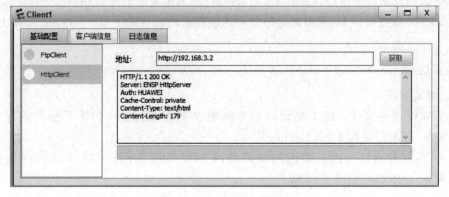

图 8-11　WWW 服务测试(1)

③ FTP 服务测试。两台 PC 通过 FTP 客户端(在地址栏中输入服务器 IP 地址 192.
168.3.2)可以访问服务器上的 FTP 服务,如图 8-12 所示。

图 8-12　FTP 服务测试(1)

(3) 访问控制列表设置。

① 创建访问控制列表。创建高级访问控制列表,编号使用 3000。

```
[R1]acl 3000
[R1-acl-adv-3000]rule 5 deny tcp source 192.168.1.2 0 destination 192.168.3.2 0
destination-port eq 21        //此句禁止 VLAN 10 中 PC 访问服务器的 FTP 服务
[R1-acl-adv-3000]rule 10 deny tcp source 192.168.2.2 0 destination 192.168.3.2 0
destination-port eq 80        //此句禁止 VLAN 20 中 PC 访问服务器的 WWW 服务
```

② 把访问控制列表应用到接口上。因为此处靠近源地址的网络接口 G0/0/1 已进行子
接口划分,不方便进行控制,所以此处适合将访问控制列表应用于 F1/0 的 out 方向上。

```
[R1]int g0/0/1
[R1-GigabitEthernet0/0/1]traffic-filter outbound acl 3000
```

(4) 测试验证。

① WWW 服务测试。PC1 能访问服务器的 WWW 服务,但 PC2 不能访问服务器的
WWW 服务,显示结果如图 8-13 所示。

② FTP 服务测试。PC1 能访问服务器的 WWW 服务,但 PC2 不能访问服务器的
WWW 服务,显示结果如图 8-14 所示。

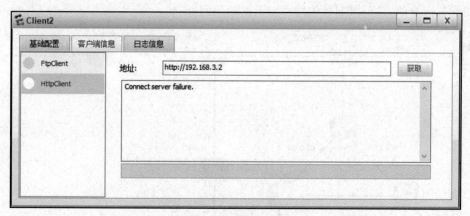

图 8-13　WWW 服务测试(2)

图 8-14　FTP 服务测试(2)

8.4　项目设计与准备

1. 项目设计

通过对如图 8-15 所示的网络拓扑结构分析可知,禁止分部访问总公司的财务部的要求指明了网络源地址及目标地址,所有可以考虑使用扩展的 ACL 来进行控制,同时为了防止不必要的网络流量占用宝贵的网络带宽,应将分部对财务部网段访问的数据流在流出最近的路由器时过滤掉,故应在 R3 上使用扩展的 ACL;而分部可以被除了市场部外的所有部门访问,则最简单的办法是在公司分部路由器 R3 上配置标准的 ACL,既可禁止公司总部的市场部访问公司分部,又不影响其他网络对分部的访问。

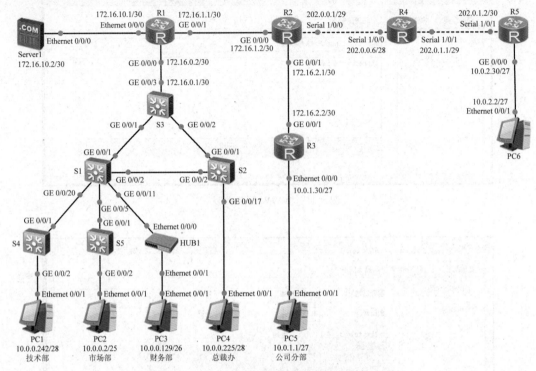

图 8-15　ACL 应用案例的网络拓扑结构

对应到子网访问控制,该项目的要求是:在 R3 的上配置高级的 ACL,禁止从源网段 10.0.1.1/27 到目标网段为 10.0.0.129/26 的数据流出 RT3 的 G0/0/1 接口;在 R3 上配置基本的 ACL,禁止网段 10.0.0.0/25 的数据流出 G0/0/0 接口。

2. 项目准备

方案一:真实设备操作(以组为单位,小组成员协作,共同完成实训)。

- 华为交换机、配置线、台式机或笔记本电脑。
- 用项目 7 的配置结果。

方案二:在模拟软件中操作(以组为单位,成员相互帮助,各自独立完成实训)。

- 安装有华为 eNSP 的计算机,每人一台。
- 用项目 7 的配置结果。

8.5　项目实施

任务 8-1　禁止分部访问公司总部的财务部

1. 在 R3 上配置高级的访问控制列表

命令如下:

```
[R3]acl 3000
[R3-acl-adv-3000]rule 5 deny ip source 10.0.1.0 0.0.0.31 destination 10.0.0.128 0.
```

0.0.63   //禁止 10.0.1.0/27 网络访问访问公司总部的 10.0.0.128/26 网络
[R3-acl-adv-3000]rule permit ip source any destination any   //允许其他所有的网络访问

2. 将访问控制列表应用到接口上

命令如下：

[R3]int g0/0/1
[R3-GigabitEthernet0/0/1]traffic-filter outbound acl 3000
//将访问控制列表应用到接口 g0/0/1 上

任务 8-2   禁止公司总部的市场部访问分部

项目实施

1. 在 R3 上配置扩展的访问控制列表

命令如下：

[R3]acl 3000
[R3- acl - adv - 3000]rule 10 deny ip source 10.0.0.0 0.0.0.127
destination 10.0.1.0 0.0.0.31
//禁止公司总部的 10.0.0.0/25 网络访问 10.0.1.0/27 网络
[R3-acl-adv-3000]rule permit ip source any destination any   //允许其他所有的网络访问

2. 将访问控制列表应用到接口上

命令如下：

[R3]int g0/0/1
[R3-GigabitEthernet0/0/1]traffic-filter outbound acl 3000
//将访问控制列表应用到接口 g0/0/1 上

任务 8-3   只允许信息技术部的工作人员通过 Telnet 访问设备

1. 在 R1 上配置标准的 ACL，只允许信息技术部的工作人员通过 Telnet 访问

（1）配置访问控制列表。

[R1]acl 2000
[R1-acl-basic-2000]rule 5 permit source 10.0.0.242 0.0.0.15
//允许信息技术部的网络 10.0.0.242/28 访问

（2）将访问控制列表应用到 VTY 虚拟终端上。

[R1]user-interface vty 0 4
[R1-ui-vty0-4]acl 2000 inbound   //将访问控制列表应用到 VTY inbound 方向上

2. 在 R3 上配置标准的 ACL，只允许信息技术部的工作人员通过 Telnet 访问

（1）配置访问控制列表。

[R3]acl 2005
[R3-acl-basic-2005]rule 10 permit source 10.0.0.242 0.0.0.15

（2）将访问控制列表应用到 VTY 虚拟终端上。

[R3]user-interface vty 0 4
[R3-ui-vty0-4]acl 2005 inbound

3. 在 S3 上配置标准的 ACL，只允许信息技术部的工作人员通过 Telnet 访问

（1）配置访问控制列表。

```
[S3]acl 2000
[S3-acl-basic-2000] rule 5 permit source 10.0.0.242 0.0.0.15
```

（2）将访问控制列表应用到 VTY 虚拟终端上。

```
[R3]user-interface vty 0 4
[R3-ui-vty0-4]acl 2005 inbound
```

4. 在 SW2 上配置标准的 ACL，只允许信息技术部的工作人员通过 Telnet 访问

（1）配置访问控制列表。

```
[S2]acl 2000
[S2-acl-basic-2000]rule 5 permit source 10.0.0.242 0.0.0.15
```

（2）将访问控制列表应用到 VTY 虚拟终端上。

```
[S2]user-interface vty 0 4
[S2-ui-vty0-4]acl 2000 inbound
```

5. 在 SW1 上配置标准的 ACL，只允许信息技术部的工作人员通过 Telnet 访问

（1）配置访问控制列表。

```
[S1]acl 2000
[S1-acl-basic-2000]rule 5 permit source 10.0.0.242 0.0.0.15
```

（2）将访问控制列表应用到 VTY 虚拟终端上。

```
[S1]user-interface vty 0 4
[S1-ui-vty0-4]acl 2000 inbound
```

6. 检验测试

在配置 ACL 之前，分部 PC5 能 ping 通财务部 PC3，市场部能 ping 通分部，所有部门都可以通过 Telnet 访问设备。配置 ACL 后，若分部与财务部、市场部与分部之间不能相互访问，只有信息技术部可以访问设备，说明配置正确，达到了要求；否则表示配置有误，需再次修改。

8.6 项目验收

1. 分部到财务部的访问控制

（1）查看。

① R3 的访问控制列表。操作如下：

```
[R3]display acl all
Basic ACL 2005, 1 rule
Acl's step is 5
 rule 10 permit source 10.0.0.240 0.0.0.15
Advanced ACL 3000, 2 rules
```

Acl's step is 5

rule 5 deny ip source 10.0.1.0 0.0.0.31 destination 10.0.0.128 0.0.0.63

rule 10 deny ip source 10.0.0.0 0.0.0.127 destination 10.0.1.0 0.0.0.31

Advanced ACL 3005, 1 rule

Acl's step is 5

rule 10 deny ip source 10.0.0.0 0.0.0.127 destination 10.0.1.0 0.0.0.31

② R3 上 ACL 应用情况。操作如下：

```
<R3>dis current-configuration
[V200R003C00]
#
sysname R3
#
snmp-agent local-engineid 800007DB03000000000000
snmp-agent
#
clock timezone China-Standard-Time minus 08:00:00
#
portal local-server load flash:/portalpage.zip
#
drop illegal-mac alarm
#
undo info-center enable
#
vlan batch 10
#
wlan ac-global carrier id other ac id 0
#
set cpu-usage threshold 80 restore 75
#
acl number 2005
rule 10 permit source 10.0.0.240 0.0.0.15
#
acl number 3000
rule 5 deny ip source 10.0.1.0 0.0.0.31 destination 10.0.0.128 0.0.0.63
rule 10 deny ip source 10.0.0.0 0.0.0.127 destination 10.0.1.0 0.0.0.31
acl number 3005
rule 10 deny ip source 10.0.0.0 0.0.0.127 destination 10.0.1.0 0.0.0.31
#
aaa
authentication-scheme default
authorization-scheme default
accounting-scheme default
domain default
domain default_admin
local-user root password cipher %$%$RIO`)to;Z)u~}D%O)pqLK9E2%$%$
local-user root privilege level 3
local-user root service-type ssh
local-user admin password cipher %$%$K8m.Nt84DZ}e#<0`8bmE3Uw}%$%$
local-user admin service-type http
```

```
#
firewall zone Local
priority 15
#
interface Vlanif10
ip address 10.0.1.30 255.255.255.224
#
interface Ethernet0/0/0
port link-type access
port default vlan 10
#
interface Ethernet0/0/1
#
interface Ethernet0/0/2
#
interface Ethernet0/0/3
#
interface Ethernet0/0/4
#
interface Ethernet0/0/5
#
interface Ethernet0/0/6
#
interface Ethernet0/0/7
#
interface GigabitEthernet0/0/0
#
interface GigabitEthernet0/0/1
ip address 172.16.2.2 255.255.255.252
traffic-filter outbound acl 3000
#
interface NULL0
#
stelnet server enable
#
ip route-static 0.0.0.0 0.0.0.0 172.16.2.1
#
user-interface con 0
authentication-mode password
set authentication password cipher %$%$9w/>X+bb! +TF*3%mQy.C,"2{}GD`W_:)v.0Jdn0'
v^N."2!,%$%$
user-interface vty 0 4
acl 2005 inbound
authentication-mode aaa
protocol inbound ssh
user-interface vty 16 20
```

(2) 在 PC5 上测试与总部的财务部 PC3(代表财务部网段的任一台主机)的可达性。操作如下:

```
PC>ping 10.0.0.129
```

```
ping 10.0.0.129: 32 data bytes, Press Ctrl_C to break
Request timeout!
Request timeout!
Request timeout!
Request timeout!
Request timeout!

---10.0.0.129 ping statistics ---
   5 packet(s) transmitted
   0 packet(s) received
   100.00%packet loss
```

当目标 IP 地址为 10.0.0.129 的数据包到达路由器 R3 时,路由器查找路由表,发现应将该数据包交给 G0/0/1 进行转发,在转发前判断发现该接口 out 方向上使用了 ACL,而逻辑测试的结果是拒绝,将数据包丢弃掉,故无法 ping 通。

2. 总公司的市场部到分部的访问控制

(1) 查看 R3 的访问控制列表。操作如下:

```
[R3]display acl all
Total quantity of nonempty ACL number is 3

Basic ACL 2005, 1 rule
Acl's step is 5
rule 10 permit source 10.0.0.240 0.0.0.15

Advanced ACL 3000, 2 rules
Acl's step is 5
rule 5 deny ip source 10.0.1.0 0.0.0.31 destination 10.0.0.128 0.0.0.63
rule 10 deny ip source 10.0.0.0 0.0.0.127 destination 10.0.1.0 0.0.0.31

Advanced ACL 3005, 1 rule
Acl's step is 5
rule 10 deny ip source 10.0.0.0 0.0.0.127 destination 10.0.1.0 0.0.0.31
```

以上说明已经成功创建并应用了 ACL。

(2) 在 PC1 上测试与分部 PC5(代表分部网段的任一台主机)的可达性。操作如下:

```
PC>ping 10.0.1.1
pinging 10.0.1.1 with 32 bytes of data:
Reply from 172.16.2.2: Destination host unreachable.
Reply from 172.16.2.2: Destination host unreachable.
Reply from 172.16.2.2: Destination host unreachable.
Reply from 172.16.2.2: Destination host unreachable.

ping statistics for 10.0.1.1:
    Packets: Sent = 4, Received = 0, Lost = 4 (100%loss)
```

当源 IP 地址为 10.0.0.1 的数据包到达路由器 R3 时,路由器查找路由表,发现应将该数据包交给 F0/0 进行转发,在转发前判断并发现该接口 out 方向上使用了 ACL,而逻辑测试的结果是拒绝,故将数据包丢弃掉。RT3 认为该目标网络是不可达的,故由 F0/1(172.16.2.2) 回复源主机为"Destination host unreachable",故无法 ping 通。

3. 只允许信息技术部通过 Telnet 访问网络设备(R1、R3、S3、S2、S1)

 由于篇幅限制,本部分测试验收以 R1 为例,其他设备(R3、S3、S2、S1)与此相同,不再一一列举。

查看 R1 的访问控制列表。操作如下:

```
[R1]display acl all
Total quantity of nonempty ACL number is 1

Basic ACL 2000, 1 rule
Acl's step is 5
rule 5 permit source 10.0.0.240 0.0.0.15
```

8.7 项目小结

1. ACL 的处理过程

(1)语句排序。一旦某条语句匹配,后续语句不再处理。

(2)隐含拒绝。如果所有语句执行完毕没有匹配条目,则默认丢弃数据包。

2. 要点

ACL 能执行两个操作:允许或拒绝。语句自上而下执行,一旦发现匹配,后续语句就不再进行处理。因此先后顺序很重要。如果没有匹配成功,ACL 末尾不可见的隐含拒绝语句将丢弃分组。一个 ACL 应该至少有一条允许语句,否则所有流量都会丢弃,因为每个 ACL 末尾都有隐藏的隐含拒绝语句。

8.8 知识拓展

下面介绍子网掩码、反掩码与通配符掩码。

1. 使用情况

在 OSPF 中常使用反掩码,ACL 中常使用通配符掩码,其他情况多使用子网掩码。但也有例外情况,交换机的 ACL 中用的就是子网掩码。

2. 通配符掩码(或反掩码)和子网掩码的区别

路由器使用的通配符掩码(或反掩码)与源地址或目标地址一起来分辨匹配的地址范围,它跟子网掩码刚好相反,它不像子网掩码那样会告诉路由器 IP 地址属于哪个网络号,通配符掩码让路由器判断出匹配情况,它需要检查 IP 地址中有多少位。通配符掩码使我们可以只使用两个 32 位的号码来确定 IP 地址的范围,这是十分方便的,因为如果没有通配符掩码,就不得不把每个匹配的 IP 地址加入到一个单独的访问列表中,这将造成很多额外的输入和路由器大量额外的处理,所以通配符掩码相当有用。

在子网掩码中,将掩码的一位设成 1,表示 IP 地址对应的位属于网络地址部分。相反,在访问列表中将通配符掩码中的一位设成 1,表示 IP 地址中对应的位既可以是 1,又可以是 0。有时,可将其称作"无关"位,因为路由器在判断是否匹配时会将其忽略;通配符掩码中的一1位设成 0,则表示 IP 地址中相对应的位必须精确匹配。

3. 通配符掩码与反掩码的区别

在配置路由协议的时候(如 OSPF、EIGRP)使用的反掩码必须是连续的 1,即网络地址,而在配置 ACL 的时候可以使用不连续的 1,只需对应的位置匹配即可。例如:

```
ospf
area  100
network 192.168.1.0 0.0.0.255
network 192.168.2.0 0.0.0.255
rule 1 permit source 198.78.46.0 0.0.11.255
```

8.9 练习题

一、填空题

1. any 的含义是_____。

2. host 的含义是_____。

3. 基本 ACL 应该靠近_____。

4. 当应用访问控制列表时,_____为参照体区分 inbound 和 outbound 方向。

5. ACL 最后一条隐含_____。

6. ACL 分为_____和_____两种类型。

7. 反向访问控制列表格式在配置好的扩展访问列表最后加上_____即可。

8. _____命令启用路由器对自身产生的数据包进行策略路由。

二、单项选择题

1. 访问控制列表配置中,操作符 gt portnumber 表示控制的是(   )。

    A. 端口号小于此数字的服务   B. 端口号大于此数字的服务

    C. 端口号等于此数字的服务   D. 端口号不等于此数字的服务

2. 某台路由器上配置了如下一条访问列表:rule 5 deny source 202.38.0.0 0.0.255.255 destination 202.38.160.1 0.0.0.255,表示(   )。

    A. 只禁止源地址为 202.38.0.0 网段的所有访问

    B. 只允许目的地址为 202.38.0.0 网段的所有访问

    C. 检查源 IP 地址,禁止 202.38.0.0 大网段的主机,但允许其中的 202.38.160.0 小网段上的主机

    D. 检查目的 IP 地址,禁止 202.38.0.0 大网段的主机,但允许其中的 202.38.160.0 小网段的主机

3. 以下情况可以使用访问控制列表准确描述的是(   )。

A. 禁止有 CIH 病毒的文件到我的主机

B. 只允许系统管理员可以访问我的主机

C. 禁止所有使用 Telnet 的用户访问我的主机

D. 禁止使用 UNIX 系统的用户访问我的主机

4. 配置如下两条访问控制列表：

```
rule 1 permit source 10.110.10.1 0.0.255.255
rule 2 permit source 10.110.100.100 0.0.255.255
```

访问控制列表 1 和 2 所控制的地址范围的关系是(　　)。

A. 1 和 2 的范围相同　　　　　　　　B. 1 的范围在 2 的范围内

C. 2 的范围在 1 的范围内　　　　　　D. 1 和 2 的范围没有包含关系

5. rule 100 deny icmp source 10.1.10.10 0.0.255.255 any host-unreachable 访问控制列表的含义是(　　)。

A. 规则序列号是 100,禁止到 10.1.10.10 主机的所有主机不可达报文

B. 规则序列号是 100,禁止到 10.1.0.0/16 网段的所有主机不可达报文

C. 规则序列号是 100,禁止从 10.1.0.0/16 网段来的所有主机不可达报文

D. 规则序列号是 100,禁止从 10.1.10.10 主机来的所有主机不可达报文

6. rule 102 deny udp source 129.9.8.10 0.0.0.255 202.38.160.10 0.0.0.255 gt 128 访问控制列表的含义是(　　)。

A. 规则序列号是 102,禁止从 202.38.160.0/24 网段的主机到 129.9.8.0/24 网段的主机使用端口大于 128 的 UDP 进行连接

B. 规则序列号是 102,禁止从 202.38.160.0/24 网段的主机到 129.9.8.0/24 网段的主机使用端口小于 128 的 UDP 进行连接

C. 规则序列号是 102,禁止从 129.9.8.0/24 网段的主机到 202.38.160.0/24 网段的主机使用端口小于 128 的 UDP 进行连接

D. 规则序列号是 102,禁止从 129.9.8.0/24 网段的主机到 202.38.160.0/24 网段的主机使用端口大于 128 的 UDP 进行连接

7. 在访问控制列表中,地址 168.18.64.0 和子网掩码 0.0.3.255 表示的 IP 地址范围是(　　)。

A. 168.18.67.0~168.18.70.255　　　　B. 168.18.64.0~168.18.67.255

C. 168.18.63.0~168.18.64.255　　　　D. 168.18.64.255~168.18.67.255

8. 基本访问控制列表的数字标识范围是(　　)。

A. 1~50　　　　　　　　　　　　　B. 1~99

C. 100~2000　　　　　　　　　　　D. 2000~2999

E. 由网管人员规定

9. 基本访问控制列表以(　　)作为判别条件。

A. 数据包的大小　　　　　　　　　　B. 数据包的源地址

C. 数据包的端口号　　　　　　　　　D. 数据包的目的地址

三、多项选择题

1. 配置访问控制列表必须做的配置是(　　)。

    A. 设定时间段　　　　　　　　　　　B. 指定日志主机

    C. 定义访问控制列表　　　　　　　　D. 在接口上应用访问控制列表

2. 下列关于地址池的描述,正确的说法是(　　)。

    A. 只能定义一个地址池

    B. 地址池中的地址必须是连续的

    C. 当某个地址池已和某个访问控制列表关联时,不允许删除这个地址池

    D. 以上说法都不正确

3. 下面能够表示"禁止从 129.9.0.0 网段中的主机建立与 202.38.16.0 网段内的主机的 WWW 端口的连接"的访问控制列表是(　　)。

    A. rule 1 deny tcp source 129.9.0.0 0.0.255.255 202.38.16.0 0.0.0.255 eq www

    B. rule 100 deny tcp source 129.9.0.0 0.0.255.255 202.38.16.0 0.0.0.255 eq 80

    C. rule 100 deny ucp source 129.9.0.0 0.0.255.255 202.38.16.0 0.0.0.255 eq www

    D. rule 99 deny ucp sourcena 129.9.0.0 0.0.255.255 202.38.16.0 0.0.0.255 eq 80

4. 使用访问控制列表可带来的好处是(　　)。

    A. 保证合法主机进行访问,拒绝某些不希望的访问

    B. 通过配置访问控制列表,可限制网络流量,进行通信流量过滤

    C. 实现企业私有网的用户都可访问 Internet

    D. 管理员可根据网络时间情况实现有差别的服务

5. 访问控制列表可实现的要求是(　　)。

    A. 允许 202.38.0.0/16 网段的主机可以使用 HTTP 访问 129.10.10.1

    B. 不让任何机器使用 Telnet 登录

    C. 使某个用户能从外部远程登录

    D. 让某公司的每台机器都可经由 SMTP 发送邮件

    E. 允许在晚上 8:00 到晚上 12:00 访问网络

    F. 有选择地只发送某些邮件而不发送另一些文件

6. 扩展访问列表可以使用(　　)字段来定义数据包过滤规则。

    A. 源 IP 地址　　　　　　　　　　　B. 目的 IP 地址

    C. 端口号　　　　　　　　　　　　　D. 协议类型

    E. 日志功能

四、简答题

1. 什么是 IP 访问控制列表? 它有什么作用?

2. 简述入站访问、出站访问控制、逻辑测试的过程。

3. 如何配置基本访问控制列表?

4. 如何配置动态访问控制列表?

5. 简述命名的访问控制列表的优点。

8.10　项目实训

实训要求：根据图 8-16 所示的网络拓扑结构搭建网络，分别采用编号的访问控制列表和命名的访问控制列表完成下面的各项实训任务，并验证结果的正确性。

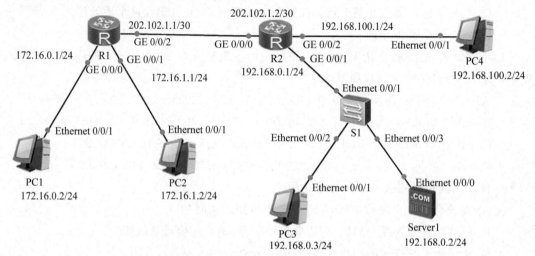

图 8-16　配置访问控制列表随堂实训网络拓扑结构

（1）允许 172.16.0.0/24 网络访问 192.168.100.0/24 网段所有主机，但是只允许其访问 192.168.0.0/24 网段中的 Server0 的 WWW 服务。

（2）禁止 172.16.1.0/24 网段主机访问 192.168.100.0/24 网络，只禁止 172.16.1.0/24 网段主机访问 192.168.0.0/24 网段中的 Server0 的 FTP 服务。

课程思政

- 中国传统文化博大精深,学习和掌握其中的各种思想精华,对树立正确的世界观、人生观、价值观很有益处。
- 了解国家科学技术奖中最高等级的奖项——国家最高科学技术奖,激发学生的科学精神和爱国情怀。
- 坚定文化自信。"盛年不重来,一日难再晨。及时当勉励,岁月不待人。"盛世之下,青年学生要惜时如金,学好知识,报效国家。

9.1 项目导入

AAA 公司总部根据业务需求,要求内部网络主机能够连入互联网,同时还要发布内部服务器上的 WWW 服务到 Internet,具体要求为:总部、分部所有主机能通过申请到的一组公网地址(202.0.0.0/29)访问 Internet,并要求将公司总部的 WWW 服务器发布到 Internet,提供合作伙伴访问;合作伙伴通过其申请到的唯一公网地址(202.0.1.2/30)接入 Internet。

由申请到的公网地址(202.0.0.0/29)可知,公司能用的外网 IP 有 6 个,而公司总部拥有 210 台主机需要连接到 Internet,1 台服务器要发布服务、解决该地址矛盾的问题,需要引出网络地址转换 NAT(network address translation)。

9.2 职业能力目标和要求

- 了解公有地址、私有地址、地址池、内部本地地址、内部全局地址、外部本地地址和外部全局地址的含义。
- 理解 NAT 原理及分类。
- 在合适的位置部署相应类型的网络地址转换 NAT。

9.3 相关知识

NAT 是一个 IETF 标准,允许一个机构以一个地址出现在 Internet 上。NAT 技术使得一个私有网络可以通过 Internet 注册 IP 并连接到外部世界,位于内部网络和外部网络中的 NAT 路由器在发送数据包之前,负责把内部 IP 地址翻译成外部合法 IP 地址。NAT 将每个局域网节点的 IP 地址转换成一个合法 IP 地址,反之亦然。它也可以应用到防火墙技术里,把个别 IP 地址隐藏起来不被外界发现,对内部网络设备起到保护的作用;同时,它还帮助网络可以超越地址的限制,合理地安排网络中的公有 Internet 地址和私有 IP 地址的使用。

9.3.1　NAT 基础

1. 私有地址和公有地址

私有地址是指内部网络(局域网内部)的主机地址,而公有地址是局域网的外部地址(在因特网上的全球唯一的 IP 地址)。因特网地址分配组织规定以下的三个网络地址保留用做私有地址。

- A 类网络的私有地址:10.0.0.0～10.255.255.255。
- B 类网络的私有地址:172.16.0.0～172.31.255.255。
- C 类网络的私有地址:192.168.0.0～192.168.255.255。

因为私有地址在 Internet 上是无法路由的,所以局域网内部的私有地址是不能访问外网的,必须通过转换成公有地址才可以访问 Internet。

2. 地址池

地址池是由一些外部地址(全球唯一的 IP 地址)组合而成的,我们称这样的一个地址集合为地址池。在内部网络的数据包通过地址转换达到外部网络时,将会选择地址池中的某个地址作为转换后的源地址,这样可以有效利用用户的外部地址,提高内部网络访问外部网络的能力。

3. 术语

(1) 内部本地(inside local)地址:在内部网络使用的地址,往往是 RFC 1918 地址。

(2) 内部全局(inside global)地址:用来代替一个或多个本地 IP 地址的、对外的、向 NIC 注册过的地址。

(3) 外部本地(outside local)地址:一个外部主机相对于内部网络所用的 IP 地址。不一定是合法的地址。

(4) 外部全局(outside global)地址:外部网络主机的合法 IP 地址。

9.3.2　NAT 原理及分类

1. 分类

根据针对转换参数所对应的 TCP/IP 层不同,地址转换分为基本的 NAT 和 PAT 两大类,每一大类又包括静态和动态两种方式,共 4 种情况。各种情况的特点及适用条件如表 9-1 所示。

表 9-1　地址转换分类

类　别	转换对象	方式	特　　点	使 用 条 件
NAT(网络地址转换)	网络地址	静态	内部本地地址和内部全局地址的一对一永久映射	外部网络需要通过固定的全局可路由地址访问内部主机
		动态	内部本地地址和内部全局地址池一对一临时映射关系,过一段时间没有用的就会删除映射关系	同时与外部通信的内部主机数量≤可用内部全局地址数量
PAT(网络地址端口转换)	网络地址+TCP/UDP 端口号	静态	"内部本地地址+端口号"和"内部全局地址+端口号"的一对一永久映射	全局地址极缺时,外部网络需要通过固定的全局可路由地址和固定端口访问内部主机,如 WWW 服务等
		动态	① "内部本地地址+端口号"和"内部全局地址+端口号"的一对一临时映射关系,过一段时间没有使用的就会删除映射关系。② 内部本地地址和内部全局地址的多对一临时映射	同时与外网通信的内部主机数量≥可用内部全局地址数量(特别适用于内部全局地址数量极少甚至只有一个外部接口地址是合法的情况)

2. 原理

1) 基本的静态 NAT 的工作原理

静态 NAT 的工作原理如图 9-1 所示,具体工作过程包括以下 5 步。

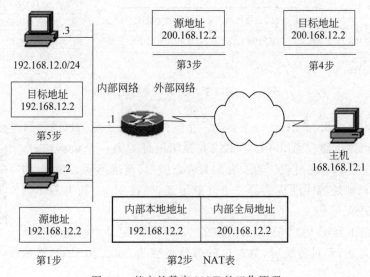

图 9-1　基本的静态 NAT 的工作原理

第 1 步:内部主机 192.168.12.2 发起一个到外部主机 168.168.12.1 的连接。

第 2 步：当路由器收到以 192.168.12.2 为源地址的第一个数据包时，引起路由器检查 NAT 映射表，查找到内部本地地址 192.168.12.2 到内部全局地址 200.168.12.2 的一对一映射。

静态 NAT 的
工作原理

第 3 步：路由器用 192.168.12.2 对应的 NAT 转换记录中的全局地址替换数据包源地址，经过转换后，数据包的源地址变为 200.168.12.2，然后转发该数据包。

第 4 步：168.168.12.1 主机接收到数据包后，将向 200.168.12.2 发生响应数据包。

第 5 步：当路由器接收到内部全局地址的数据包时，将以内部全局地址 200.168.12.2 为关键字查找 NAT 记录表，将数据包的目的地址转换成为内部本地地址 192.168.12.2 并转发给主机 192.168.12.2。

192.168.12.2 接收应答包，并继续保持会话。第 1～5 步将一直重复，直到会话结束。

2）基本的动态 NAT 的工作原理

动态 NAT 的工作原理如图 9-2 所示，具体工作过程包括以下 5 步。

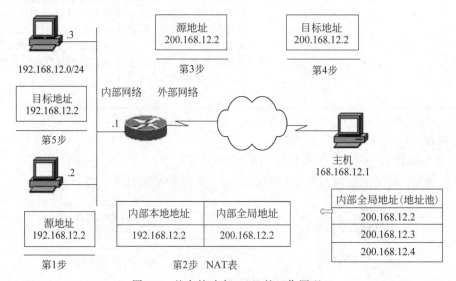

图 9-2　基本的动态 NAT 的工作原理

第 1 步：内部主机 192.168.12.2 发起一个到外部主机 168.168.12.1 的连接。

第 2 步：当路由器收到以 192.168.12.2 为源地址的第一个数据包时，引起路由器检查 NAT 映射表。若没有配置静态映射，就进行动态映射，路由器从内部全局地址池中随机选择一个有效地址，并在 NAT 映射表中创建 NAT 转化记录。

动态 NAT 的
工作原理

第 3 步：路由器用 192.168.12.2 对应的 NAT 转换记录中的全局地址替换数据包源地址，经过转换后，数据包的源地址变为 200.168.12.2，然后转发该数据包。

第 4 步：168.168.12.1 主机接收到数据包后，将向 200.168.12.2 发生响应数据包。

第 5 步：当路由器接收到内部全局地址的数据包时，将以内部全局地址 200.168.12.2 为关键字查找 NAT 记录表,将数据包的目的地址转换成为内部本地地址 192.168.12.2 并转发给主机 192.168.12.2。

192.168.12.2 接收应答包,并继续保持会话。第 1～5 步将一直重复,直到会话结束。

提示　　在基本的 NAT 中,内部地址与外部地址存在一一对应关系,即一个外部地址在同一时刻只能被分配给一个内部地址。它只解决了公网和私网的通信问题,并没有解决公有地址不足的问题。

3)静态 PAT 工作原理

静态 PAT 的工作原理如图 9-3 所示,具体工作过程包括以下 5 步。

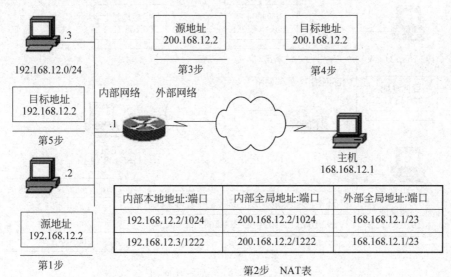

图 9-3　静态 PAT 的工作原理

第 1 步:内部主机 192.168.12.2 发起一个到外部主机 168.168.12.1 的连接。

第 2 步:当路由器收到以 192.168.12.2 为源地址的第一个数据包时,引起路由器检查 NAT 映射表。若没有转换记录,路由器就为 192.168.12.2 创建一条转换记录,同时进行一次 PAT 转换。路由器将用不同端口复用全局地址并保存足够信息,以便能够将全局地址转换回本地地址,此时建立了内部本地地址(＋端口号)192.168.12.2/1024 到内部全局地址(＋端口号)200.168.12.2/1024 的一对一映射。

静态 PAT 的
工作原理

第 3 步:路由器用 192.168.12.2/1024 对应的 NAT 转换记录中的"全局地址＋端口号"替换"数据包源地址＋端口号",经过转换后,数据包的"源地址＋端口号"变为 200.168.12.2/1024,然后转发该数据包。

第 4 步:168.168.12.1 主机接到数据包后,将向 200.168.12.2/1024 发生响应数据包。

第 5 步:当路由器接收到内部全局地址的数据包时,将以内部全局地址 200.168.12.2/1024 为关键字查找 NAT 记录表,将数据包的目的地址转换成为内部本地地址 192.168.12.2/1024 并转发给主机 192.168.12.2。

192.168.12.2 接收应答包,并继续保持会话。第 1～5 步将一直重复,直到会话结束。

4) 动态 PAT 工作原理

动态 PAT 的工作原理如图 9-4 所示,具体工作过程包括以下 5 步。

动态 PAT 的
工作原理

第 1 步:内部主机 192.168.12.2 发起一个到外部主机 168.168.12.1 的连接。

第 2 步:当路由器收到以 192.168.12.2 为源地址的第一个数据包时,引起路由器检查 NAT 映射表。若没有配置静态映射,就进行动态映射,路由器从内部全局地址池中随机选择一个有效地址,并在 NAT 映射表中创

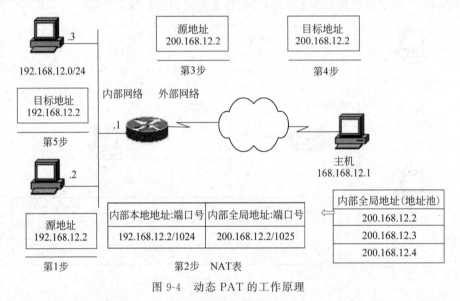

图 9-4 动态 PAT 的工作原理

建 NAT 转化记录,同时进行一次 PAT 转换,路由器将用不同端口复用全局地址并保存足够信息,以便能够将全局地址转换回本地地址。此时建立了内部本地地址(＋端口号)192.168.12.2/1024 到内部全局地址(＋端口号)200.168.12.2/1025 的映射。

第 3 步:路由器用 192.168.12.2/1024 对应的 NAT 转换记录中的"全局地址＋端口号"替换"数据包源地址＋端口号"。经过转换后,数据包的"源地址＋端口号"变为 200.168.12.2/1025,然后转发该数据包。

第 4 步:168.168.12.1 主机接收到数据包后,将向 200.168.12.2/1025 发生响应数据包。

第 5 步:当路由器接收到内部全局地址的数据包时,将以内部全局地址 200.168.12.2/1025 为关键字查找 NAT 记录表,将数据包的目的地址转换成为内部本地地址 192.168.12.2/1024 并转发给主机 192.168.12.2。

192.168.12.2 接收应答包,并继续保持会话。第 1～5 步将一直重复,直到会话结束。

提示 基本的 NAT 只对数据包的 IP 层参数进行转换,而 PAT 对数据包的 IP 地址、协议类型、传输层端口号同时进行转换,可以显著提高公有 IP 地址的利用效率。

9.3.3　NAT 配置

1. 基本的静态 NAT 配置

1）配置步骤

（1）配置路由器各接口 IP 地址。命令格式如下：

```
interface 接口 ID 号
ip addressIPv4 地址 子网掩码/子网掩位数
```

（2）配置静态 NAT。命令格式如下：

```
nat static global 内部全局 IP 地址 inside 内部局部 IP 地址
```

（3）配置缺省路由。命令格式如下：

```
ip route-static 0.0.0.0 0 0.0.0.0   下一跳接口 IP 地址
```

（4）测试验证配置结果。命令格式如下：

```
Ping 目标内部全局 IP 地址    //内部局部 IP 地址 ping 通 Server1 内部全局地址
```

（5）显示 NAT 转换记录。命令格式如下：

```
display nat session protocol icmp
```

2）配置实例

例 9-1　在图 9-5 中，在 R1 上做静态 NAT（将私网 1 的局部地址 10.10.10.10/24 映射到内部全局地址 199.1.1.10/24 上），在 R2 上做静态 NAT（将私网 2 的局部地址 192.168.1.2/24 映射到内部全局地址 200.1.1.3/24 上），使私网 2 的 PC1 能通过公网地址 199.1.1.10/24 访问 Server1 服务器，IPv4 规划如图 9-5 所示。

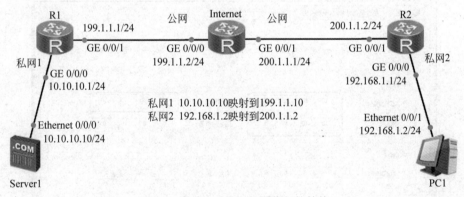

图 9-5　静态 NAT 配置网络拓扑结构

（1）私网 R1 路由器配置。

```
<Huawei>system-view
[Huawei]sysname R1                              //配置路由器的名称为 AR1
[R1]interface GigabitEthernet 0/0/0
[R1-GigabitEthernet0/0/0]ip address 10.10.10.1 24     //配置端口 IP
[R1-GigabitEthernet0/0/0]interface GigabitEthernet 0/0/1
[R1-GigabitEthernet0/0/1]ip address 199.1.1.1 24
```

```
[R1-GigabitEthernet0/0/1]nat static global 199.1.1.10 inside 10.10.10.10
    //将私网 1 的局部地址 10.10.10.10/24 映射到内部全局地址 199.1.1.10/24 上
[R1-GigabitEthernet0/0/1]nat static enabl          //开启静态 NAT 功能,默认已开启
[R1-GigabitEthernet0/0/1]quit
[R1]ip route-static 0.0.0.0 0 0.0.0.0 199.1.1.2        //配置默认路由
```

（2）私网 R2 路由器配置。

```
<Huawei>system-view
[Huawei]sysname R2                                  //配置路由器的名称为 R2
[R2]interface GigabitEthernet 0/0/0
[R2-GigabitEthernet0/0/0]ip address 192.168.1.1 24   //配置端口 IP
[R2-GigabitEthernet0/0/0]interface GigabitEthernet 0/0/1
[R2-GigabitEthernet0/0/1]ip address 200.1.1.2 24
    //将私网 2 的局部地址 192.168.1.2/24 映射到内部全局地址 200.1.1.3/24 上
[R2-GigabitEthernet0/0/1]nat static global 200.1.1.3 inside 192.168.1.2
[R2-GigabitEthernet0/0/1]nat static enable          //开启静态 NAT 功能,默认已开启
[R2-GigabitEthernet0/0/1]quit
[R2]ip route-static 0.0.0.0 0 0.0.0.0 200.1.1.1        //配置默认路由
```

（3）公网 Internet 路由器配置。

```
<Huawei>system-view
[Huawei]sysname Internet                              //配置路由器的名称为 Internet
[Internet]interface GigabitEthernet 0/0/0
[Internet-GigabitEthernet0/0/0]ip address 192.168.1.1 24   //配置端口 IP 地址
[Internet-GigabitEthernet0/0/0]interface GigabitEthernet 0/0/1
[Internet-GigabitEthernet0/0/1]ip address 200.1.1.2 24
```

（4）Server1 和 PC1 的 IPv4 地址配置分别如图 9-6 和图 9-7 所示。

图 9-6　Server1 的 IPv4 地址配置

（5）测试验证。此时 PC1 与 Server1 相互不能 ping 通,如图 9-8 所示。但是 PC1 通过内部全局地址 200.1.1.3 能 ping 通 Server1 的内部全局地址 199.1.1.10,如图 9-9 所示。

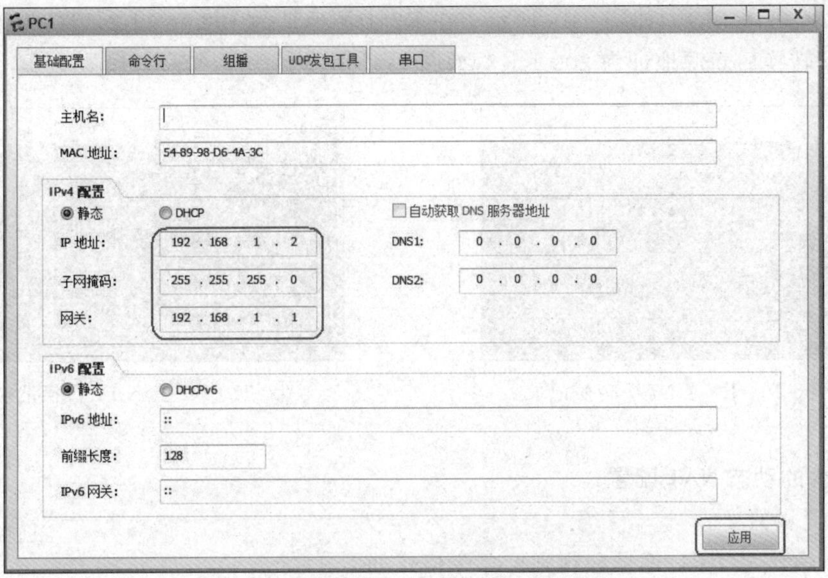

图 9-7　PC1 的 IPv4 地址配置

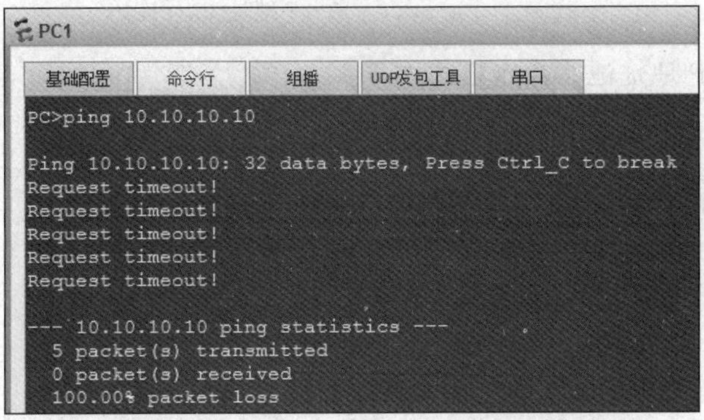

图 9-8　PC1 与 Server1 相互不能 ping 通

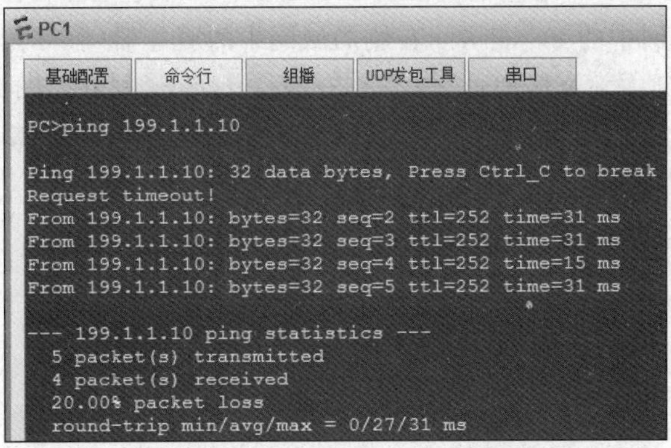

图 9-9　PC1 内部全局地址 ping 通 Server1 内部全局地址

（6）显示 NAT 转换记录。PC1 可以 ping 通 Server1 的同时，分别在路由器 R1 和 R2 上查看 NAT 转换记录，在 R1 上源地址为 200.1.1.3，目标地址是 199.1.1.10；NAT 转换后新目标地址为 10.10.10.10,如图 9-10 所示。在 R2 上源地址为 192.168.1.2,目标地址是 199.1.1.10;NAT 转换后新源地址为 200.1.1.3,如图 9-11 所示。

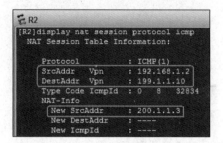

图 9-10　R1 上 NAT 转换记录　　　　　图 9-11　R2 上 NAT 转换记录

2. 基本的动态 NAT 配置

1）配置步骤

（1）配置编号 ACL 编号和规则。命令格式如下：

acl acl-number(ACL 编号,基本 ACL 编号 2000～2999)
rule[rule-id] {deny | permit} [source] 源 IP 地址 源反掩码

（2）定义全球 IP 地址池。命令格式如下：

nat address-group 池编号　开始 IP 地址　结束 IP 地址

（3）在外网接口应用 ACL,并建立 ACL 与 IP 地址池的映射关系。命令格式如下：

nat outbound ACL 编号 address-group 池编号 no-pat

2）配置实例

例 9-2　如图 9-12 所示,R2 为公网 Internet 路由器,左右各连接一个局域网,R1 和 R3 为两局域网的接入路由器（两局域网中均使用 192.168.1.0/24 网段的私网地址）。现要求在 R1 上配置基本的动态 NAT（地址池范围为 200.1.1.3～200.1.1.10）,在 R3 上配置基本的静态 NAT,使左侧局域网中的 PC 能访问右侧局域网中的服务器（服务器将私网 2 的局部地址 192.168.1.2/24 映射到内部全局地址 200.1.2.3/24 上）,IPv4 规划如图 9-12 所示。

分析：路由器 R1 到 R3 之间是公网,公网之间用默认路由实现路由连通。两端的私网不能实现直接连通,需要使用 NAT 进行地址转换进行连通。

（1）私网 R1 路由器配置。

```
<Huawei>system-view
[Huawei]sysname R1
[R1]interface GigabitEthernet 0/0/0
[R1-GigabitEthernet0/0/0]ip address 192.168.1.254 24
[R1-GigabitEthernet0/0/0]interface GigabitEthernet 0/0/1
[R1-GigabitEthernet0/0/1]ip address 200.1.1.1 28
[R1-GigabitEthernet0/0/1]quit
[R1]ip route-static 0.0.0.0 0 0.0.0.0 200.1.1.2
[R1]acl 2000                          //配置标准 ACL 编号
```

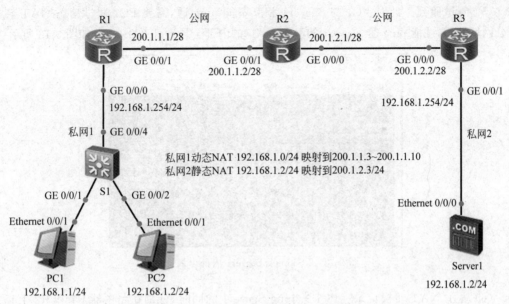

图 9-12　动态 NAT 配置网络拓扑结构

```
[R1-acl-basic-2000]rule 5 permit source 192.168.1.0 0.0.0.255
    //配置 ACl 规则,允许源网段 192.168.1.0 通过
[R1-acl-basic-2000]quit
[R1]nat address-group 2 200.1.1.3 200.1.1.10          //定义全球 IP 地址池
[R1]interface GigabitEthernet0/0/1                    //进入路由器出口应用动态 NAT
[R1-GigabitEthernet0/0/1]nat outbound 2000 address-group 2 no-pat
    //建立 ACL 与 IP 地址池关系,ACL 编号 2000 与地址池 1 映射
```

（2）私网 R2 路由器配置。

```
<Huawei>system-view
[Huawei]sysname R2
[R2]interface GigabitEthernet0/0/1
[R2-GigabitEthernet0/0/1]ip address 200.1.1.2 28
[R2-GigabitEthernet0/0/1]interface GigabitEthernet0/0/0
[R2-GigabitEthernet0/0/0]ip address 200.1.2.1 28
```

（3）公网 R3 路由器配置。

```
<Huawei>system-view
[Huawei]sysname R3
[R3]interface GigabitEthernet 0/0/1
[R3-GigabitEthernet0/0/1]ip address 192.168.1.254 24
[R3-GigabitEthernet0/0/1]interface GigabitEthernet 0/0/0
[R3-GigabitEthernet0/0/0]ip address 200.1.2.2 28
[R3-GigabitEthernet0/0/0]nat static global 200.1.2.3 inside 192.168.1.2
[R3-GigabitEthernet0/0/0]quit
[R3]ip route-static 0.0.0.0 0 0.0.0.0 200.1.2.1
```

（4）PC1、PC2 和 Server1 的 IP 配置（略）。

（5）测试验证。此时 PC1 与 Server1 相互不能 ping 通，需要 PC1 通过动态 NAT 转换成公网地址后，才能 ping 通 Server1 的静态 NAT 的内部全局地址 200.1.2.3，如图 9-13 所示。

图 9-13　PC1 ping Server1 内部全局地址

（6）显示 NAT 转换记录。PC1 去 ping Server1 的同时，分别在路由器 R1 和 R2 上查看 NAT 转换记录。在 R1 上源地址为 192.168.1.1，目标地址是 200.1.2.3，动态 NAT 转换后新源地址为 200.1.1.6，如图 9-14 所示；在 R3 上源地址为 200.1.1.5，目标地址是 200.1.2.3，动态 NAT 转换后新目标地址为 192.168.1.2，如图 9-15 所示。

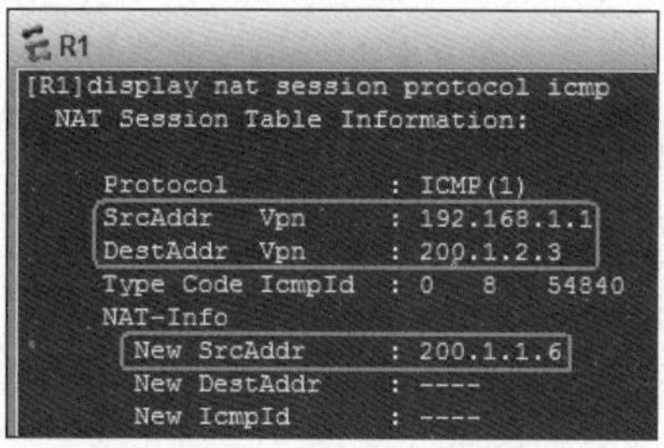

图 9-14　R1 上的 NAT 转换记录 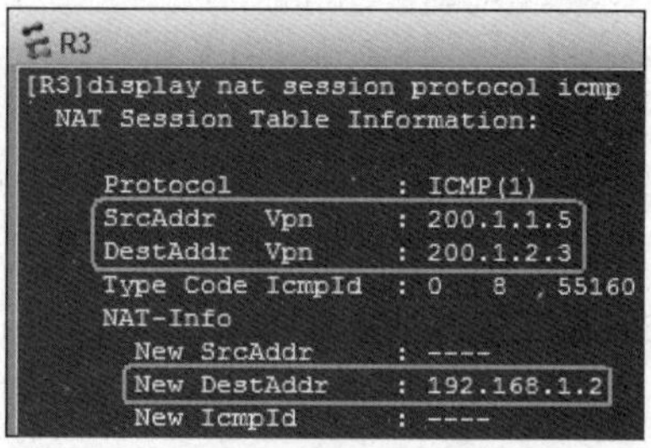　　　　图 9-15　R3 上的 NAT 转换记录

3. 静态 PAT 配置

1）配置步骤

静态 PAT 配置步骤与基本的静态 NAT 相同，只是在第 2 步使用以下命令。

```
nat server protocol {tcp|udp}global {global-address|current-interface|interface
interface-type interface-number}global-port inside host-address host-port
```

该命令用于创建静态 PAT，将内部私有地址转换为外部全局地址。current-interface 指定当前接口作为全球 IP 地址；global-port 为外部全局端口号；host-address 为内部 PAT 内部 IP 地址；host-port 为内部 PAT 内部端口号。例如：

```
nat server protocol tcp global current-interface 80 inside 10.10.10.10 80
```

以上命令创建静态 PAT 时，使用 TCP 指定当前接口作为全球 IP 地址，外部全局端口号为 80。即 PAT 内部 IP 地址为 10.10.10.10，PAT 内部端口号为 80。

2) 配置实例

例 9-3 如图 9-16 所示,通过静态 PAT 修改例 1,转换前后端口号,统一使用 80,使 HTTP 客户端 Client1 能访问 Server1 上的 WWW 服务。IP 规划如图 9-16 所示。

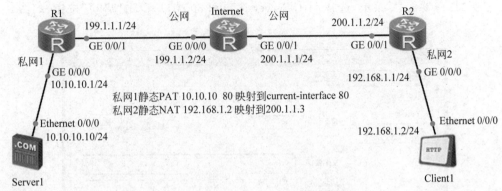

图 9-16 静态 PAT 配置网络拓扑结构

(1) 私网 R1 路由器配置。

```
<Huawei>system-view
[Huawei]sysname R1
[R1]interface GigabitEthernet 0/0/0
[R1-GigabitEthernet0/0/0]ip address 10.10.10.1 24
[R1-GigabitEthernet0/0/0]interface GigabitEthernet 0/0/1
[R1-GigabitEthernet0/0/1]ip address 199.1.1.1 24
[R1-GigabitEthernet0/0/1]nat server protocol tcp global current-interface 80
inside 10.10.10.10 80   //将局部地址和 80 端口 10.10.10.10/80 映射到全球当前接口 IP 地址
                        和 80 端口上
[R1-GigabitEthernet0/0/1]quit
[R1]ip route-static 0.0.0.0 0.0.0.0 199.1.1.2
```

(2) 私网 R2 路由器配置。

```
<Huawei>system-view
[Huawei]sysname R2
[R2]interface GigabitEthernet 0/0/0
[R2-GigabitEthernet0/0/0]ip address 192.168.1.1 24
[R2-GigabitEthernet0/0/0]interface GigabitEthernet 0/0/1
[R2-GigabitEthernet0/0/1]ip address 200.1.1.2 24
[R2-GigabitEthernet0/0/1]nat static global 200.1.1.3 inside 192.168.1.2
[R2-GigabitEthernet0/0/1]quit
[R2]ip route-static 0.0.0.0 0 0.0.0.0 200.1.1.1
```

(3) 公网 Internet 路由器配置。

```
<Huawei>system-view
[Huawei]sysname Internet
[Internet]interface GigabitEthernet 0/0/0
[Internet-GigabitEthernet0/0/0]ip address 192.168.1.1 24
[Internet-GigabitEthernet0/0/0]interface GigabitEthernet 0/0/1
[Internet-GigabitEthernet0/0/1]ip address 200.1.1.2 24
```

（4）Server1 界面配置。

Server1 的 IP 地址配置不再赘述。

在 D 盘根目录下新建 WWW 文件夹，并在 WWW 文件夹下创建 default.htm 主页文件。选择"服务器信息"菜单，选择 HttpServer 选项和 80 端口，单击"启动"按钮，如图 9-17 所示。

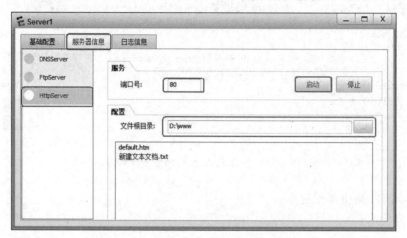

图 9-17 Server1 中配置 HTTP 服务器界面

（5）测试验证。Client1 的 IP 地址配置不再赘述。

Client1 访问 Server1 服务器，选择客户端信息菜单，选择 HttpClient 选项，地址栏输入接口 IP 地址 199.1.1.1 和主页 default.htm（默认），单击"获取"按钮，文本框显示 HTTP/1.1 200 OK，表示成功获取主页文件，如图 9-18 所示。

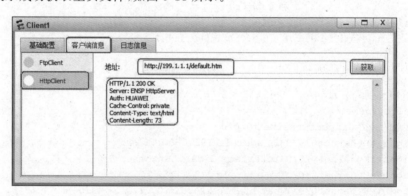

图 9-18 Client1 成功访问 Server1 服务器

（6）显示 NAT 转换记录。

（略）

4. 动态 PAT 配置

1）配置步骤

动态 PAT 配置步骤与基本的动态 NAT 类似，但是更简单，不需要定义全球 IP 地址池，也不需要建立 ACL 与 IP 地址池的对应关系，只需要两步命令。

（1）配置编号 ACL 编号和规则。命令格式如下：

```
acl acl-number(ACL 编号,基本 ACL 编号为 2000~2999)
rule[rule-id]{deny|permit}[source]源 IP 地址 源反掩码
```

（2）在外网接口应用 ACL。命令格式如下：

```
nat outbound ACL 编号
```

2）配置实例

例 9-4　如图 9-19 所示，在 R1 上配置动态 PAT，使私网 1 的 192.168.1.0/24 通过动态 PAT 转换后的内部全局地址 200.1.1.1 接入外部网络。在 R3 上配置静态 PAT，使私网 2 服务器 192.168.1.2/24 通过静态 PAT 转换后的内部全局地址 200.1.2.2 接入外部网络。IP 规划如图 9-19 所示。

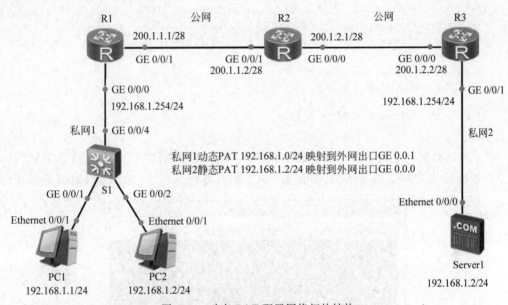

图 9-19　动态 PAT 配置网络拓扑结构

（1）私网 R1 路由器配置。

```
<Huawei>system-view
[Huawei]sysname R1
[R1]interface GigabitEthernet 0/0/0
[R1-GigabitEthernet0/0/0]ip address 192.168.1.254 24
[R1-GigabitEthernet0/0/0]interface GigabitEthernet 0/0/1
[R1-GigabitEthernet0/0/1]ip address 200.1.1.1 28
[R1-GigabitEthernet0/0/1]quit
[R1]ip route-static 0.0.0.0 0.0.0.0 200.1.1.2
[R1]acl 2000
[R1-acl-basic-2000]rule 5 permit source 192.168.1.0 0.0.0.255
[R1-acl-basic-2000]quit
[R1]interface GigabitEthernet0/0/1
[R1-GigabitEthernet0/0/1]nat outbound 2000
```

(2) 私网 R2 路由器配置。

```
<Huawei>system-view
[Huawei]sysname R2
[R2]interface GigabitEthernet0/0/1
[R2-GigabitEthernet0/0/1]ip address 200.1.1.2 28
[R2-GigabitEthernet0/0/1]interface GigabitEthernet0/0/0
[R2-GigabitEthernet0/0/0]ip address 200.1.2.1 28
```

(3) 公网 R3 路由器配置。

```
<Huawei>system-view
[Huawei]sysname R3
[R3]interface GigabitEthernet 0/0/1
[R3-GigabitEthernet0/0/1]ip address 192.168.1.254 24
[R3-GigabitEthernet0/0/1]interface GigabitEthernet 0/0/0
[R3-GigabitEthernet0/0/0]ip address 200.1.2.2 28
[R3-GigabitEthernet0/0/0]nat server protocol tcp global current-interface 80
inside 192.168.1.2 80
[R3-GigabitEthernet0/0/0]quit
[R3]ip route-static 0.0.0.0 0 0.0.0.0 200.1.2.1
```

(4) PC1、PC2 和 Server1 的 IP 配置。

(略)

(5) 测试验证。此时 PC2 与 Server1 相互不能 ping 通,需要 PC2 通过动态 NAT 转换成公网地址后才能 ping 通 Server1 的静态 NAT 的内部全局地址 200.1.2.2,如图 9-20 所示。

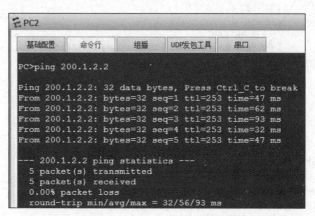

图 9-20　PC2 ping Server1 内部全局地址

Client1 访问 Server1 服务器静态 PAT 后的内部全局地址 200.1.2.2,显示正常访问,如图 9-21 所示。

(6) 显示 PAT 转换记录。PC2 去 pingServer1 的同时,分别在路由器 R1 和 R3 上查看 NAT 转换记录,在 R1 上 ICMP 源地址为 192.168.1.2,目标地址是 200.1.2.2,动态 PAT 转换后新源地址为 200.1.1.1(源内部全局地址),如图 9-22 所示。但 R3 不做静态 PAT 转换。

Client1 成功访问 Server1 服务器的同时,R3 上的 TCP 源地址为 200.1.1.1,目标地址是 200.1.2.2,静态 NAT 转换后新目标地址为 192.168.1.2,如图 9-23 所示。

图 9-21 Client1 成功访问 Server1 服务器

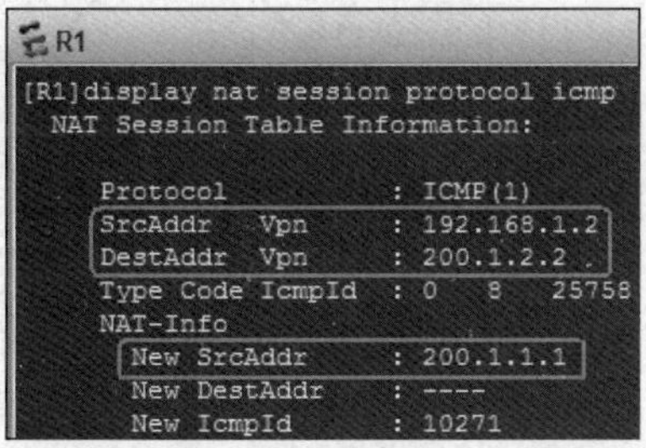

图 9-22 R1 上的 ICMP NAT 转换记录 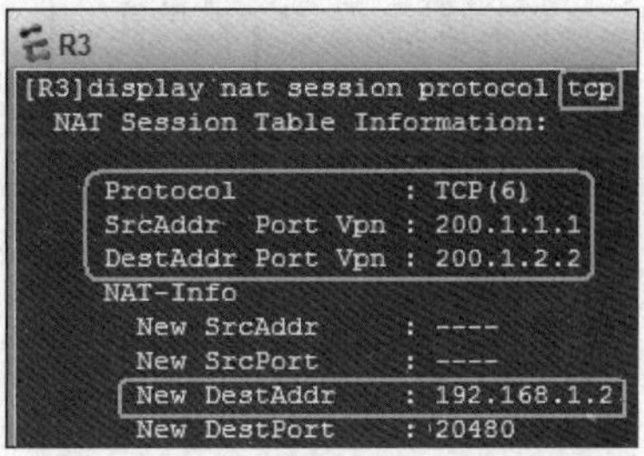　　图 9-23 R3 上的 TCP NAT 转换记录

9.4 项目设计与准备

1. 项目设计

NAT 应用的网络拓扑结构如图 9-24 所示。

申请到的一组地址(202.0.0.0/29),去掉两个接口地址(其中 R2 上接口地址可以使用,但是这里仅仅作为连接地址使用),还有 4 个地址。考虑到内网接入公网用户较多,用 3 个公网地址(202.0.0.3/29～202.0.0.5/29)作为内部全局地址,一个公网地址(202.0.0.6/29)发布内网服务器的服务。在接入路由器 R2 上配置 NAT,使总部、分部所有主机(服务器除外)能通过申请到的一组公网地址(202.0.0.0/29)中的地址池 202.0.0.3/29～202.0.0.5/29 访问 Internet,并在 R2 上配置静态 NAT,使用公网地址 202.0.0.6/29 将公司总部的 WWW、FTP 服务器 Server0 发布到 Internet,允许公网用户访问;在合作伙伴路由器 R5 上配置 PAT,以使用其申请到的唯一公网地址(202.0.1.2/30)接入 Internet。

对应到网络地址转换,该项目要求如下。

在 R2 上做动态 NAT,内部接口为 GE0/0/0,外部接口为 S1/0/0,内部地址为 10.0.0.0/24,内部全局地址池为 202.0.0.3～202.0.0.5/29。

在 R2 上做动态 NAT,内部接口为 GE0/0/0,外部接口为 S1/0/0,内部地址为 10.0.1.0/27,内部全局地址池为 202.0.0.3～202.0.0.5/29。

在 R2 上做静态 NAT,内部接口为 GE0/0/1,外部接口为 S1/0,内部主机地址为 172.16.10.2/30,内部全局地址为 202.0.0.6/29。

在 R5 上做 PAT,内部接口为 GE0/0/0,外部接口为 S1/0/1,内部地址为 10.0.2.0/27,

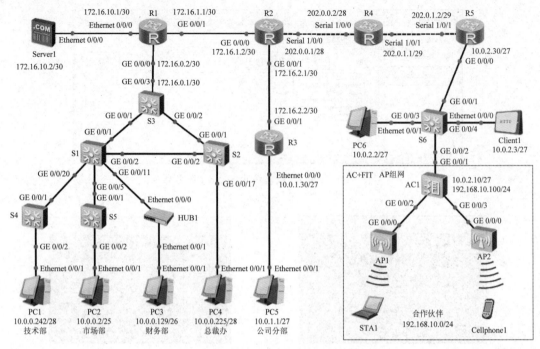

图 9-24　NAT 应用的网络拓扑结构

内部全局地址池为 202.0.1.2/30。

2. 项目准备

方案一：真实设备操作(以组为单位,小组成员协作,共同完成实训)。

* 华为交换机、路由器、配置线、台式机或笔记本电脑。
* 用项目 8 的配置结果。

方案二：在模拟软件中操作(以组为单位,成员相互帮助,各自独立完成实训)。

* 安装有 eNSP 的计算机每人一台。
* 用项目 8 的配置结果。

9.5　项目实施

任务 9-1　公司总部、分部主机访问 Internet

1. 在 R2 上配置动态 NAT 并使公司总部主机能访问 Internet

在 R2 上做动态 NAT,内部接口为 GE0/0/0,外部接口为 S1/0/0,内部地址为 10.0.0.0/24,内部全局地址池为 202.0.0.3~202.0.0.5/29。

```
[R2]acl 2000                                     //配置标准 ACL 编号
[R2-acl-basic-2000]rule 5 permit source 10.0.0.0 0.0.0.255
                          //配置 ACL 规则,允许源网段 10.0.0.0 网段通过
[R2-acl-basic-2000]quit
[R2]nat address-group 1 202.0.0.3 202.0.0.5      //定义全球 IP 地址池
[R2]interface S1/0/0                             //进入路由器出口应用动态 NAT
```

```
[R2-GigabitEthernet0/0/1]nat outbound 2000 address-group 1 no-pat
    //建立 ACL 与 IP 地址池关系,ACL 编号 2000 与地址池 1 映射
```

2. 在 R2 上配置动态 NAT 并使公司分部主机能访问 Internet

在 R2 上做 NAT,内部接口为 GE0/0/0,外部接口为 S1/0/0,内部地址为 10.0.1.0/27,内部全局地址池为 202.0.0.3～202.0.0.5/29。

```
[R2]acl 2001                                        //配置编号标准 ACL
[R2-acl-basic-2001]rule 5 permit source 10.0.1.0 0.0.0.32
    //配置 ACl 规则,允许源网段 10.0.0.0 网段通过
[R2-acl-basic-2001]quit
[R2]nat address-group 1 202.0.0.3 202.0.0.5         //定义全球 IP 地址池
[R2]interface S1/0/0                                //进入路由器出口应用动态 NAT
[R2-GigabitEthernet0/0/1]nat outbound 2001 address-group 1 no-pat
```

任务 9-2　R2 上的配置静态把内部服务器 Server0 发布到 Internet

在 R2 上做静态 NAT,内部接口为 GE0/0/1,外部接口为 S1/0,内部主机地址 172.16.10.2/30,内部全局地址为 202.0.0.6/29。

```
//将私网 2 的局部地址 192.168.1.2/24 映射到内部全局地址 200.1.1.3/24 上
[R2-GigabitEthernet0/0/1]nat static global 202.0.0.6 inside 172.16.10.2
[R2-GigabitEthernet0/0/1]nat static enable          //开启静态 NAT 功能,默认已开启
```

任务 9-3　R2 上的配置动态 PAT 使合作伙伴联入 Internet

在 R5 上做动态 PAT,内部接口为 GE0/0/0,外部接口为 S1/0/1,内部地址为 10.0.2.0/27、192.168.10.0/24,内部全局地址池为 202.0.1.2/30。

```
[R1]acl 2002
[R1-acl-basic-2002]rule 2 permit source 10.0.2.0 0.0.0.32
[R1-acl-basic-2002]rule 3 permit source 192.168.10.0 0.0.0.255
[R1-acl-basic-2002]quit
[R1]interface S1/0/1
[R1-GigabitEthernet0/0/1]nat outbound 2002
```

总部、分部的任意一台主机 ping 202.0.1.2/30,若通,说明总部与分部都成功地通过 R2 采用 PAT 的方式接入 Internet,PC5 通过浏览器访问 202.0.0.6/29 能访问到 Server0 的内容,说明静态 NAT 也配置成功了。

9.6　项目小结

1. NAT 和 PAT 的类别

(1) NAT 的类别。

静态 NAT:建立地址之间的永久一对一映射关系,主要用以内网对外提供服务。

动态 NAT:建立地址之间的临时一对一映射关系,主要用于内部局域网的多台主机共同使用 IP 地址池中的地址访问 Internet。每一个临时映射关系过一段时间没有数据就会

删除。

（2）PAT 的类别。

静态 PAT：采用"地址＋端口"的方式建立多对一映射关系，主要用于内部多台不同功能的服务器通过同一个公网 IP 的地址转换。

动态 PAT：采用"地址＋端口"的方式建立多对一映射关系，主要用于内部局域网的多台主机共享一个 IP 地址访问 Internet。

2. NAT 的优缺点

优点：节省公有地址，对外隐藏地址，提供安全性。

缺点：转换延迟和设备压力，无法执行端到端跟踪，影响特定的应用。

9.7 练习题

一、填空题

1. NAT 有_____、_____和_____三种类型。

2. 用_____命令清除 NAT 转换表中所有的动态地址转换条目。

3. 用_____命令查看 NAT 转换表。

4. 用_____命令查看 NAT 转换的统计信息。

二、单项选择题

1. 如图 9-25 所示。R1 正在为内部网络 10.1.1.0/24 进行 NAT 过载。主机 A 向 Web 服务器发送了一个数据包。从 Web 服务器返回的数据包的目的 IP 地址是（　　）。

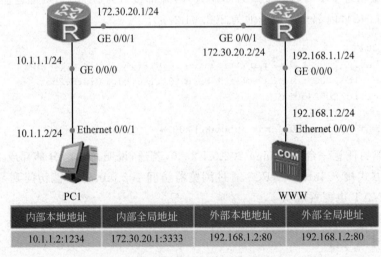

内部本地地址	内部全局地址	外部本地地址	外部全局地址
10.1.1.2:1234	172.30.20.1:3333	192.168.1.2:80	192.168.1.2:80

图 9-25　返回数据包的目的 IP 地址

A. 10.1.1.2:1234　　　　　　　　　B. 172.30.20.1:3333

C. 10.1.1.2:3333　　　　　　　　　D. 172.30.20.1:1234

E. 192.168.1.2:80

2. 当在路由器上实施地址转换时，访问控制列表可提供功能的是（　　）。

A. 定义从 NAT 地址池中排除哪些地址

B. 定义向 NAT 地址池分配哪些地址

C. 定义允许来自哪些地址发来的流量通过路由器传出

D. 定义可以转换哪些地址

三、多项选择题

下列关于创建和应用访问列表的说法中正确的是(　　)。

A. 访问列表条目应该按照从一般到具体的顺序进行过滤

B. 对于每种协议来说，在每个端口的每个方向上只允许一个访问列表

C. 应该将标准 ACL 应用到最接近源的位置，扩展 ACL 则应该被应用到最接近目的地的位置

D. 所有访问列表末尾都有一条隐含的拒绝语句

E. 会按照从上到下的顺序处理语句，直到发现匹配内容为止

F. inbound 关键字表示流量从应用该 ACL 的路由器接口进入网络

四、简答题

1. 对比静态 NTA 和动态 NTA 以及静态 PAT 和动态 PAT 的工作原理，并找出其区别。

2. 如何配置静态 NTA 和动态 NTA 以及静态 PAT 和动态 PAT?

3. 如何区别内部本地地址、内部全局地址、外部本地地址、外部全局地址?

9.8　项目实训

某公司拥有一台两接口路由器 R1，如图 9-26 所示。

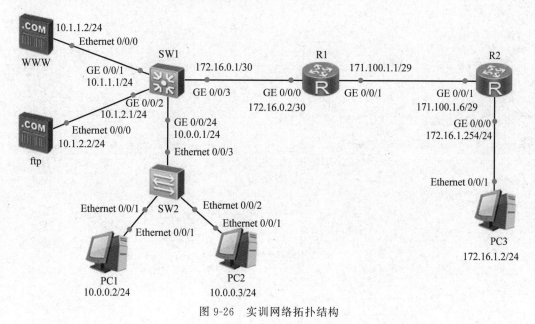

图 9-26　实训网络拓扑结构

其中 GE0/0/0 口连接到内部网络,GE0/0/1 口连接到 ISP 路由器 R2。在内部网络中,公司使用 10.0.0.0/24 地址范围内的地址。公司希望使用 PAT 将其所有的内部本地地址转换成从其供应商那里获得的内部全局地址 171.100.1.2/29,并通过内部全局地址 171.100.1.3/29 提供可以从 Internet 访问的 FTP 和 Web 服务,并且对 Web 服务的请求应被送到 Web 服务器所在的地址 10.1.1.2/24,而 FTP 请求则被送到 FTP 服务器所在的地址 10.1.2.2/24。为方便验证配置结果,在 ISP 路由器 R2 处提供有 PC3(172.16.1.2/24)。

项目 10
建立安全隧道

课程思政

- 没有网络安全就没有国家安全:重视和维护网络安全,就是在守护个人隐私等信息安全,也是在维护国家安全。
- 守护网络安全,呵护精神家园:互联网已经成为舆论斗争的主战场,要把网上舆论工作最为重中之重来抓,把主力军放在主战场,是互联网这个最大变量变成事业发展的最大增量,让网络空间成为我们党凝聚共识的新空间。
- 应坚持总体国家安全观,树立正确的网络安全观:提高网络安全意识,自觉维护网络安全,也是互联网时代的公共责任和公民义务。

10.1　项目导入

随着企业异地化、全球化的发展,异地办公的需要越来越广泛,为了共享资源及处理事务,需要将分布在不同地方的公司部门通过网络互联起来。假如通过互联网直接连接起来,会将整个公司内部网络资源暴露在互联网之下,造成巨大的安全隐患。为了消除安全隐患,有两种解决方案:一种是在不同地区的公司部门之间架设专门的物理线路(或租用 ISP 的物理线路);另一种方案是采用虚拟专用网络 VPN(virtual private network)技术,在公用因特网上建立起一条虚拟的、加密的、安全的专业通道。第一种方案由于是专门的物理线路,成本较为高昂,VPN 方式是较为实用且花费较低。综合考虑 AAA 公司的情况,决定采用 VPN 的方式,在分部与总部总经理及董事会办公室之间建立 VPN 安全隧道以传输机要信息。

10.2　职业能力目标和要求

- 了解 VPN 含义、分类和工作原理。
- 掌握 IPSec VPN 的配置方法。
- 能根据实际工作的需求配置 VPN,使用户能够通过 VPN 远程接入到企业内部网络,既能使用企业内部的网络资源,又能保障内部网络和用户的安全。

10.3　相关知识

VPN 又叫虚拟专用网络,可以理解成虚拟出来的企业内部专线。它可以通过特殊的加密的通信协议,在连接在 Internet 上的位于不同地方的两个或多个企业内部网之间建立一条专有的通信线路,就好比是架设了一条专线一样,但是它并不需要真正地去铺设光缆之类的物理线路,而是通过一个公用网络(通常是因特网)建立一个临时的、安全的连接,是一条穿过混乱的公用网络的安全、稳定的隧道。VPN 技术原是路由器具有的重要技术之一,目前在交换机、防火墙设备或 Windows 2000 等软件里也都支持 VPN 功能。一句话,VPN 的核心就是在利用公共网络建立虚拟私有网络。

10.3.1　VPN 的分类

一般情况下,VPN 可分为远程访问 VPN、站点到站点的 VPN。

1. 远程访问 VPN

远程访问 VPN 是指总部和所属同一个公司的小型或家庭办公室(small office home office,SOHO)以及出外员工之间所建立的 VPN。SOHO 通常以 ISDN 或 DSL 的方式接入 Internet,在其边缘使用路由器,与总部的边缘路由器、防火墙之间建立起 VPN。移动用户的计算机中已经事先安装了相应的客户端软件,可以与总部的边缘路由器、防火墙或者专用的 VPN 设备建立的 VPN。在过去的网络中,公司的远程用户需要通过拨号网络接入总公司,这需要借用长途功能。使用了 VPN 以后,用户只需要拨号接入本地 ISP 就可以通过 Internet 访问总公司,从而节省了长途开支。远程访问 VPN 可提供小型公司、家庭办公室、移动用户等用户的安全访问。

2. 站点到站点的 VPN

站点到站点的 VPN 是指的公司内部各部门之间,以及公司总部与其驻外的分支机构和办公室之间建立的 VPN。因这种 VPN 通信过程仍然是在公司内部进行的,因此也称 Intranet VPN。以前,这种网络都需要借用专线或中贞延迟来进行通信服务,但是现在的许多公司都和 Internet 有连接,因此 Intranet VPN 便替代了专线或中贞延迟进行网络连接。Intranet VPN 是传统广域网的一种扩展方式。

10.3.2　VPN 的工作原理

简单地说,VPN 的工作原理可以看作"VPN＝加密＋隧道",其工作过程如图 10-1 所示。

下面介绍 VPN 的关键技术。

1)安全隧道技术

为了在公网上传输私有数据而发展出来的"信息封装"方式在 Internet 上传输的加密数据包中,只有 VPN 端口或网关的 IP 地址暴露在外面,其他内部地址与细节都被封装,外部无法看到。图 10-2 是在 Internet 上建立安全通道示意图。

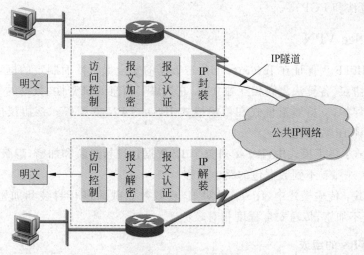

图 10-1　VPN 工作原理

图 10-2　安全隧道

隧道协议主要有二层隧道 VPN(包括 L2TP、PPTP、L2F)和三层隧道 VPN(包括 GRE和 IPSec)。

第二层隧道协议是建立在点对点协议(PPP)的基础上,先把各种网络协议(IP、IPX 等)封装到 PPP 帧中,再把整个数据帧装入隧道协议。这种协议适用于通过公共电话交换网或者 ISDN 线路连接 VPN。

第三层隧道协议是把各种网络协议直接装入隧道协议,在可扩充性、安全性、可靠性方面优于第二层隧道协议。这也是本书主要讲解的内容。

2) 信息加密技术

信息加密技术可提供机密性(对用户数据提供安全保护)、数据完整性(确保消息在传送过程中没有被修改)、身份验证(确保宣称已经发送了消息的实体是真正发送消息的实体)等功能。图 10-3 是信息加密与解密的过程。

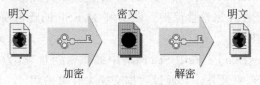

图 10-3　信息加密与解密的过程

数据加密算法分对称加密算法和非对称加密算法两种情况。其中对称加密算法主要包括 DES 算法、AES 算法、IDEA 算法、Blowfish 算法和 Skipjack 算法等,非对称加密算法主要包括 RSA 算法和 PGP 等。

10.3.3　IPSec VPN

IPSec 是 IETF 为保证在 Internet 上传送数据的安全保密性而制定的框架协议,是一种开放的框架式协议(各算法之间相互独立)。它提供了信息的机密性、数据的完整性、用户的验证和防重放保护,支持隧道模式和传输模式 IPSec VPN 的配置。该协议应用在网络层,用于保护和认证 IP 数据包。

- 隧道模式:隧道模式中,IPSec 对整个 IP 数据包进行封装和加密,隐蔽了源和目的 IP 地址,从外部看不到数据包的路由过程。
- 传输模式:传输模式中,IPSec 只对 IP 有效数据载荷进行封装和加密,IP 源和目的 IP 地址不加密,传送安全程度相对较低。

1. IPSec VPN 的组成

1) IPSec 提供两个安全协议

(1) AH(authentication header)认证头协议。该协议用于隧道中报文的数据源鉴别和数据的完整性保护,对每组 IP 包进行认证,防止黑客利用 IP 进行攻击。图 10-4 是 AH 的隧道模式封装示意图。

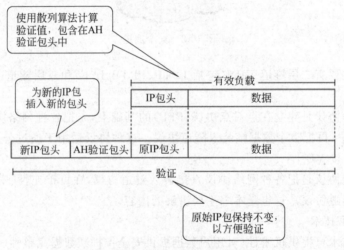

图 10-4　AH 的隧道模式封装示意图

(2) ESP(encapsulation security payload)封装安全载荷协议。该协议用于保证数据的保密性,提供报文的认证性和完整性保护。图 10-5 是 ESP 的隧道模式封装示意图。

2) 密钥管理协议(IKE)

IKE(Internet key exchange)在 IPSec 网络中提供密钥管理,为 IPSec 提供了自动协商交换密钥及建立安全联盟的服务。它通过数据交换来计算密钥。

IKE 用于在两个通信实体之间交换密钥。安全相关(security association)是 IPSec 中的一个重要概念。一个安全相关表示两个或多个通信实体之间经过了身份认证,且这些通信实体都能支持相同的加密算法,成功地交换了会话密钥,可以开始利用 IPSec 进行安全通信。IPSec 协议本身没有提供在通信实体间建立安全相关的方法,利用 IKE 建立安全相关。

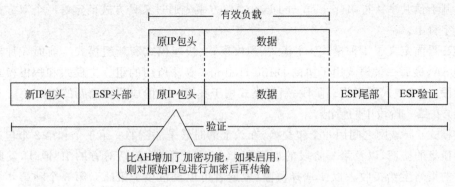

图 10-5   ESP 的隧道模式封装示意图

IKE 定义了通信实体间进行身份认证、协商加密算法以及生成共享的会话密钥的方法。IKE 是一种混合型协议,由 RFC 2409 定义,包含了 3 个不同协议的有关部分: Oakley、SKEME 和 ISAKMP。

IKE 和 ISAKMP 的不同之处在于: IKE 真正定义了一个密钥交换的过程,而 ISAKMP 只是定义了一个通用的可以被任何密钥交换协议使用的框架。

Oakley 为 IKE 提供了一个多样化、多模式的应用,让 IKE 可以用在很多场合。

SKEME 提供了 IKE 交换密钥的算法,通过 DH 进行密钥交换和管理。

ISAKMP(Internet security association key management protocol,Internet 安全联盟密钥管理协议)是一个框架,在该框架内定义了每一次交换的包结构,每次需要几个包交换,主模式为 6 个包交换,主动模式为 3 个包交换,它由美国国家安全处开发,在配置 IPSec VPN 时只能设置它,前两个协议不能被设置。

ISAKMP 由 RFC 2408 定义,定义了协商、建立、修改和删除 SA 的过程和包格式。ISAKMP 只是为 SA 的属性和协商、修改、删除 SA 的方法提供了一个通用的框架,并没有定义具体的 SA 格式。

ISAKMP 没有定义任何密钥交换协议的细节,也没有定义任何具体的加密算法、密钥生成技术或者认证机制。这个通用的框架是与密钥交换独立的,可以被不同的密钥交换协议使用。ISAKMP 报文可以利用 UDP 或者 TCP,它们的端口都是 500,一般情况下常用 UDP。

ISAKMP 双方交换的内容称为载荷。ISAKMP 目前定义了 13 种载荷,一个载荷就像积木中的一个"小方块",这些载荷按照某种规则"叠放"在一起,然后在最前面添加上 ISAKMP 头部,这样就组成了一个 ISAKMP 报文,这些报文按照一定的模式进行交换,从而完成 SA 的协商、修改和删除等功能。

IKE 中有以下 4 种身份认证方式。

- 基于数字签名(digital signature):利用数字证书来表示身份,利用数字签名算法计算出一个签名来验证身份。
- 基于公开密钥(public key encryption):利用对方的公开密钥加密身份,通过检查对方发来的该 HASH 值作认证。
- 基于修正的公开密钥(revised public key encryption):对上述方式进行修正。

- 基于预共享字符串（pre-shared key）：双方事先通过某种方式商定好一个双方共享的字符串。

IKE 目前定义了 4 种模式：主模式、积极模式、快速模式和新组模式。前面 3 种模式用于协商 SA，最后一种模式用于协商 Diffie Hellman 算法所用的组。主模式和积极模式用于第一阶段；快速模式用于第二阶段；新组模式用于在第一个阶段后协商新的组。

（1）在第一阶段中的情况。

主模式：局域网之间用 6 个包交换，在认证的时候是加密的。第 1 个和第 2 个包进行策略和转换集的协商，以及第一阶段的加密和 HASH 的策略，包括对方的 IP 地址，发起者把它所有的策略发给接收者以便选择协商（发起者可以设很多个策略），第 3 个和第 4 个包进行 DH（DH 算出的公共值和两边产生的随机数）的交换，这两个包很大而 MTU 小，那么可能在这个地方出错。第 5 个和第 6 个包彼此进行认证，HASH 被加密过，对方解密才能进行认证。

远程拨号 VPN：为主模式。第 3 个包用于减少对 PC 的压力，在认证的时候是不加密的。

（2）在第二阶段中（用快速模式）会对第一阶段的信息再做一次认证。当 IPSec 参数设的不一致时，它会在快速模式的第 1 个和第 2 个包中报错，会出现不可接受信息。ACL 定义内容要匹配，ACL 两边要对应一致。快速模式的第 1～3 个包的作用是再进行双方的认证，协商 IPSec SA 的策略，建立 IPSec 的安全关联，周期性地更新 IPSec 的 SA，默认一小时一次。ISAKMP 默认是一天更新一次，协商双方感兴趣的流，如果有 PFS，就会进行新一轮的 DH 交换，过程与第一阶段的 DH 交换基本一样。

IPSec VPN
配置实例

2．IPSec VPN 的配置步骤

（1）配置基本信息，包括路由器主机名、IP 地址及默认路由。

（2）定义各自要保护的数据流。命令格式如下：

```
acl 编号(3000～3999)                //编号(3000-3999)表示高级 ACL
rule 规则 ID permit ip source 源网络 反掩码 destination 目标网络 反掩码
```

（3）创建 IPSec 安全提议。命令格式如下：

```
ipsec proposal STRING<1-15>         //安全提议名称,也可以取字符串"1～15"
esp authentication-algorithm  ESP 封装认证算法
#esp authentication-algorithm ?     //查询 ESP 封装认证算法,值越大越安全,性能越差
    md5   Use HMAC-MD5-96 algorithm
    sha1   Use HMAC-SHA1-96 algorithm
    sha2-256   Use SHA2-256 algorithm
    sha2-384   Use SHA2-384 algorithm
    sha2-512   Use SHA2-512 algorithm
    sm3   Use SM3 algorithm
esp encryption-algorithm ESP 封装加密算法
#esp authentication-algorithm ?     //查询 ESP 封装加密算法,值越大越安全,性能越差
    3des   Use 3DES
    aes-128   Use AES-128
    aes-192   Use AES-192
```

```
aes-256  Use AES-256
des  Use DES
sm1  Use SM1
```

（4）创建 IKE 安全提议，IKE(Internet key exchange，网络密钥交换)。命令格式如下：

```
ike proposal 值 1-99              //值 1～99 为 IKE 提议数
encryption-algorithm 密钥加密算法
#encryption-algorithm ?          //查询密钥加密算法，值越大越安全，性能越差
  3des-cbc   168 bits 3DES-CBC
  aes-cbc-128   Use AES-128
  aes-cbc-192   Use AES-192
  aes-cbc-256   Use AES-256
  des-cbc   56 bits DES-CBC
authentication-algorithm 密钥交换身份鉴别算法        //可用不同对称算法，要协商一致
#authentication-algorithm        //查询密钥交换身份鉴别算法，值越大越安全，性能越差
  aes-xcbc-mac-96  Select aes-xcbc-mac-96 as the hash algorithm
  md5   Select MD5 as the hash algorithm
  sha1   Select SHA as the hash algorithm
  sm3   Select sm3 as the hash algorithm
```

（5）配置 IKE 对等体，并根据默认配置预共享密钥和两端 IP。命令格式如下：

```
ike peer 名称或值串 版本号        //值串为 1～15，版本号为 v1/v2
ike-proposal 值                  //取值必须与步骤 4 的值一致
pre-shared-key simple/cipher 预共享密码        //simple 为简单密码，cipher 为加密密码
remote-address 对端 IP 地址
local-address 本地 IP 地址
```

（6）配置 IKE 动态协商方式安全策略，关联前述步骤的策略。

```
ipsec policy 1 1 isakmp         //IPSec 策略值串为 1～15，次序号为 1～1000
security acl 3001               //关联 ACL，与步骤（2）一致
proposal 1                      //关联 proposal 策略，与步骤（3）一致
ike-peer 1                      //关联 IKE 策略，与步骤（4）一致
```

（7）在接口上引用安全策略组，使接口具有 IPSec 的保护功能。命令格式如下：

```
interface 端口号                 //本地路由器出口为引用接口
ipsec policy ipsec 策略值串    //ipsec 策略值串与步骤（6）一致
```

（8）检查配置结果。

3. IPSec VPN 配置实例

例 10-1　如图 10-6 所示，现欲在北京总公司与上海分公司之间建立 IPSec VPN 隧道，分别在 R1 和 R2 完成配置，使 192.168.1.0/24 与 192.168.2.0/24 之间的通信使用安全隧道穿越 Internet，IP 地址规划如图 10-6 所示。

（1）配置基本信息，包括路由器主机名、IP 地址及静态路由。

① 配置 R1 的基本信息。

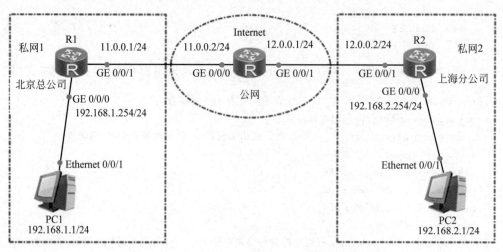

图 10-6　IPSec VPN 实例的网络拓扑结构

```
<Huawei>system-view
[Huawei] sysname R1                                    //配置路由器的名称为 R1
[R1] interface GigabitEthernet 0/0/0
[R1-GigabitEthernet0/0/0] ip address 192.168.1.254 24    //配置端口 IP 地址
[R1-GigabitEthernet0/0/0] interface GigabitEthernet 0/0/1
[R1-GigabitEthernet0/0/1] ip address 11.0.0.1 24
[R1-GigabitEthernet0/0/1] quit
[R1] ip route-static 12.0.0.0 255.255.255.0 11.0.0.2     //配置静态路由
[R1] ip route-static 192.168.2.0 255.255.255.0 12.0.0.2
```

② 配置 Internet 的基本信息。

```
<Huawei>system-view
[Huawei] sysname R1                                      //配置路由器的名称为 Internet
[Internet] interface GigabitEthernet 0/0/0
[Internet-GigabitEthernet0/0/0] ip address 11.0.0.2 24     //配置端口 IP 地址
[Internet-GigabitEthernet0/0/0] interface GigabitEthernet 0/0/1
[Internet-GigabitEthernet0/0/1] ip address 12.0.0.1 24
[Internet-GigabitEthernet0/0/1] quit
```

③ 配置 R2 的基本信息。

```
<Huawei>system-view
[Huawei] sysname R2                                      //配置路由器的名称为 R2
[R2] interface GigabitEthernet 0/0/0
[R2-GigabitEthernet0/0/0] ip address 192.168.2.254 24      //配置端口 IP 地址
[R2-GigabitEthernet0/0/0] interface GigabitEthernet 0/0/1
[R2-GigabitEthernet0/0/1] ip address 12.0.0.2 24
[R2-GigabitEthernet0/0/1] quit
[R2] ip route-static 11.0.0.0 24 12.0.0.1                  //配置静态路由,子网掩码为 24 位
[R2] ip route-static 192.168.1.0 24 11.0.0.1
```

（2）定义各自要保护的数据流。

① R1 定义要保护的数据流 ACL。

```
[R1] acl 3001            //配置高级 ACL,编号为 3000～3999
[R1-acl-adv-3001] rule 5 permit ip source 192.168.1.0 0.0.0.255 destination 192.
168.2.0 0.0.0.255    //用规则 5,允许源 192.168.1.0/24 访问目标 192.168.2.0/24
[R1-acl-adv-3001] quit
```

② R2 定义配置时要保护的数据流 ACL。

```
[R2] acl 3001
[R2-acl-adv-3001] rule 5 permit ip source 192.168.2.0 0.0.0.255 destination 192.
168.1.0 0.0.0.255
[R2-acl-adv-3001] quit
```

（3）创建 IPSec 安全提议。

① R1 创建 IPSec 安全提议。IPSec 安全值串为 1,方便记忆。

```
[R1] ipsec proposal 1          //IPSec 安全提议名称,也可取值串 1～15
[R1-ipsec-proposal-1] esp authentication-algorithm sha2-256
[R1-ipsec-proposal-1] esp encryption-algorithm aes-128
[R1-ipsec-proposal-1] quit
```

② R2 创建 IPSec 安全提议,与 R1 配置一致。

```
[R2] ipsec proposal 1
[R2-ipsec-proposal-1] esp authentication-algorithm sha2-256
[R2-ipsec-proposal-1] esp encryption-algorithm aes-128
[R2-ipsec-proposal-1] quit
```

（4）创建 IKE 安全提议。

① R1 创建 IKE 安全提议。

```
[R1] ike proposal 1   //IKE 安全提议名称,取值 1～15
[R1-ike-proposal-1] encryption-algorithm aes-cbc-128 //密钥加密算法
[R1-ike-proposal-1] authentication-algorithm md5        //密钥交换身份鉴别算法
[R1-ipsec-proposal-1]quit
```

② R2 创建 IKE 安全提议,与 R1 配置一致。

```
[R2] ike proposal 1          //IKE 安全提议名称,取值 1～15
[R2-ike-proposal-1] encryption-algorithm aes-cbc-128 //密钥加密算法
[R2-ike-proposal-1] authentication-algorithm md5        //密钥交换身份鉴别算法
[R2-ipsec-proposal-1]quit
```

（5）配置 IKE 对等体,并根据默认配置,配置预共享密钥和两端 IP。

① R1 配置 IKE 对等体。

```
[R1] ike peer 1 v1                              //值串为 1～15,版本号为 v1/v2
[R1-ike-peer-1] ike-proposal 1                 //必须与步骤(4)的值一致
[R1-ike-peer-1] pre-shared-key simple ipsecvpn  //两端密码必须一致
```

```
[R1-ike-peer-1] remote-address 12.0.0.2
[R1-ike-peer-1] local-address 11.0.0.1
[R1-ike-peer-1] quit
```

② R2 配置 IKE 对等体。

```
[R2] ike peer 1 v1
[R2-ike-peer-1] ike-proposal 1
[R2-ike-peer-1] pre-shared-key simple ipsecvpn       //两端密码必须一致
[R2-ike-peer-1] remote-address 11.0.0.1
[R2-ike-peer-1] local-address 12.0.0.2
[R2-ike-peer-1] quit
```

(6) 配置 IKE 动态协商方式安全策略,关联上述策略。

① R1 关联上述策略。

```
[R1] ipsec policy 1 1 isakmp                          //IPSec 值串为 1～15,次序号为 1～1000
[R1-ipsec-policy-isakmp-1-1] security acl 3001        //关联 ACL,与步骤(2)一致
[R1-ipsec-policy-isakmp-1-1] proposal 1               //关联 proposal 策略,与步骤(3)一致
[R1-ipsec-policy-isakmp-1-1] ike-peer 1               //关联 IKE 策略,与步骤(4)一致
[R1-ipsec-policy-isakmp-1-1] quit
```

② R2 关联上述策略,与 R1 配置一致。

```
[R2] ipsec policy 1 1 isakmp
[R2-ipsec-policy-isakmp-1-1] security acl 3001
[R2-ipsec-policy-isakmp-1-1] proposal 1
[R2-ipsec-policy-isakmp-1-1] ike-peer 1
[R2-ipsec-policy-isakmp-1-1] quit
```

(7) 在接口上引用安全策略组,使接口具有 IPSec 的保护功能。

① R1 在接口上引用安全策略组。

```
[R1] interface GigabitEthernet0/0/1                   //本地路由器出口为引用接口
[R1-GigabitEthernet0/0/1] ipsec policy 1              //与步骤(6)一致
```

② R2 在接口上引用安全策略组。

```
[R2] interface GigabitEthernet0/0/1
[R2-GigabitEthernet0/0/1] ipsec policy 1
```

(8) 检查配置结果。配置成功后,在北京总公司的 PC1 上可以 ping 通上海分公司的 PC2,如图 10-7 所示。但是 ping 不通 Internet 路由器,因为 Internet 路由器没有配置到达 R1 和 R2 的路由,如图 10-8 所示,证明 IPSec 成功建立。

此时在 R1 上通过 display ipsec sa brief 命令查看 IPSec 安全协商结果,可以看到 PC1 通过 R1 出口 IP 地址 11.0.0.1 到达 PC2 入口路由器 R2 接口 IP 地址 12.0.0.2 的数据均被加密传输,加密协议为 ESP,加密算法为 sha2-256,而且经过对端 R2 协商成功后才能连接成功,如图 10-9 所示。

图 10-7   PC1 能 ping 通 PC2

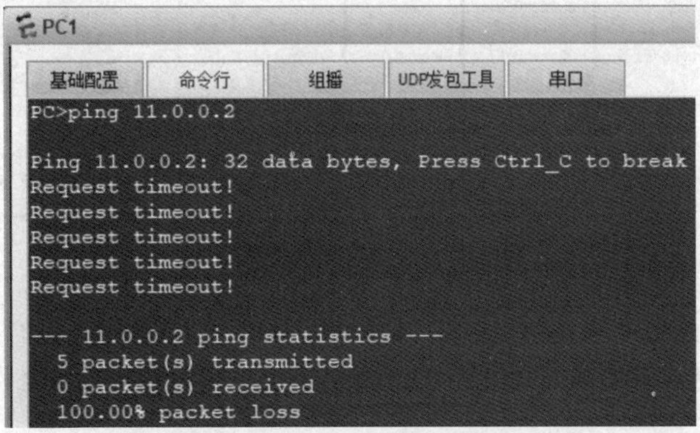

图 10-8   PC1 不能 ping 通 Internet 路由器

图 10-9   查看 IPSec 安全协商结果

10.4   项目设计与准备

1. 项目设计

通过如图 10-10 所示的网络拓扑结构,可以发现在分部与总部总经理及董事会办公室之间有 SW3 核心交换机以及 R1、R2、R3 这四个主要的网络连接设备,其中只有公司外网接入路由器 R2 连接公网,存在不安全的因素最大,同时考虑尽可能地不影响核心交换机的性能,选择在总部路由器 R1 上及分部路由器 R3 上配置 IPSec VPN,建立安全隧道,保证分部与总部总经理及董事会办公室之间采用安全隧道的方式传输机要信息。

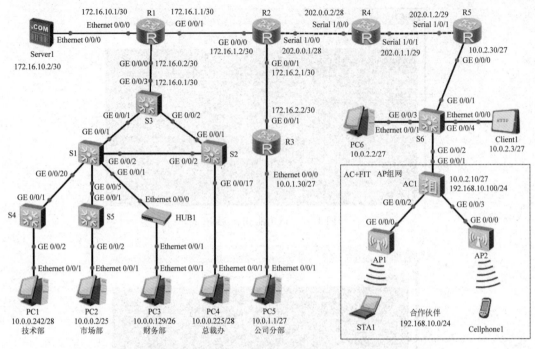

图 10-10　IPSec VPN 应用的网络拓扑结构

IPSec VPN 的配置中选择使用 ESP 加 3DES 加密，并使用 ESP 结合 SHA 算法，以隧道模式进行封装，设置密钥加密方式为 3DES，并使用预共享的密码进行身份验证。

2. 项目准备

方案一：真实设备操作（以组为单位，小组成员协作，共同完成实训）。

- 华为交换机、路由器、配置线、台式机或笔记本电脑。
- 用项目 9 的配置结果。

方案二：在模拟软件中操作（以组为单位，成员相互帮助，各自独立完成实训）。

- 安装有华为 eNSP 的计算机每人一台。
- 用项目 9 的配置结果。

10.5　项目实施

实现分部与总部总经理及董事会办公室之间采用安全隧道的方式通信。

任务 10-1　R1 端配置 VPN 参数

（1）配置基本信息，包括路由器主机名、IP 地址及静态路由。

（略）

（2）定义各自要保护的数据流。

项目实施

```
[R1] acl 3001                    //配置高级ACL,编号为3000~3999
[R1-acl-adv-3001] rule 5 permit ip source any destination any
```

//规则 5 允许任何源网段访问任何目标网段

```
[R1-acl-adv-3001] quit
```

(3) 创建 IPSec 安全提议。

```
[R1] ipsec proposal 1          //IPSec 安全提议名称,可取值串 1~15
[R1-ipsec-proposal-1] esp authentication-algorithm sha1
[R1-ipsec-proposal-1] esp encryption-algorithm 3des
[R1-ipsec-proposal-1] quit
```

(4) 创建 IKE 安全提议。

```
[R1] ike proposal 1            //IKE 安全提议名称,取值为 1~15
[R1-ike-proposal-1] encryption-algorithm aes-cbc-128      //密钥加密算法
[R1-ike-proposal-1] authentication-algorithm sha1         //密钥交换身份鉴别算法
[R1-ipsec-proposal-1]quit
```

(5) 配置 IKE 对等体,并根据默认配置设置预共享密钥和两端 IP。

```
[R1] ike peer 1 v1                              //IKE 对端值串为 1,版本号为 v1
[R1-ike-peer-1] ike-proposal 1                  //必须与步骤(4)的值一致
[R1-ike-peer-1] pre-shared-key simple ipsecvpn  //预共享密钥,简单加密密码
[R1-ike-peer-1] remote-address 172.16.2.2
[R1-ike-peer-1] local-address 172.16.1.1
[R1-ike-peer-1] quit
```

(6) 配置 IKE 动态协商方式安全策略,关联上述策略。

```
[R1] ipsec policy 1 1 isakmp                           //IPSec 策略值串为 1~15,次序号为 1~1000
[R1-ipsec-policy-isakmp-1-1] security acl 3001    //关联 ACL,与步骤(2)一致
[R1-ipsec-policy-isakmp-1-1] proposal 1           //关联 proposal 策略,与步骤(3)一致
[R1-ipsec-policy-isakmp-1-1] ike-peer 1           //关联 IKE 策略,与步骤(4)一致
[R1-ipsec-policy-isakmp-1-1] quit
```

(7) 在接口上引用安全策略组,使接口具有 IPSec 的保护功能。

```
[R1] interface GigabitEthernet0/0/1              //本地路由器出口为引用接口
[R1-GigabitEthernet0/0/1] ipsec policy 1   //与步骤(6)一致
```

任务 10-2 RT2 端配置 VPN 参数

(1) 配置基本信息,包括路由器主机名、IP 地址及静态路由。

(略)

(2) 定义各自要保护的数据流。

```
[R3] acl 3001
[R3-acl-adv-3001] rule 5 permit ip source any destination any
[R3-acl-adv-3001] quit
```

(3) 创建 IPSec 安全提议。

```
[R3] ipsec proposal 1
[R3-ipsec-proposal-1] esp authentication-algorithm sha1
```

```
[R3-ipsec-proposal-1] esp encryption-algorithm 3des
[R3-ipsec-proposal-1] quit
```

(4)创建 IKE 安全提议。

```
[R3] ike proposal 1
[R3-ike-proposal-1] encryption-algorithm aes-cbc-128
[R3-ike-proposal-1] authentication-algorithm sha1
[R3-ipsec-proposal-1]quit
```

(5)配置 IKE 对等体,并根据默认配置,配置预共享密钥和两端 IP。

```
[R3] ike peer 1 v1
[R3-ike-peer-1] ike-proposal 1
[R3-ike-peer-1] pre-shared-key simple ipsecvpn
[R3-ike-peer-1] remote-address 172.16.1.1
[R3-ike-peer-1] local-address 172.16.2.2
[R3-ike-peer-1] quit
```

(6)配置 IKE 动态协商方式安全策略,关联上述策略。

```
[R3] ipsec policy 1 1 isakmp
[R3-ipsec-policy-isakmp-1-1] security acl 3001
[R3-ipsec-policy-isakmp-1-1] proposal 1
[R3-ipsec-policy-isakmp-1-1] ike-peer 1
[R3-ipsec-policy-isakmp-1-1] quit
```

(7)在接口上引用安全策略组,使接口具有 IPSec 的保护功能。

```
[R3] interface GigabitEthernet0/0/1
[R3-GigabitEthernet0/0/1] ipsec policy 1
```

10.6 项目验收

在 PC4 上能成功地 ping 通 PC5 的地址,说明已经建立了安全隧道,可以使用私有地址相互访问。

在 R1 上查看相关信息。

```
R1#display ipsec sa

==============================
Interface: GigabitEthernet0/0/1
Path MTU: 1500
==============================

------------------------------
  IPSec policy name: "1"
  Sequence number  : 1
  Acl Group        : 3001
  Acl rule         : 5
  Mode             : ISAKMP
```

```
------------------------------
    Connection ID      : 2
    Encapsulation mode : Tunnel
    Tunnel local       : 172.16.1.1          //隧道本地地址
    Tunnel remote      : 172.16.2.2          //隧道远程地址
    Flow source        : 10.0.0.225/255.255.255.248 0/0    //流量源地址
    Flow destination   : 10.0.1.1/255.255.255.224 0/0      //流量目标地址
    Qos pre-classify   : Disable

    [Outbound ESP SAs]
      SPI: 1787085997 (0x6a84c4ad)
      Proposal: ESP-ENCRYPT-3DES SHA1    //外围 ESP proposal 提议加密方式
      SA remaining key duration (bytes/sec): 1887360000/3545
      Max sent sequence-number: 5
      UDP encapsulation used for NAT traversal: N

    [Inbound ESP SAs]
      SPI: 2802129826 (0xa7051ba2)
      Proposal: ESP-ENCRYPT-3DES SHA1    //内部 ESP proposal 提议加密方式
      SA remaining key duration (bytes/sec): 1887436560/3545
      Max received sequence-number: 4
      Anti-replay window size: 32
      UDP encapsulation used for NAT traversal: N
```

 分公司与总经理及董事会办公室之间已经建立了安全隧道并开始工作。

10.7　项目小结

　　IPSec 位于网络层,负责 IP 包的保护和认证。IPSec 不限于某类特别的加密或认证算法、密钥技术或安全算法,它是实现 VPN 技术的标准框架。IPSec VPN 配置时要注意两端 IKE 的协商配置要一致。

10.8　知识拓展

　　下面介绍 VPN 建立细节。

　　无论 VPN 的类型是站点到站点还是远程访问 VPN,都需要完成以下三个任务。

- 协商采用何种方式建立管理连接。
- 通过 DH 算法共享密钥信息。
- 对等体彼此进行身份验证。

　　在主模式中,这三个任务是通过 6 个数据报文完成,前两个数据包用于协商对等体间的管理连接使用何种安全策略(交换 ISAKMP/IKE 传输集);中间两个数据包通过 DH 算法产生交换加密算法和 HMAC 功能所需的密钥;最后两个数据包使用预共享密钥等方式及对等方式执行对等体之间的身份验证。

注意 前4个报文为明文传输,从第5个数据报文开始采用密文传输,而前4个数据报文通过各种算法最终产生的密钥用于第5个和第6个数据报文以及后续数据的加密。

1) ISAKMAP/IKE阶段1建立过程

(1) 交换ISAKMAP/IKE传输集。交换ISAKMAP/IKE传输集主要包括以下几个方面:加密算法(DES、3DES、AES)、HMAC功能(MD5或SHA-1)、设备验证的类型(预共享密钥,也可以使用RSA签名等方法,本书不作介绍)、Diffie-Hellman密钥组(ASA支持1.2.5.7管理连接的生存周期)。

(2) 通过DH算法实现密钥交换。第一步只是协商管理连接的安全策略,而共享密钥的产生于交换就是通过Diffie-Hellman来实现的。

(3) 设备间的身份验证。设备身份验证时最常用的方法就是预共享密钥,即在对等体之间共享密钥,并存储在设备的本地。设备验证的过程可以通过加密算法或HMAC功能两种方法实现,而加密算法很少用于身份验证,多数情况都会通过HMAC功能实现。

2) ISAKMAP/IKE阶段2建立过程

(1) 安全关联(SA)。安全关联(SA)就是两个对等体之间建立的一条逻辑连接。

(2) ISAKMP/IKE阶段2的传输集。数据连接的传输集定义了数据连接时如何被保护的。与管理连接的传输集相似,它主要定义安全协议(AH、ESP)、连接模式(隧道模式、传输模式)、加密方式、验证方式。

(3) 安全协议。AH协议又称数据包头认证协议,它只实现验证功能,而并未提供任何形式的加密数据。ESP封装载荷协议可以提供认证和加密,而其只对IP数据的有效载荷进行验证,不包括外部的IP包头。

10.9 练习题

一、填空题

1. _____是因特网密钥交换协议。

2. _____封装安全载荷协议,该协议用于保证数据的保密性,提供报文的认证性和完整性保护。

3. _____认证头协议用于隧道中报文的数据源鉴别和数据的完整性保护,对每组IP包进行认证,防止黑客利用IP进行攻击。

二、单项选择题

1. 以下关于VPN说法正确的是( )。

    A. VPN指的是用户自己租用线路,以及公共网络物理上完全隔离的、安全的线路

    B. VPN指的是用户通过公用网络建立的临时的、安全的连接

    C. VPN不能做到信息验证和身份认证

    D. VPN只能提供身份认证,不能提供加密数据的功能

2. IPSec 协议是开放的 VPN 协议,对它的描述有误的是(   )。

    A. 适应于向 IPv6 迁移

    B. 提供在网络层上的数据加密保护

    C. 可以适应设备动态 IP 地址的情况

    D. 支持除 TCP/IP 以外的其他协议

3. 如果 VPN 网络需要运行动态路由协议并提供私网数据加密,通常采用(   )技术手段实现。

    A. GRE   B. GRE+IPSec   C. L2TP   D. L2TP+IPSec

4. 部署 IPSec VPN 时,配置(   )的安全算法可以提供更可靠的数据加密。

    A. DES   B. 3DES   C. SHA   D. 128 位的 MD5

5. MD5 散列算法具有(   )位摘要值。

    A. 56   B. 128   C. 160   D. 168

三、多项选择题

1. VPN 网络设计的安全性原则包括(   )。

    A. 隧道与加密   B. 数据验证

    C. 用户识别与设备验证   D. 入侵检测与网络接入控制

    E. 路由协议的验证

2. VPN 组网中常用的站点到站点接入方式是(   )。

    A. L2TP   B. IPSec   C. GRE+IPSec   D. L2TP+IPSec

3. 移动用户常用的 VPN 接入方式是(   )。

    A. L2TP   B. IPSec+IKE   C. GRE+IPSec   D. L2TP+IPSec

4. VPN 设计中常用于提供用户识别功能的是(   )。

    A. RADIUS   B. TOKEN   C. 数字证书   D. 802.1x

5. IPSec VPN 组网中网络拓扑结构可以为(   )。

    A. 全网状连接   B. 部分网状连接

    C. 星形连接   D. 树形连接

6. 移动办公用户自身的性质决定其比固定用户更容易遭受病毒或黑客的攻击,因此部署移动用户 IPSec VPN 接入网络的时候需要注意(   )。

    A. 移动用户个人计算机必须完善自身的防护能力,需要安装防病毒软件、防火墙软件等

    B. 总部的 VPN 节点需要部署防火墙,确保内部网络的安全

    C. 适当情况下可以使用集成防火墙功能的 VPN 网关设备

    D. 使用数字证书

7. 关于安全联盟 SA,说法正确的是(   )。

    A. IKE SA 是单向的   B. IPSec SA 是双向的

    C. IKE SA 是双向的   D. IPSec SA 是单向的

8. 下面关于 GRE 协议描述正确的是(   )。

    A. GRE 协议是二层 VPN 协议

    B. GRE 是对某些网络层协议(如 IP、IPX 等)的数据报文进行封装,使这些被封装的

数据报文能够在另一个网络层协议(如 IP)中传输

    C. GRE 协议实际上是一种承载协议

    D. GRE 提供了将一种协议的报文封装在另一种协议报文中的机制,使报文能够在异种网络中传输

9. 下面关于 GRE 协议和 IPSec 协议描述正确的是(　　　)。

    A.在 GRE 隧道上可以再建立 IPSec 隧道

    B. 在 GRE 隧道上不可以再建立 IPSec 隧道

    C. 在 IPSec 隧道上可以再建立 GRE 隧道

    D. 在 IPSec 隧道上不可以再建立 GRE 隧道

10. GRE 协议的配置任务包括(　　　)。

    A. 创建虚拟 Tunnel 接口　　　　　　　B. 指定 Tunnel 接口的源端

    C. 指定 Tunnel 接口的目的端　　　　　D. 设置 Tunnel 接口的网络地址

11. IPSec 的两种工作方式为(　　　)。

    A. NAS-initiated　　　　　　　　　　　B. Client-initiated

    C. tunnel　　　　　　　　　　　　　　D. transport

12. AH 是报文验证头协议,提供的主要功能是(　　　)。

    A. 数据机密性　　　　　　　　　　　　B. 数据完整性

    C. 数据来源认证　　　　　　　　　　　D. 反重放

13. ESP 是封装安全载荷协议,提供的主要功能是(　　　)。

    A. 数据机密性　　　　　　　　　　　　B. 数据完整性

    C. 数据来源认证　　　　　　　　　　　D. 反重放

14. AH 是报文验证头协议,可选择的散列算法有(　　　)。

    A. MD5　　　　　B. DES　　　　　C. SHA1　　　　　D. 3DES

15. ESP 是封装安全载荷协议,可选择的加密算法有(　　　)。

    A. MD5　　　　　B. DES　　　　　C. SHA1　　　　　D. 3DES

    E. AES

16. IPSec 安全联盟 SA 可唯一标识的参数是(　　　)。

    A. 安全参数索引 SPI　　　　　　　　　B. IP 本端地址

    C. IP 目的地址　　　　　　　　　　　　D. 安全协议号

17. 关于 IKE 的描述正确的是(　　　)。

    A. IKE 不是在网络上直接传送密钥,而是通过一系列数据的交换,最终计算出双方共享的密钥

    B. IKE 是在网络上传送加密后的密钥,以保证密钥的安全性

    C. IKE 采用完善前向安全特性 PFS,一个密钥被破解,并不影响其他密钥的安全性

    D. IKE 采用 DH 算法计算出最终的共享密钥

四、简答题

1. 什么是 VPN? 有哪些用途及优点?

2. IPSec VPN 的组成有哪些?

3. 如何配置 IPSec VPN?

4.简述 VPN 建立细节。

10.10 项目实训

如图 10-11 所示,两个远程公司的网络分别位于上海和北京,现要求通过配置 LAN-to-LAN VPN,实现上海与北京两个网络之间通过 VPN 隧道来穿越 Internet(路由 R2 则相当于 Internet 路由器,R2 只负责让 R1 与 R3 能够通信,R2 不会配置任何路由),最终实现在私网与私网之间穿越公网的通信,让 R5 与 R4 之间直接使用私有地址来互访。比如 R5 通过直接访问地址 192.168.1.4 来访问 R4。

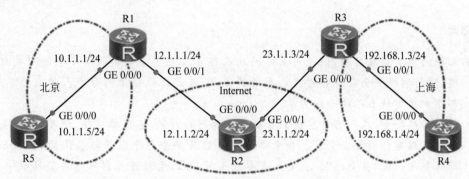

图 10-11 随堂实训的网络拓扑结构

项目 11
无线局域网搭建

课程思政

- 互联网虽然是虚拟的,但使用互联网的人都在现实中。鉴于网络安全的形式日益严峻,对付网络安全要有非常行之有效的方式,就是让社会上的每个人都成为参与者,都能积极贡献自己的一份力量。
- 维护网络安全,人人有责。我们在使用互联网的时候,不仅要守法,还要护法,要向周围的人群宣传网络安全法。和平年代网络信息安全关乎国家与人民的利益,如何为网络筑起一道"安全门"。需要人民群众上下一心,主动投入到网络安全事业中去,全心全意为国家网络安全拉起一道"防火墙"。

11.1　项目导入

有的公司计算机设备分散,计算机数目也在逐步增加。在这种情况下,全部用有线网连接终端设施,从布线到使用都会极不方便;有的房间是大开间布局,地面和墙壁已经施工完毕,若进行网络应用改造,埋设缆线工作量巨大,而且位置无法十分固定,导致信息点的放置也不能确定,这样构建一个无线局域网络就会很方便。为了使无线联入局域网的用户能访问有线网资源,网络架构可采用 WLAN 和有线局域网混合的非独立 WLAN。

无线接入点与周边的无线终端形成一个星形网络结构,使用无线接入点或无线路由器的 LAN 口与有线网络相连,从而使整个 WLAN 的终端都能访问有线网络的资源,并能访问 Internet。

若无线接入点或无线路由器未进行安全设置,那么所有在它信号覆盖范围内的移动终端设备都可以查找到它的 SSID 值,并且无须密码可以直接介入 WLAN 中,这样整个 WLAN 完全暴露在一个没有安全设置的环境下,是非常危险的,因此需要在无线接入点或无线路由器上进行安全设置。

11.2　职业能力目标和要求

- 了解无线网络的概念和发展趋势。
- 掌握无线局域网的传输介质。

- 掌握无线局域网的标准及发展趋势。
- 掌握无线局域网的常见应用。
- 了解无线局域网的安全隐患。
- 掌握无线网络安全技术的应用。
- 掌握常见的无线网络设备及相关概念。
- 理解无线射频与 AP 天线。
- 掌握 FAT AP 的网络组建与配置。
- 掌握 AC＋FIT AP 的网络组建与配置。

11.3　相关知识

11.3.1　认识无线局域网

无线局域网(wireless LAN,WLAN)是指不使用任何导线或传输电缆连接,而使用无线电波作为数据传送介质的局域网,传送距离达几千米甚至更远。目前,无线局域网已经广泛地应用在企业、机场、大学及其他公共区域。

一般来讲,凡是采用无线传输介质的计算机局域网都可以成为无线局域网,如图 11-1 所示。

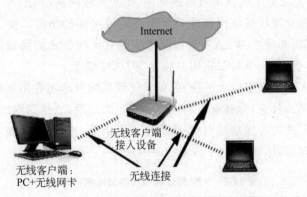

图 11-1　典型的 WLAN

1. 无线网络的概念

无线网络(wireless network)是采用无线通信技术实现的网络。无线网络既包括允许用户建立远距离无线连接的全球语音和数据网络,也包括对近距离无线连接进行优化的红外线技术及射频技术。无线网络与有线网络的用途十分类似,最大的不同在于传输媒介不同,它利用无线电技术取代网线。无线网络相比有线网络具有以下特点。

(1) 高灵活性。无线网络使用无线信号通信,网络接入更加灵活,只要有信号的地方都可以随时随地将网络设备接入网络。

(2) 可扩展性强。无线网络终端设备接入数量限制更少,相比有线网络一个接口对应一个设备,无线路由器容许多个无线终端设备同时接入无线网络,因此在网络规模升级时无线网络优势更加明显。

2. 无线网络现状与发展趋势

无线网络摆脱了有线网络的束缚，可以在家里、花园、户外、商城等任何一个角落，抱着笔记本电脑、iPad、手机等移动设备，享受网络带来的便捷。据统计，目前中国网民数量约占全国人口的50％，而通过无线上网的用户超过9成，可见，无线网络正改变着人们的工作、生活和学习习惯，人们对无线的依赖性越来越强。

国家"十三五"规划明确要求："加快构建高速、移动、安全、泛在的新一代信息基础设施，推进信息网络技术广泛运用，形成万物互联、人机交互、天地一体的网络空间""在城镇热点公共区域推广免费高速无线局域网（WLAN）接入"。目前，无线网络在机场、地铁、客运站等公共交通领域、医疗机构、教育园区、产业园区、商城等公共区域实现了重点城市的全覆盖，下一阶段将实现城镇级别的公共区域全覆盖，无线网络规模将持续增长。

3. 无线局域网简介

无线局域网络是指以无线信道作传输媒介的计算机局域网络（wireless local area network，WLAN）。计算机无线联网方式是有线联网方式的一种补充，它是在有线网的基础上发展起来的，使网上的计算机具有可移动性，能快速、方便地解决以有线方式不易实现的网络信道的连通问题。

IEEE 802.11协议簇是由电气和电子工程师协会（institute of electrical and electronics engineers，IEEE）所定义的无线网络通信的标准，无线局域网基于IEEE 802.11协议工作。

无线局域网有独立无线局域网和非独立无线局域网两种类型。独立WLAN是指整个网络都使用无线通信；非独立WLAN是指网络中既有无线模式的局域网，也有有线模式的局域网。目前，大多数公司、学校都采用非独立WLAN模式。

无线局域网给人们带来了极大的便利，但是无线局域网绝不是用来取代有线局域网的，而是作为有线局域网的补充，弥补有线局域网的不足和局限，以达到网络的延伸的目的。

无线局域网与传统的有线局域网相比，在布线复杂度、传输速率、布线成本、移动性和扩展性等方面有所不同，具体如表11-1所示。

表11-1　无线局域网和有线局域网的对比

项　　目	无线局域网	有线局域网
布线复杂度	完全不需要布线	布线烦琐、复杂，网络环境内线缆泛滥
传输速率/(Mb/s)	11、54、150	10、100、1000
布线成本	安装成本低，设备成本较高，维护成本低	布线成本高，设备成本较低，维护成本高
移动性	移动性强，具有无可比拟的"移动办公"优势	无法实现设备移动
扩展性	支持网络扩展，扩展性强。通常只需要为终端设备增加无线网络适配器即可；如果网络出现瓶颈，也只需增加一个新的接入点即可实现扩展	支持扩展，但网络扩展性较弱，扩展网络需要重新布线，施工复杂，成本高
线路费用	不需要增加租用公共线路的费用，只需要架设无线天线，一次性投资即可	对于远距离连接，需要租用线路，费用高，传输速率低
安全性	安全性高，在二层和三层共同实现	安全性高，主要在三层以上实现

4. 无线局域网的传输介质

与有线网络一样,无线局域网也需要传输介质,不过它使用的传输介质不是双绞线或者光纤,而是无线信道,如红外线或无线电波。

(1) 红外系统。早期的无线网络使用红外线作为传输介质。红外传输是一种点对点的无线传输方式,不能离得太远,还要对准方向,且中间不能有障碍物,因此几乎无法控制信息传输的进度。

另外,使用红外线作为传输介质时无线网络的传输距离很难超过 30 米,红外线还会受到环境中光纤的影响,造成干扰。如今,红外系统几乎被淘汰,取而代之的是蓝牙技术。

(2) 无线电波。无线电波覆盖范围广,应用广泛,是目前采用最多的无线局域网传输介质。无线局域网主要使用 2.4GHz 频段和 5GHz 频段的无线电波。这两个频段的无线电波具有较强的抗干扰、抗噪声及抗衰减能力,因而通信比较安全,具有很高的可用性。

5. 无线局域网的标准

目前,无线局域网的主要标准有 IEEE 802.11、蓝牙(bluetooth)和 HomeRF。

(1) IEEE 802.11。1997 年,IEEE 推出了无线局域网标准 802.11,主要用于解决办公室局域网和校园网中用户终端的无线接入,业务主要限于数据存取,数据传输速率最高只能达到 2Mb/s。由于 802.11 在传输速率和传输距离上都不能满足人们的需要,因此 IEEE 小组又相继推出了 802.11a 和 802.11b 两个标准。

802.11 全系列至少包括 19 个标准,其中 802.11a、802.11b、802.11g 和 802.11n 的产品最为常见,这几个标准关于发布时间、工作频率、传输速率、无线覆盖范围和兼容性的对比如表 11-2 所示。

表 11-2　IEEE 802.11 系列标准对比

标 准 类 别	802.11	802.11a	802.11b	802.11g	802.11n
发布时间	1997.7	1999.9	1999.9	2003.9	2009.9
工作频率/GHz	2.4	5	2.4	2.4	2.4 和 5
传输速率/(Mb/s)	1、2	最大为 54	1、2、5.5、11	最大为 54	150,最大为 540
覆盖范围/m	N/A	50	100	<100	300
兼容性	N/A	与 802.11b/g 产品不能互通	与 802.11g 产品可互通	与 802.11b 产品可互通	可向下兼容 802.11b、802.11g

无线相容认证(wireless fidelity,Wi-Fi)是一个无线网络通信技术的品牌,由 Wi-Fi 联盟所持有,用于改善基于 IEEE 802.11 标准的无线网络产品之间的互通性。实际上,Wi-Fi 是符合 802.11b 标准的产品的一个商标,用于保障使用该商标的商品之间可以合作,与标准本身没有关系。如图 11-2 所示为 Wi-Fi 商标。

(2) 蓝牙。蓝牙技术由于在机场等移动终端上的广泛应用而被大家所熟悉。蓝牙技术即 IEEE 802.15,具有低能量、低成本、适用于小型网络及通信设备等特征,可用于个人操作空间。蓝牙工作在全球通用的 2.4GHz 频段,最大数据传输速率为 1Mb/s,最大传输距离通常不超过 10 米。蓝牙技术与 IEEE 802.11 相互补充,可以应用于多种类型的设备中。如图 11-3 所示为蓝牙商标。

图 11-2　Wi-Fi 商标　　　　　　　　　　　　　图 11-3　蓝牙商标

(3) HomeRF。HomeRF 无线标准是由 HomeRF 工作组开发的开放性行业标准,目的是在家庭范围内使计算机与其他电子设备进行无线通信。HomeRF 是对现有无线通信标准的综合和改进:当进行数据通信时采用 IEEE 802.11 规范中的 TCP/IP 传输协议;当进行语音通信时,则采用数字增强型无绳通信(DECT)标准。但是,由于 HomeRF 无线标准与 802.11b 不兼容,且占据了与 802.11b 和蓝牙相同的 2.4GHz 频率段,所以其在应用范围上有很大的局限性,多在家庭网络中使用。

HomeRF 的特点是安全可靠,成本低廉,简单易行,它不受墙壁和楼层的影响,无线电干扰影响小,传输交互式语音数据时采用时分多址(TDMA)技术,传输高速数据分组时采用带冲突避免的,载波监听多路访问(CSMA/CA)技术。表 11-3 为 3 种常见的无线局域网标准的对比。

表 11-3　3 种常见的无线局域网标准的对比

项　　目	802.11g	HomeRF	蓝牙
传输速率/(Mb/s)	54	1、2、10	1
应用范围	办公区和校园局域网	家庭办公室,私人住宅和庭院的网络	
终端类型	笔记本电脑、PC、掌上电脑和因特网网关	笔记本电脑、PC、电话、modem、移动设备和因特网网关	笔记本电脑、移动电话、掌上电脑、寻呼机和车载终端等
接入方式	接入方式多样化	点对点或每节点多种设备的接入	
支持公司	Cisco、LUCENT、3COM、WECA	Apple、HP、Dell、HomeRF 工作群、Intel、Motorola	"蓝牙"研究组、Ericsson、Motorola、Nokia

(4) Wi-Fi 在全球范围迅速发展的趋势。随着万物互联时代的到来,让 Wi-Fi 的价值从单一地连接数据,变成多样化地连接业务和商业智能。在目前疫情防控任务下,大量企业园区启用 AI 口罩识别系统、门禁管理系统,这些新设备、新技术的快速添加,使得数据传输能力成为重点,也意味着无线局域网面临着众多的全新挑战,让 Wi-Fi 升级变成了重点需求。

Wi-Fi 标准变革及发展趋势如表 11-4 所示。

表 11-4　Wi-Fi 标准变革及发展趋势

IEEE 标准变革	宽带速率/(Mb/s)	时间/年	频率/GHz
Wi-Fi 6(802.11ax)	600~9608	2019	2.4/5
Wi-Fi 5(802.11ac)	433~6933	2014	1~6(ISM)
Wi-Fi 4(802.11n)	72~600	2009	5

IEEE 标准变革	宽带速率/(Mb/s)	时间/年	频率/GHz
802.11g	3～54	2003	2.4
802.11a	1.5～54	1999	5
802.11b	1～11	1999	2.4

11.3.2　无线局域网的常见应用

1. 建筑物内应用

建筑物内无线局域网基本构成：无线客户端接入点 AP(access point)＋无线客户端＋天线。

常用的方案有以下几种。

（1）对等解决方案。对等解决方案（见图 11-4）是一种最简单的应用方案，只要给每台计算机安装一块无线网卡，即可相互访问。如果需要与有线网络连接，可以为其中一台计算机再安装一块有线网卡，无线网中其他计算机利用这台计算机作为网关，即可访问有线网络或共享打印机等设备。但对等解决方案是一种点对点方案，网络中的计算机只能一对一互相传递信息，而不能同时进行多点访问。

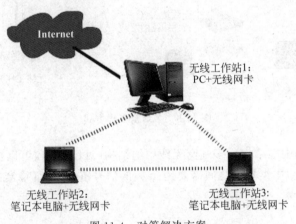

图 11-4　对等解决方案

（2）单蜂窝工作方式。单蜂窝工作方式（见图 11-5）可以采用 1～11 号信道（802.11b 规范）中任意一个没有受到干扰的信道，一个无线接入点推荐接入 20～30 个无线客户端，以获取满意的速率。同一蜂窝范围可以最多部署 3 个无线接入点，分别采用 1/6/11 号信道，从而提供高达 33Mb/s 的总体访问速率，并可以同时服务更多的用户。

（3）多蜂窝工作方式。多蜂窝工作方式（见图 11-6）的各蜂窝之间建议有 15％的重叠范围，便于无线工作站在不同的蜂窝之间做无缝漫游。在大楼中或者在很大的平面里面部署无线网络时，可以布置多个接入点构成一套微蜂窝系统，这与移动电话的微蜂窝系统十分相似。微蜂窝系统允许一个用户在不同的接入点覆盖区域内任意漫游。随着位置的变换，信号会由一个接入点自动切换到另外一个接入点。整个漫游过程对用户是透明的，虽然提供连接服务的接入点发生了切换，但对用户的服务却不会被中断。

图 11-5　单蜂窝工作方式

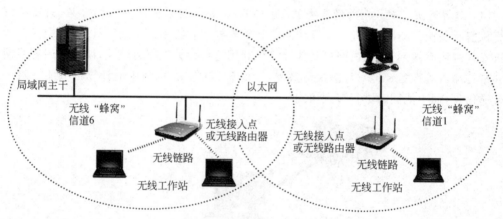

图 11-6　多蜂窝工作方式

（4）多蜂窝无线中继结构。多蜂窝无线中继结构（见图 11-7）可以提供有线不能到达情况下的网络连接功能，中继蜂窝之间需要约 50％的信号重叠，中继蜂窝内的客户端使用效率会下降 50％。

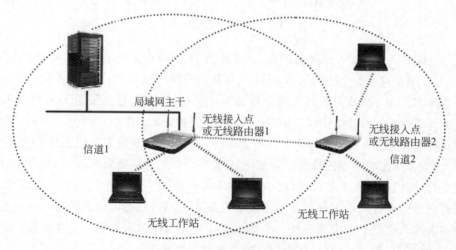

图 11-7　多蜂窝无线中继结构

2. 建筑物间应用

建筑物之间无线局域网基本构成：无线网桥＋天线。网桥是一种类似于中继器的联网设备，它可以像中继器那样用来连接两线路以扩展连接距离，也可以用来连接两段局域网段，以实现两局域网间的通信协议。

（1）点对点。点对点（见图 11-8）常用于固定的要联网的两个位置之间，是无线联网的常用方式，使用这种联网方式建成的网络传输距离远、传输速率高、受外界环境影响较小。这种类型结构一般由一对桥接器和一对天线组成。

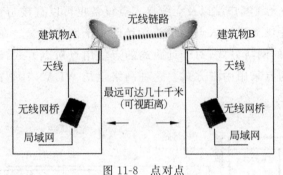

图 11-8 点对点

（2）一点对多点。一点对多点（见图 11-9）常用于一个中心点（全向天线）及多个远端点的情况下。其最大优点是组建网络成本低、维护简单。首先，由于中心使用了全向天线，设备调试相对容易。该中心网络的缺点也是因为使用了全向天线，波束的全向扩散使得功率大大衰减，网络传输速率低，对于较远距离的远端点，网络的可靠性不能得到保证。此外，由于多个远端站共用一台设备，网络延迟增加，导致传输速率降低，且中心设备损坏后，整个网络就会停止工作。其次，所有的远端站和中心站使用的频率相同，在有一个远端站收到干扰的情况下，其他站都要更换相同的频率，如果有多个远端站都受到干扰，频率更换更加麻烦，且不能互相兼顾。

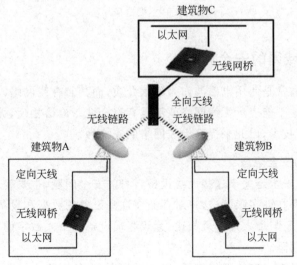

图 11-9 一点对多点

（3）桥接中继型。当需要连接的两个局域网之间有障碍物遮挡而不可视时，可以考虑使用无线中继的方法绕开障碍物。无线中继点的位置应选择在可以同时看到网络 A 与网络 B 的位置，中继无线网桥连接的两个定向天线分别对准网络 A 与网络 B 的定向天线，无线网桥 A 与无线网桥 B 的通信通过中继无线网桥来完成。

（4）混合应用。在实际应用中，最常见的就是以上的混合应用(见图 11-10)，这种类型适用于所建网络中有远距离的点、近距离的点，甚至还有建筑物阻挡的点。图中建筑物 B 的无线接入点汇聚其客户端的网络流量，经由与以太网相连的无线网桥，发送到远程的建筑物 A 处的网络主干中去；无线客户端以及无线接入点设备也可以直接与建筑物 A 的无线网桥互联(此时无线网桥提供无线接入点的功能)，访问主干网络资源。在组建这种网络时，综合使用上述几种类型的网络方式，对于远距离的点使用点对点方式，近距离的多个点采用点对点方式，有阻挡的点采用中继方式。这种网络也是 WLAN 在智能建筑中最为常见的应用。

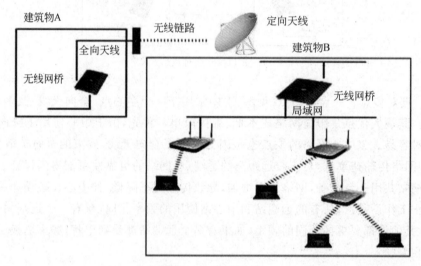

图 11-10　混合应用

11.3.3　无线局域网的安全问题

在无线网络中，通常是使用电磁波作为通信介质，而其与有线网络以物理链路通信相比具有先天的劣势，但这不能表示无线网络就不具有安全性。恰恰相反，无线网络中具有多种不同方式的无线加密技术，以此来提高无线网络的安全性。

1. 无线局域网的安全隐患

无线网络的物理安全是关于这些无线设备自身的安全问题，主要表现在以下几方面。

第一，无线设备存在许多限制，这将对存储在这些设备的数据和设备间建立的通信链路安全产生潜在的影响。与个人计算机相比，无线终端设备如个人数字助理等，存在如电池寿命短、显示器偏小等缺陷。

第二，无线设备具有一定的保护措施，但这些保护措施总是基于最小信息保护需求的。因此必须加强无线设备的各种防护措施。

无线局域网的传输介质的特殊性,使得信息在传输过程中具有更多的不确定性,受到影响更大,主要表现在以下几个方面。

(1) 窃听。任何人都可以用一台带无线网卡的计算机或者廉价的无线扫描器进行窃听,但是发送者和接受者却无法知道在传输过程中是否被窃听,更为重要的是无法检测窃听。

(2) 修改替换。在无线局域网中,较强节点可以屏蔽较弱节点,并用自己的数据替代,甚至会代替其他节点做出反应。

(3) 传递信任。当网络包含一部分无线局域网时,就会为攻击者提供一个不需要物理安装的接口用于网络入侵,因此,参与通信的双方都应该能相互认证。

2. 对无线局域网的各种攻击

对于无线局域网的攻击主要包括以下几种。

(1) 基础结构攻击。基础结构攻击是基于系统中存在的漏洞,如软件漏洞、错误配置、硬件故障等。对这种攻击进行保护几乎是不可能的,所能做的就是尽可能地降低破坏所造成的损失。

(2) 拒绝服务。无线局域网存在一种比较特殊的拒绝服务攻击,攻击者可以发送与无线局域网相同频率的干扰信号来干扰网络的正常运行,从而导致正常的用户无法使用网络。

(3) 置信攻击。通常情况下,攻击者可以将自己伪造成基站。当攻击者拥有一个很强的发射设备时,就可以让移动设备尝试登录到他的网络,通过分析窃取密钥和口令,以便发动针对性的攻击。

3. 无线网络安全技术

(1) 服务集标识符(SSID)。

① SSID 简介。服务集标识符(service set identifier,SSID)技术可以将一个无线局域网分为几个需要不同身份验证的子网络,每一个子网络都需要独立的身份验证,只有通过身份验证的用户才可以进入相应的子网络,这样可防止未被授权的用户进入本网络。

无线网卡设置不同的 SSID 可以进入不同的网络。SSID 通常由无线 AP 广播。通过网络中无线终端的查找 WLAN 功能可以扫描出 SSID,并查看当前区域内所有的 SSID,但是并不是所有查找到的 SSID 都能使用。

SSID 是一个无线局域网的名称,只有设置了相同 SSID 值得计算机才能相互通信。出于安全考虑,可以不广播 SSID,此时用户要手动设置 SSID 才能进入相应的网络。

② 禁用 SSID 广播。一般来说,同一生产商推出的无线路由器或无线 AP 都默认使用相同的 SSID。如果一些企图非法连接的攻击者利用通用的初始化字符串来连接无线网络,则极易建立起一条非法的连接,从而给无线网络带来威胁,因此,建议将 SSID 重命名。

无线路由器一般都会提供"允许 SSID 广播"功能。如果不想让自己的无线网络被别人通过 SSID 名称搜索到,那么最好"禁止 SSID 广播"。此时你的无线网络仍然可以使用,只是不会出现在其他人搜索到的可用的网络列表中。

(2) WEP 与 WPA。WEP 和 WPA 都是无线网络中使用的数据加密技术,它们的功能都是将两台设备间无线传输的数据进行加密,防止非法用户窃听或侵入无线网络。

① WEP。有线等效保密(wired equivalent privacy,WEP)是 802.11b 标准中定义的一

个用于无线局域网安全性的协议,用来为 WLAN 提供和有线局域网同级别的安全性。现实中,LAN 比 WLAN 安全,因为 LAN 的物理机构对其有所保护,即部分或全部将传输介质埋设在建筑物中也可以防止未授权的访问。

由于 WEP 有很多弱点,所以在 2003 年被 WPA(Wi-Fi protected access)淘汰,又在 2004 年被完整的 IEEE 802.11i 标准(又称 WPA2)所取代。

WEP 虽然存在不少弱点,但也足以阻止非专业人士的窥探了。应用密钥时,应当注意以下几点。

- WEP 密钥应该是键盘字符(大、小写字母、数字和标点符号)或十六进制数字(数字 0～9 和字母 A～F)的随机序列。WEP 密钥越具有随机性使用起来就越安全。
- 基于单词(比如小型企业的公司名称或家庭的姓氏)或易于记忆的短语的 WEP 密钥很容易被破解。一旦恶意用户破解了 WEP 密钥,他们就能解密用 WEP 加密的帧,并且开始攻击你的网络。
- 即使 WEP 密钥是随机的,如果收集并分析使用相同的密钥来加密的大量数据,密钥仍然很容易被破解。因此,建议定期把 WEP 密钥更改为一个新的随机序列,例如每四个月更改一次。

② WPA 和 WPA2。WPA 有 WPA 和 WPA2 两个标准,是一种保护无线网络(Wi-Fi)安全的系统,它是为克服 WEP 的几个严重的弱点而产生的。

WPA 是一种基于标准的可互操作的 WLAN 安全性增强解决方案,可大大增强现有无线局域网系统的数据保护水平和访问控制水平。WPA 源于 IEEE 802.11i 标准,并与之保持兼容。如果部署适当,WPA 可保证 WLAN 用户的数据得到保护,并且只有被授权的网络用户才可以访问 WLAN。

WPA 的数据加密采用临时密钥完整性协议(temporary key integrity protocal,TKIP)。认证有两种模式可供选择:一种是使用 IEEE 802.1x 协议进行认证;另一种是使用预先共享密钥(pre-shared key,PSK)模式。

WPA2 是由 Wi-Fi 联盟验证过的 802.11i 标准的认证形式,但不能用在某些早期的网卡上。

WPA 和 WPA2 都能提供优良的安全性,但也都存在下面两个明显的问题。

- WPA 或 WPA2 一定要启动并且被选中替代 WEP 才有用,但是大部分的 WLAN 都默认安装和使用 WEP。
- 在家庭和小型办公室无线网络中选用个人模式时,为了保证完整性,所需的密码长度一定要比 6～8 个字符的密码长。

4. 无线信道

无线信道是对无线通信中发送端和接收端之间通路的一种形象比喻。对于无线电波而言,它从发送端到接收端,中间并没有一个有形的连接,且传输路径可能不只一条,但是为了形象地描述发送端与接收端之间的工作,我们想象两者之间有一个看不见的通路衔接,这条衔接通路称为信道。信道具有一定的频率带宽,正如公路有一定的宽度一样。

IEEE 802.11b/g 工作在 2.4～2.4835GHz 频段,其中每个频段又划分为若干信道。每个国家都制定了政策,规定如何使用这些频段。

802.11 协议在 2.4GHz 频段定义了 14 个信道,每个信道的频宽均为 22MHz。两个信道的中心频率相差 5MHz，即信道 1 的中心频率为 2.412GHz，信道 2 的中心频率为 2.417GHz，以此类推，信道 13 的中心频率为 2.472GHz。信道 14 是特别针对日本定义的，其中心频率与信道 13 的中心频率相差 12MHz。

北美地区(美国、加拿大)开放了 1～11 信道；欧洲开放了 1～13 信道；中国与欧洲一样，也开放了 1～13 信道。

11.3.4　无线射频与 AP 天线

1. 射频 2.4GHz 频段

当 AP 工作在 2.4GHz 频段的时候，AP 工作的频率范围是 2.4～2.4835.8GHz。在此频率范围内又划分出 14 个信道。每个信道的中心频率相隔 5MHz，每个信道可供占用的带宽为 22MHz，如图 11-11 所示。

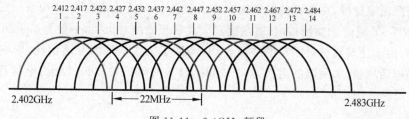

图 11-11　2.4GHz 频段

2. 射频 5.8GHz 频段

当 AP 工作在 5.8GHz 频段的时候，中国 WLAN 工作的频率范围是 5.725.8～5.850GHz。在此频率范围内又划分出 5 个信道，每个信道的中心频率相隔 20MHz，如图 11-12 所示。

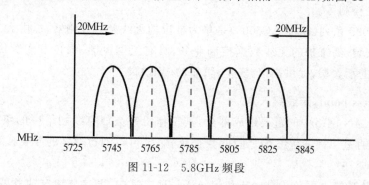

图 11-12　5.8GHz 频段

3. 射频 5.8GHz 频段信道与频率表

射频 5.8GHz 频段信道与频率表如表 11-5 所示。

表 11-5　射频 5.8GHz 频段信道与频率表

信道	频率/GHz	信道	频率/GHz
149	5.745	161	5.805
153	5.765	165	5.825
157	5.785		

4. 全向天线

全向天线即在水平方向图上表现为360°都均匀辐射,也就是平常所说的无方向性。在垂直方向图上表现为有一定宽度的波束,一般情况下波瓣宽度越小,增益越大。全向天线在移动通信系统中一般应用于郊县大区制的站型,覆盖范围大。

5. 定向天线

定向天线在水平方向图上表现为一定角度范围辐射,也就是平常所说的有方向性。它同全向天线一样,波瓣宽度越小,增益越大。

6. 吸顶天线

吸顶天线的内部结构虽然尺寸很小,但由于是在天线宽带理论的基础上,借助计算机的辅助设计,以及使用网络分析仪进行调试,因此能很好地满足在非常宽的工作频带内的驻波比要求。按照国家标准,在很宽的频带内工作的天线其驻波比指标为 $VSWR \leqslant 2$。当然,能达到 $VSWR \leqslant 1.5$ 更好。顺便指出,室内吸顶天线属于低增益天线,一般为 $G=2dBi$。

在室内,由于建筑物材料固有的屏蔽作用,增加了无线信号的穿透损耗,影响了网络的信号接收和通话质量,如隔墙的阻挡为 $5 \sim 20dB$,楼层的阻挡为 $20dB$ 以上,家具及其他障碍物的阻挡为 $2 \sim 15dB$。

11.3.5 常见的无线网络设备及相关概念

1. AC(access controller,无线控制器)

无线控制器是一种网络设备,用来集中化控制无线 AP,是一个无线网络的核心,负责管理无线网络中的所有无线 AP。对 AP 的管理包括下发配置,修改相关配置参数,射频智能管理,接入安全控制等。

华为 AC6005 系列(简称 AC6005)是华为推出的无线接入控制器,提供大容量、高性能、高可靠性、易安装、易维护的无线数据控制业务,具有组网灵活、绿色节能等优势。AC6005位于整个网络的汇聚层,提供高速、安全、可靠的 WLAN 业务。

2. AP(access point,无线接入点)

AP 是 WLAN 网络中的重要组成部分,其工作机制类似有线网络中的集线器(HUB),无线终端可以通过 AP 进行终端之间的数据传输,也可以通过 AP 的 WAN 口与有线网络互通。

无线 AP 从功能上可分为胖 AP 和瘦 AP 两种。其中,胖 AP 拥有独立的操作系统,可以进行单独配置和管理,而瘦 AP 则无法单独进行配置和管理操作,需要借助无线网络控制器进行统一的管理和配置。

3. FAT AP(胖 AP)

胖 AP 可以自主完成包括无线接入、安全加密、设备配置等在内的多项任务,不需要其他设备的协助,适合用于构建中、小型规模无线局域网。胖 AP 组网的优点是无须改变现有有线网络结构,配置简单;缺点是无法统一管理和配置,因为需要对每台 AP 单独进行配置,费时、费力。当部署大规模的 WLAN 网络时,部署和维护成本高。

面对小型公司、办公室、家庭等无线覆盖场景,它仅需要少量的 AP 即可实现无线网络覆盖,目前被广泛使用和熟知的产品就是无线路由器。

4. FIT AP(瘦 AP)

瘦 AP 又称轻型无线 AP,必须借助无线网络控制器进行配置和管理。华为 AP4050DN 无线接入点支持 IEEE 802.11ac Wave 2 标准、2×2MIMO 和 2 条空间流,同时支持 IEEE 802.11n 和 IEEE 802.11ac 协议,可使无线网络带宽突破千兆,极大地增强用户对无线网络的使用体验,适合在学校、中小型企业、机场车站、体育场馆、咖啡厅、休闲中心等场景使用。

5. CAPWAP

无线接入点控制和配置协议(control and provisioning of wireless access points protocol specification,CAPWAP),用于无线终端接入点 AP 和无线网络控制器 AC 之间的通信交互,实现 AC 对其所关联的 AP 的集中管理和控制。主要内容包括:AP 对 AC 的自动发信,AP&AC 的状态机运行和维护,AC 对 AP 进行管理,业务配置下发,STA 数据封装 CAPWAP 隧道进行转发。

11.3.6　FAT AP 网络组建

提示　eNSP 均为 FIT AP,需要在真机 AP 上实现。

1. 组网需求

AP 通过有线网络接入互联网,每个 AP 都是一个单独的节点,需要独立配置其信道、功率、安全策略等。常见的应用场景有家庭无线网络、办公室无线网等,一个园区无线网络的典型网络拓扑结构如图 11-13 所示。

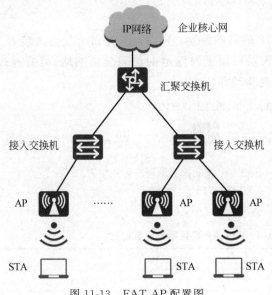

图 11-13　FAT AP 配置图

FAT AP 网络组建

2. FAT AP 的配置步骤

（1）有线部分的配置。

① 创建业务 VLAN，STA 接入 WLAN 后从该 VLAN 关联的 DHCP 地址池中获取 IP 地址。

② 配置 VLANIF 接口 IP 地址，用户可以通过这个 IP 地址对 AP 进行远程管理。

③ 配置 AP 以太网接口为上联接口，通过封装相应的 VLAN 使这些 VLAN 中的数据可以通过以太网接口转发到上联设备。

（2）无线部分的配置。

① 创建 SSID 模板，配置 SSID，用户可以通过搜索 SSID 加入相应的 WLAN 中。

SSID(service set identifier)中文含义为服务集标识，用来区分不同的无线网络。例如，当我们在笔记本电脑上搜索可接入无线网络时，显示出来的无线网络名称就是 SSID。SSID 最多由 32 个字符组成，且区分大小写，配置在所有 AP 与 STA 的无线射频卡中。

② 创建安全模板，为 WLAN 接入配置加密，WLAN 加密后，用户需要通过输入预共享密钥才能加入 WLAN 中。安全模板为选配项。若不进行配置，则为开放式网络。

③ 创建 VAP 模板。VAP 模板中指定 STA 的业务 VLAN，并引用 SSID 模板和安全模板的参数。

④ 配置 WLAN-radio，配置 WLAN-ID 引用 VAP 模板的配置，引用 VAP 模板后，WLAN 开始工作并发射出对应的 SSIS，用户关联到 SSID 后会通过业务 VLAN 获取 IP 地址。

3. 配置实例

例 11-1　FAT AP 的配置。

 　　　本实例需在华为真实 AP 上实现，真实 AP 才具有 FAT AP 功能，eNSP 模拟器的 AP 均为 FIT AP(瘦 AP)。

如图 11-14 所示，完成 FAT AP 的基础配置。FAT AP 通过有线方式接入 Internet，通过无线方式连接终端。单位工作人员可以随时随地的访问公司网络，需要通过部署 FAT AP 的 WLAN 无线局域网业务实现移动办公。

VLAN 10：192.168.10.254/24

图 11-14　FAT AP 基础配置的网络拓扑结构

FAT AP 配置项和配置数据如表 11-6 所示。

表 11-6　FAT AP 配置项和配置数据

配　置　项	数　　据
DHCP 服务器	SW
STA 业务 VLAN	VLAN 10

配　置　项	数　据
STA 地址池	网络为 192.168.10.0/24，网关为 192.168.10.254
SSID 模板	SSID 模板名称为 SSID1，SSID 名称为 wlan-net
VAP 模板	名称为 VAP1，业务 VLAN 为 VLAN 10，引用模板为 SSID 模板（SSID1）

（1）配置 SW 作为 DHCP 服务器，为 STA 分配 IP 地址。

```
<Huawei>system-view
[Huawei] sysname SW
[SW] vlan 10
[SW-vlan10] quit
[SW] interface gigabitethernet 0/0/1
[SW-GigabitEthernet0/0/1] port link-type trunk
[SW-GigabitEthernet0/0/1] port trunk allow-pass vlan 10
[SW-GigabitEthernet0/0/1] quit
[SW] dhcp enable
[SW] interface Vlanif 10
[SW-Vlanif10] ip address 192.168.10.254 24
[SW-Vlanif10] dhcp select interface
[SW-Vlanif10] quit
```

（2）配置 AP 与上层网络设备互通。

```
<Huawei>system-view
[Huawei] sysname AP
[AP] vlan 10
[AP-vlan10] quit
[AP] interface vlanif 10
[AP-Vlanif10] ip address 192.168.10.253 24
[AP-Vlanif10] quit
[AP] interface gigabitethernet 0/0/0
[AP-GigabitEthernet0/0/0] port link-type trunk
[AP-GigabitEthernet0/0/0] port trunk allow-pass vlan 10
[AP-GigabitEthernet0/0/0] quit
```

（3）配置 WLAN 参数。

```
[AP] wlan
[AP-wlan-view] ssid-profile name SSID1              //创建名为 SSID1 的 SSID 模板
[AP-wlan-ssid-prof-SSID1] ssid wlan-net             //配置 SSID 名称为 wlan-net
[AP-wlan-ssid-prof-SSID1] quit
[AP-wlan-view] vap-profile name VAP1                //创建名为 VAP1 的 VAP 模板
[AP-wlan-vap-prof-VAP1] service-vlan vlan-id 10     //配置业务 VLAN 为 VLAN 10
[AP-wlan-vap-prof-VAP1] ssid-profile SSID1          //配置 VAP 模板并引用 SSID 模板
[AP-wlan-vap-prof-VAP1] quit
[AP-wlan-view] quit
```

（4）应用 WLAN 参数到无线射频卡。

```
[AP] interface Wlan-Radio 0/0/0
```

```
[AP-Wlan-Radio0/0/0] vap-profile VAP1 wlan 2      //配置 WLAN 2 并引用名为 VAP1 的模板
[AP-Wlan-Radio0/0/0] quit
```

（5）验证。可以在 AP 上使用 display vap ssid all 命令查看 VAP 信息。

```
[AP] display vap ssid all
Info: This operation may take a few seconds, please wait.
WID : WLAN ID
---------------------------------------------------------------------
AP MAC          RfID WID  BSSID            Status  Auth type  STA  SSID
---------------------------------------------------------------------
c4b8-b469-32e00  2       C4B8-B469-32E1  ON      Open       0    wlan-net
---------------------------------------------------------------------
Total: 1
```

11.3.7　AC＋FIT AP 网络组建

1. 组网需求

AC 直接与 AP 连接。现某学院为了保证各分院工作人员可以随时随地地访问学校网络，需要通过部署 WLAN 基本业务实现移动办公，如图 11-15 所示。

2. AC 的配置步骤

（1）基本配置。

① 创建管理 VLAN 及业务 VLAN。

② 配置 DHCP 服务（dhcp enable）。

③ 配置 DHCP 选择接口（dhcp select interface）。

（2）配置管理 VLAN 参数，使 AP 上线。

① 为 capwap 隧道绑定管理 VLAN（capwap source interface vlanif vlan-id）。

② 创建域管理模板，配置 AC 的国家代码（cn）。

③ 创建 AP 管理组，引用域管理模板。

④ 添加 AP，将 AP 加入到 AP 组中，显示 AP 是否上线。

（3）配置 WLAN 业务 VLAN 参数。

① 创建 SSID 模板，配置 SSID，用户可以通过搜索 SSID 加入相应的 WLAN 中。

② 创建安全模板，为 WLAN 接入配置加密。WLAN 加密后，用户需要通过输入预共享密钥才能加入 WLAN 中。安全模板为选配项，若不进行配置，则为开放式网络。

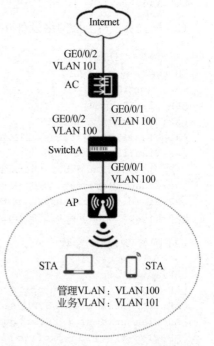

图 11-15　AC＋FIT AP 组网拓扑结构

③ 创建 VAP 模板，配置业务 VLAN 和转发模式，引用 SSID 模板，引用安全模板。

④ 配置 AP 组中引用 VAP 模板，绑定 VAP 的射频卡。

3. 配置实例

例 11-2　AC＋FIT AP 的组网配置（在华为 eNSP 上完成）。

如图 11-16 所示，完成 AC＋FIT AP 的组网配置。FIT AP 接核心交换机 SW，通过有线方式接入 AC，再接入 Internet，通过无线方式连接终端。单位工作人员用 wlan-net 可以随时随地地访问公司网络，需要通过部署 AC＋FIT AP（胖 AP）组建 WLAN 无线局域网业务来实现移动办公。

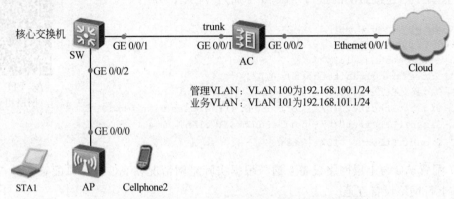

图 11-16　AC＋FIT AP 的组网配置的网络拓扑结构

AC＋FIT AP 配置项和配置数据如表 11-7 所示。

表 11-7　AC＋FIT AP 配置项和配置数据

配　置　项	数　据
DHCP 服务器	AC 作为 DHCP 服务器为 STA 和 AP 分配 IP 地址
管理 VLAN	192.168.100.1/24，AP 的 IP 地址池为 192.168.100.2～192.168.100.254/24
业务 VLAN	192.168.101.1/24，STA 的 IP 地址池为 192.168.101.2～192.168.101.254/24
AC 的源接口 IP 地址	VLANIF 100 为 192.168.100.1/24
AP 组	名称为 ap-group1，引用模板为 VAP 模板 wlan-vap、域管理模板 domain1
域管理模板	名称为 domain1，国家码为 CN
SSID 模板	名称为 wlan-ssid，SSID 名称为 wlan-net
安全模板	名称为 wlan-security，安全策略为 WPA2＋PSK＋AES，密码为 123456789
VAP 模板	名称为 wlan-vap，转发模式为隧道转发，业务 VLAN 为 VLAN 101，引用模板为 SSID 模板 wlan-ssid、安全模板 wlan-security

（1）配置 SW 和 AC，使 AP 与 AC 之间能够传输 CAPWAP 报文。

① 配置 SW 连接 AP 的接口 GE0/0/1 加入 VLAN 100（管理 VLAN），SW 连接 AC 的接口 GE0/0/2 加入 VLAN 100。

```
<HUAWEI>system-view
[HUAWEI] sysname SW
[SW] vlan batch 100
[SW] interface gigabitethernet 0/0/1
[SW-GigabitEthernet0/0/1] port link-type trunk
```

```
[SW-GigabitEthernet0/0/1] port trunk pvid vlan 100
[SW-GigabitEthernet0/0/1] port trunk allow-pass vlan 100
[SW-GigabitEthernet0/0/1] quit
[SW] interface gigabitethernet 0/0/2
[SW-GigabitEthernet0/0/2] port link-type trunk
[SW-GigabitEthernet0/0/2] port trunk allow-pass vlan 100
[SW-GigabitEthernet0/0/2] quit
```

② 配置 AC 连接 SW 的接口 GE0/0/1 加入 VLAN 100。

AC FIT AP
网络组建

```
<HUAWEI>system-view
[HUAWEI] sysname AC
[AC] vlan batch 100 101
[AC] interface gigabitethernet 0/0/1
[AC-GigabitEthernet0/0/1] port link-type trunk
[AC-GigabitEthernet0/0/1] port trunk allow-pass vlan 100 101
[AC-GigabitEthernet0/0/1]port trunk pvid vlan 100
[AC-GigabitEthernet0/0/1] quit
```

（2）配置 AC 与上层网络设备互通。根据实际组网情况在 AC 上行口配置业务 VLAN 透传，和上行网络设备互通。

```
[AC] interface gigabitethernet 0/0/2
[AC-GigabitEthernet0/0/2] port link-type trunk
[AC-GigabitEthernet0/0/2] port trunk allow-pass vlan 101
[AC-GigabitEthernet0/0/2] quit
```

（3）配置 AC 作为 DHCP 服务器，为 STA 和 AP 分配 IP 地址。配置基于接口地址池的 DHCP 服务器，其中，VLANIF 100 接口为 AP 提供 IP 地址，VLANIF 101 为 STA 提供 IP 地址。

```
[AC] dhcp enable
[AC] interface vlanif 100
[AC-Vlanif100] ip address 192.168.100.1 24
[AC-Vlanif100] dhcp select interface
[AC-Vlanif100] quit
[AC] interface vlanif 101
[AC-Vlanif101] ip address 192.168.101.1 24
[AC-Vlanif101] dhcp select interface
[AC-Vlanif101] quit
```

（4）配置管理 VLAN，使 AP 上线。
① 配置 AC 的源接口。

```
[AC] capwap source interface vlanif 100
```

② 创建 AP 组，用于将相同配置的 AP 都加入同一 AP 组中。

```
[AC] wlan
[AC-wlan-view] ap-group name ap-group1
[AC-wlan-ap-group-ap-group1] quit
```

③ 创建域管理模板,在域管理模板下配置 AC 的国家码并在 AP 组下引用域管理模板。

```
[AC-wlan-view] regulatory-domain-profile name domain1
[AC-wlan-regulate-domain-domain1] country-code cn
[AC-wlan-regulate-domain-domain1] quit
[AC-wlan-view] ap-group name ap-group1
[AC-wlan-ap-group-ap-group1] regulatory-domain-profile domain1
Warning: Modifying the country code will clear channel, power and antenna gain
configurations of the radio and reset the AP. Continu
e? [Y/N]:y
[AC-wlan-ap-group-ap-group1] quit
[AC-wlan-view] quit
```

④ 在 AC 上离线导入 AP,并将其加入 AP 组 ap-group1 中。假设 AP 的 MAC 地址为 60de-4476-e360,根据 AP 的部署位置为 AP 配置名称,便于从名称上了解 AP 的部署位置。例如,MAC 地址为 00e0-fc4a-7c00 的 AP 部署在 1 号区域,命名此 AP 为 area_1。

ap auth-mode 命令默认情况下为 MAC 认证。如果之前没有修改其默认配置,可以不用执行 ap auth-mode mac-auth 命令。

本例中使用的 AP 为 AP2050DN,具有射频 0 和射频 1 两个射频。AP2050DN 的射频 0 为 2.4GHz 射频,射频 1 为 5GHz 射频。

```
[AC] wlan
[AC-wlan-view] ap auth-mode mac-auth
[AC-wlan-view] ap-id 0 ap-mac 60de-4476-e360
[AC-wlan-ap-0] ap-name area_1
[AC-wlan-ap-0] ap-group ap-group1
Warning: This operation may cause AP reset. If the country code changes, it will
clear channel, power and antenna gain configuration
s of the radio, Whether to continue? [Y/N]:y
[AC-wlan-ap-0] quit
```

⑤ 将 AP 上电后,当执行命令 display ap all 查看到 AP 的 State 字段为 nor 时,表示 AP 正常上线。

```
[AC-wlan-view] display ap all
Info: This operation may take a few seconds. Please wait for a moment.done.
Total AP information:
nor: normal          [1]
----------------------------------------------------------------
ID MAC            Name    Group     IP             Type      State STA Uptime
----------------------------------------------------------------
0  00e0-fc4a-7c00 area_1 ap-group1 192.168.100.227 AP2050DN nor   0    10S
----------------------------------------------------------------
Total: 1
```

(5) 配置 WLAN 业务参数。

① 创建名为 wlan-ssid 的 SSID 模板,并配置 SSID 名称为 wlan-net。

```
[AC-wlan-view] ssid-profile name wlan-ssid
[AC-wlan-ssid-prof-wlan-ssid] ssid wlan-net
[AC-wlan-ssid-prof-wlan-ssid] quit
```

② 以配置 WPA2+PSK+AES 的安全策略为例,密码为 123456789,实际操作中应根据实际情况,配置符合实际要求的安全策略。

```
[AC-wlan-view] security-profile name wlan-security
[AC-wlan-sec-prof-wlan-security] security wpa2 psk pass-phrase 123456789 aes
[AC-wlan-sec-prof-wlan-security] quit
```

③ 创建名为 wlan-vap 的 VAP 模板,配置业务数据转发模式、业务 VLAN,并且引用安全模板和 SSID 模板。

```
[AC-wlan-view] vap-profile name wlan-vap
[AC-wlan-vap-prof-wlan-vap] forward-mode tunnel
[AC-wlan-vap-prof-wlan-vap] service-vlan vlan-id 101
[AC-wlan-vap-prof-wlan-vap] security-profile wlan-security
[AC-wlan-vap-prof-wlan-vap] ssid-profile wlan-ssid
[AC-wlan-vap-prof-wlan-vap] quit
```

④ 配置 AP 组引用 VAP 模板,AP 上射频 0(2.4GHz 频段)和射频 1(5GHz 频段)都使用 VAP 模板 wlan-vap 的配置。

```
[AC-wlan-view] ap-group name ap-group1
[AC-wlan-ap-group-ap-group1] vap-profile wlan-vap wlan 1 radio all
[AC-wlan-ap-group-ap-group1] quit
```

(6) AC 验证配置结果。配置完成后,通过执行命令 display vap ssid wlan-net 查看如下信息,当 Status 项显示为 ON 时,表示 AP 对应的射频上的 VAP 已创建成功。

```
[AC-wlan-view] display vap ssid wlan-net
WID : WLAN ID
------------------------------------------------------------------------
AP ID  AP name  RfID  WID  BSSID           Status  Auth type  STA  SSID
------------------------------------------------------------------------
0      area_1   0     1    00E0-FC4A-7C00  ON      WPA2-PSK   0    wlan-net
0      area_1   1     1    00E0-FC4A-7C00  ON      WPA2-PSK   0    wlan-net
------------------------------------------------------------------------
Total: 2
```

(7) STA1 验证配置结果。双击 STA1 无线终端,在弹出的对话框中双击"信道 1(2.4GHz 频段)"选项,在弹出的对方框中输入 Wi-Fi 密码 123456789,单击"连接"按钮,状态显示"已连接"表示连接成功,如图 11-17 所示。

(8) 配置效果。配置效果如图 11-18 所示,STA1 成功连接的信道为 1/2.4G/600Mb/s,Cellphone1 成功连接的信道为 149/5G/0Mb/s,表示配置成功。

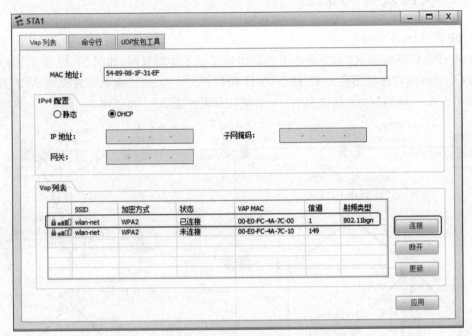

图 11-17 无线终端拨号连接

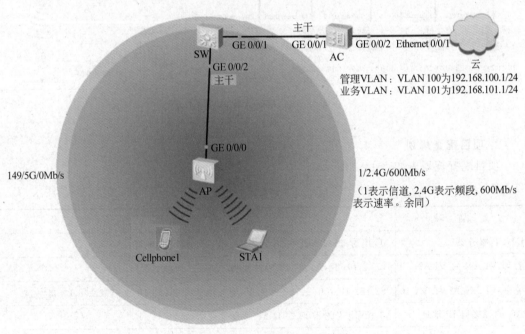

图 11-18 AC＋FIT AP 配置效果

11.4 项目设计与准备

1. 项目设计

把合作伙伴路由器 R5 右下角的有线网络构建成无线局域网，如图 11-19 所示。路由器 R5 的 G0/0/0 端口连接交换机 S6 的 G0/0/1 端口，S6 的 G0/0/2 端口连接无线 AC1 的 G0/0/1 端口。AC1 的 G0/0/2 端口和 G0/0/3 端口分别连接 AP2 和 AP3。

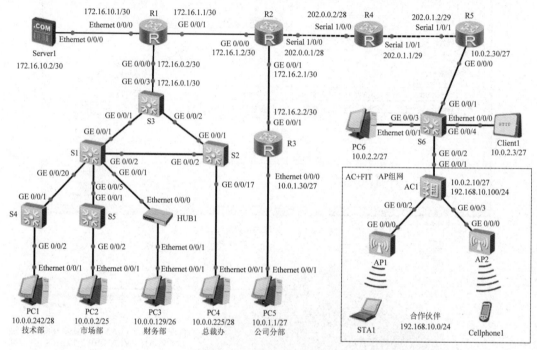

图 11-19 搭建无线局域网

2. 项目配置规划

项目配置规划表如表 11-8 所示。

表 11-8 项目配置规划表

配 置 项	数 据
DHCP 服务器	AC 作为 DHCP 服务器，为 STA 和 AP 分配 IP 地址
管理 VLAN 为 VLAN 1	10.0.2.10/27，AP 的 IP 地址池为 10.0.2.1～10.0.2.30/27
业务 VLAN 为 VLAN 10	192.168.10.100/24，STA 的 IP 地址池为 192.168.10.1～192.168.10.254/24
AC 的源接口 IP 地址	VLANIF 1 为 10.0.2.10/27
AP 组	名称为 ap-group1，ap-name 为 area_1、area_2，引用模板为 VAP 模板 wlan-vap、域管理模板 domain1
域管理模板	名称为 domain1，国家码为 CN

续表

配 置 项	数 据
SSID 模板	名称为 wlan-ssid，SSID 名称为 wlan-net
安全模板	名称为 wlan-security，安全策略为 WPA2＋PSK＋AES，密码为 123456789
VAP 模板	名称为 wlan-vap，转发模式为隧道转发，业务 VLAN 为 VLAN 101，引用模板为 SSID 模板 wlan-ssid、安全模板 wlan-security

3. AC 的配置步骤

（1）基本配置。

① 创建管理 VLAN 及业务 VLAN。

② 配置 DHCP 服务。

（2）配置管理 VLAN 的参数，使 AP 上线。

① 为 capwap 隧道绑定管理 vlan-id。

② 创建域管理模板。

③ 创建 AP 管理组，引用域管理模板。

④ 添加 AP，将 AP 加入到 AP 组中，显示 AP 是否上线。

（3）配置 WLAN 业务 VLAN 参数。

① 创建 SSID 模板。

② 创建安全模板。

③ 创建 VAP 模板。

④ 配置 AP 组中引用 VAP 模板，绑定 VAP 的射频卡。

11.5　项目实施

项目实施

1. 基本配置

（1）创建管理 VLAN 及业务 VLAN。

```
<AC6005>system-view
[AC6005] sysname AC1
[AC1] vlan 1                                    //创建 VLAN 1
[AC1-vlan1] vlan 10                             //创建 VLAN 10
[AC1-vlan10] interface vlan 1                   //进入 VLAN 1
[AC1-Vlanif1] ip address 10.0.2.10 27           //为 VLAN 1 配置 IP 地址
[AC1-Vlanif1] interface vlan 10                 //进入 VLAN 10
[AC1-Vlanif10] ip address 192.168.10.100 24     //为 VLAN 10 配置 IP 地址
[AC1-Vlanif10] quit
[AC1] port-group 1                              //创建端口组
[AC1-port-group-1] group-member g0/0/2 to g0/0/3  //一组端口接入到组中
[AC1-port-group-1] port link-type trunk         //组中的接口配置 Trunk 链路
[AC1-port-group-1] port trunk allow-pass vlan all  //允许所有的 VLAN 通过
[AC1-port-group-1] quit
```

（2）配置 DHCP 服务。

```
[AC1] dhcp enable                                    //开启 DHCP 功能
[AC1] ip pool vlan1                                  //创建地址池
[AC1-ip-pool-vlan_1] network 10.0.2.0 mask 27        //创建地址的网段
[AC1-ip-pool-vlan_1] gateway-list 10.0.2.10          //地址池的网关
[AC1-ip-pool-vlan_1] interface vlan 1
[AC1-Vlanif1] dhcp select global                     //选择 DHCP 全局
[AC1] ip pool vlan_10                                //创建地址池
[AC1-ip-pool-vlan_10] network 192.168.10.0 mask 24   //创建地址的网段
[AC1-ip-pool-vlan_10] gateway-list 192.168.10.100    //地址池的网关
[AC1-ip-pool-vlan_10] interface vlan 10
[AC1-Vlanif10] dhcp select global                    //选择 DHCP 全局
[AC1-Vlanif10] quit
```

2. 配置管理 VLAN，使 AP 上线

（1）为 capwap 隧道绑定管理 vlan-id。

```
[AC1] capwap source interface vlan 1
```

（2）创建域管理模板。创建域管理模板，在域管理模板下配置 AC 的国家码，并在 AP 组下引用域管理模板。

```
[AC1] wlan                                           //进入 WLAN
[AC-wlan-view] regulatory-domain-profile name domain1
[AC-wlan-regulate-domain-domain1] country-code cn
[AC-wlan-regulate-domain-domain1] quit
```

（3）创建 AP 管理组，引用域管理模板。

```
[AC-wlan-view] ap-group name ap-group1
[AC-wlan-ap-group-ap-group1] regulatory-domain-profile domain1
Warning: Modifying the country code will clear channel, power and antenna gain
configurations of the radio and reset the AP. Continue? [Y/N]: y
[AC-wlan-ap-group-ap-group1] quit
```

（4）添加 AP，将 AP 加入到 AP 组中，显示 AP 是否上线。

```
[AC-wlan-view] ap auth-mode mac-auth
[AC-wlan-view] ap-id 1 ap-mac 00e0-fc88-3610
[AC-wlan-ap-1] ap-name area_1
[AC-wlan-ap-1] ap-group ap-group1
Warning: This operation may cause AP reset. If the country code changes, it will
clear channel, power and antenna gain configurations of the radio, Whether to
continue? [Y/N]: y
[AC1-wlan-view]ap-id 2 ap-mac 00e0-fc59-6930        //绑定 AP2 的 MAC
[AC1-wlan-ap-2]ap-name area_2
[AC1-wlan-ap-2]ap-group  ap-group1
[AC1-wlan-ap-2]quit
```

3. 配置 WLAN 业务 VLAN 参数

（1）创建 SSID 模板。创建名为 wlan-ssid 的 SSID 模板，并配置 SSID 名称为 wlan-net。

```
[AC-wlan-view] ssid-profile name wlan-ssid
[AC-wlan-ssid-prof-wlan-ssid] ssid wlan-net
[AC-wlan-ssid-prof-wlan-ssid] quit
```

（2）创建安全模板。以配置 WPA2＋PSK＋AES 的安全策略为例，密码为 123456789，实际配置中应根据实际情况，配置符合实际要求的安全策略。

```
[AC-wlan-view] security-profile name wlan-security
[AC-wlan-sec-prof-wlan-security] security wpa2 psk pass-phrase 123456789 aes
[AC-wlan-sec-prof-wlan-security] quit
```

（3）创建 VAP 模板。创建名为 wlan-vap 的 VAP 模板，配置业务数据转发模式、业务 VLAN，并且引用安全模板和 SSID 模板。

```
[AC-wlan-view] vap-profile name wlan-vap
[AC-wlan-vap-prof-wlan-vap] forward-mode tunnel
[AC-wlan-vap-prof-wlan-vap] service-vlan vlan-id 101
[AC-wlan-vap-prof-wlan-vap] security-profile wlan-security
[AC-wlan-vap-prof-wlan-vap] ssid-profile wlan-ssid
[AC-wlan-vap-prof-wlan-vap] quit
```

（4）配置 AP 组中引用 VAP 模板，绑定 VAP 的射频卡。配置 AP 组引用 VAP 模板，AP 上射频 0（2.4GHz 频段）和射频 1（5GHz 频段）都使用 VAP 模板 wlan-vap 的配置。

```
[AC-wlan-view] ap-group name ap-group1
[AC-wlan-ap-group-ap-group1] vap-profile wlan-vap wlan 1 radio all
[AC-wlan-ap-group-ap-group1] quit
```

11.6　项目验收

1. AP 上线验收

将 AP 加电后，当执行命令 display ap all 并查看到 AP 的 State 字段为 nor 时，表示 AP 正常上线。

```
[AC-wlan-view] display ap all
Info: This operation may take a few seconds. Please wait for a moment.done.
Total AP information:
nor  : normal         [2]
-----------------------------------------------------------------------------
ID  MAC            Name     Group      IP        Type      State   STA  Uptime
-----------------------------------------------------------------------------
1   00e0-fc88-3610 area_1   ap-group1  10.0.2.2  AP2050DN  nor     0    10S
2   00e0-fc59-6930 area_2   ap-group1  10.0.2.9  AP2050DN  nor     0    10S
-----------------------------------------------------------------------------
Total: 2
```

（1）ap-id1 ap-mac 00e0-fc88-3610 和 ap-id 2 ap-mac 00e0-fc59-6930 命令对应上面显示的结果中的 ID 和 MAC 无误。

（2）ap-name area_1 和 ap-name area_2 命令对应上面显示的结果中的 Name 项无误。

（3）ap-group ap-group1 命令对应上面显示的结果中的 Group 项无误。

（4）AP 类型对应上面显示中的 Type 项结果 AP2050DN 无误。

（5）查看到 AP 的 State 字段为 nor,AP 成功上线。

2. AP 对应射频上的 VAP 验收

配置完成后,通过执行命令 display vap ssid wlan-net 查看如下信息,当 Status 项显示为 ON 时,表示 AP 对应的射频上的 VAP 已创建成功。

```
[AC1] display vap ssid wlan-net
Info: This operation may take a few seconds, please wait.
WID : WLAN ID
--------------------------------------------------------------------------------
AP ID  AP name  RfID  WID  BSSID          Status  Auth type  STA  SSID
--------------------------------------------------------------------------------
1      area_1   0     1    00E0-FC88-3610 ON      WPA2-PSK   1    wlan-net
1      area_1   1     1    00E0-FC88-3620 ON      WPA2-PSK   0    wlan-net
2      area_2   0     1    00E0-FC59-6930 ON      WPA2-PSK   1    wlan-net
2      area_2   1     1    00E0-FC59-6940 ON      WPA2-PSK   0    wlan-net
--------------------------------------------------------------------------------
Total: 4
```

11.7　项目小结

华为模拟器 eNSP 上的 AP 均为 FIT AP(瘦 AP),但真实的华为 AP 具有 FAT AP(胖 AP)和 FIT AP(瘦 AP)的两种功能。默认均为 FIT AP,需要配置成 FAT AP 后才能当作 FAT AP 的功能使用。

为了防止未被授权的用户进入本网络,可以利用服务集标识符(service set identifier, SSID)技术将一个无线局域网分为几个需要不同身份验证的子网络。每一个字网络都需要独立的身份验证,只有通过身份验证的用户才可以进入相应的子网络。

11.8　知识扩展

11.8.1　配置 AP 射频的信道和功率

（1）配置 AP 射频 0 的信道和功率。

```
[AC-wlan-view] ap-id 0
[AC-wlan-ap-0] radio 0
[AC-wlan-radio-0/0] channel 20mhz 6
Warning: This action may cause service interruption. Continue? [Y/N]y
[AC-wlan-radio-0/0] eirp 127
[AC-wlan-radio-0/0] quit
```

（2）配置 AP 射频 1 的信道和功率。

```
[AC-wlan-ap-0] radio 1
[AC-wlan-radio-0/1] channel 20mhz 149
Warning: This action may cause service interruption. Continue? [Y/N]y
[AC-wlan-radio-0/1] eirp 127
[AC-wlan-radio-0/1] quit
```

11.8.2　配置 STA 黑白名单

1. 配置 VAP 方式的 STA 白名单

（1）创建名为 sta-whitelist 的 STA 白名单模板，将 STA1 和 STA2 的 MAC 地址加入白名单。

```
[AC-wlan-view] sta-whitelist-profile name sta-whitelist
[AC-wlan-whitelist-prof-sta-whitelist] sta-mac 0011-2233-4455
[AC-wlan-whitelist-prof-sta-whitelist] sta-mac 0011-2233-4466
[AC-wlan-whitelist-prof-sta-whitelist] quit
```

（2）创建名为 wlan-vap 的 VAP 模板，并引用 STA 白名单模板，使白名单在 VAP 范围内有效。

```
[AC-wlan-view] vap-profile name wlan-vap
[AC-wlan-vap-prof-wlan-vap] sta-access-mode whitelist sta-whitelist
[AC-wlan-vap-prof-wlan-vap] quit
```

2. 配置全局方式的 STA 黑名单

（1）创建名为 sta-blacklist 的 STA 黑名单模板，将 STA3 和 STA4 的 MAC 地址加入黑名单。

```
[AC-wlan-view] sta-blacklist-profile name sta-blacklist
[AC-wlan-blacklist-prof-sta-blacklist] sta-mac 0011-2233-4477
[AC-wlan-blacklist-prof-sta-blacklist] sta-mac 0011-2233-4488
[AC-wlan-blacklist-prof-sta-blacklist] quit
```

（2）创建名为 wlan-system 的 AP 系统模板，并引用 STA 黑名单模板，使黑名单在 AP 范围内有效。

```
[AC-wlan-view] ap-system-profile name wlan-system
[AC-wlan-ap-system-prof-wlan-system]sta-access-mode blacklist sta-blacklist
[AC-wlan-ap-system-prof-wlan-system] quit
```

11.8.3　AC 双链路备份功能

配置主用 AC1 和备用 AC2 的双链路备份功能。

（1）在 AC1 上配置备 AC2 的 IP 地址，AC1 的优先级用于双链路备份。全局使能双链路备份和回切功能，重启所有 AP，使双链路备份功能生效。

（2）默认情况下，双链路备份功能未使能，执行 ac protect enable 命令会提示重启所有

AP。AP 重启后,双链路备份功能开始生效。

(3) 若双链路备份功能已使能,此处再执行 ac protect enable 命令不会重启 AP,需要在主 AC 上继续执行 ap-reset 命令重启 AP。AP 重启后,双链路备份功能开始生效。

```
[AC1-wlan-view] ac protect protect-ac 10.23.100.3 priority 0
Warning: Operation successful. It will take effect after AP reset.
[AC1-wlan-view] undo ac protect restore disable
[AC1-wlan-view] ac protect enable
Warning: This operation maybe cause AP reset, continue? [Y/N]: y
```

(4) 在 AC2 上配置主用 AC1 的 IP 地址,AC2 的优先级用于双链路备份。

```
[AC2-wlan-view] ac protect protect-ac 10.23.100.2 priority 1
[AC2-wlan-view] undo ac protect restore disable
[AC2-wlan-view] ac protect enable
Warning: This operation maybe cause AP reset, continue? [Y/N]: y
```

11.9　练习题

一、填空题

1. 无线局域网有_____和_____两种类型。

2. 无线局域网的主要标准有_____、_____和_____。

3. _____是一个无线局域网的名称,只有设置了相同_____值计算机才能相互通信。

4. _____是对无线通信中发送端和接收端之间通路的一种形象比喻。

二、简答题

1. 无线局域网的标准有哪些?

2. 比较胖 AP 和瘦 AP 的优缺点。

3. 写出 AC+FIT AP 配置思路和配置步骤。

4. 家庭用户若使用无线路由器构建家庭 WLAN,如果家庭用户采用 ADSL 拨号上网,则无线 AP 应该配置在网络的什么位置?请画网络拓扑结构展示你的设计。

5. 无线局域网最大的挑战是其网络安全问题,通过课后查找资料讨论,如何提高 WLAN 的安全性?

11.10　项目实训

如图 11-20 所示,某企业使用两台 AP 构建了无线局域网区域 A,为用户提供 WLAN 上网服务。区域 A 的 AP1 和 AP2 直接连接交换机,企业采用双 AC 旁挂式部署,交换机上行通过出口路由接入 Internet。现在企业希望采用双 AC 主备备份的方式提高无线用户的数据传输的可靠性。配置项和配置数据规划如表 11-9 所示。请完成实训配置,实现双机备份。

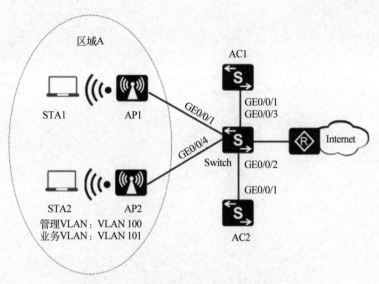

图 11-20　双链路备份实训网络拓扑结构

表 11-9　双链路备份配置项数据规划表

配　置　项	数　　据
DHCP 服务器	AC 作为 DHCP 服务器,为 STA 和 AP 分配 IP 地址
管理 VLAN	192.168.100.1/24,AP 的 IP 地址池为 192.168.100.2～192.168.100.254/24
业务 VLAN	192.168.101.1/24,STA 的 IP 地址池为 192.168.101.2～192.168.101.254/24
AC 的源接口 IP 地址	VLANIF 100 为 192.168.100.1/24
AP 组	名称为 ap-group1,引用模板为 VAP 模板 wlan-vap、域管理模板 domain1
域管理模板	名称为 domain1,国家码为 CN
SSID 模板	名称为 wlan-ssid,SSID 名称为 wlan-net
安全模板	名称为 wlan-security,安全策略为 WPA2＋PSK＋AES,密码为 123456789
VAP 模板	名称为 wlan-vap,转发模式为隧道转发,业务 VLAN 为 VLAN 101,引用模板为 SSID 模板 wlan-ssid、安全模板 wlan-security

第三篇
综合教学项目

工欲善其事,必先利其器。

——《论语·魏灵公》

第三篇
综合素质自测

项目 12
综合教学项目的实施

课程思政

- "少壮不努力,老大徒伤悲。"让学生认识到一个强大的国家必须有自己的路由技术,引导学生认识到核心技术一定要掌握在自己手里,要靠自己奋斗拼搏,引导学生发扬红军长征精神,不畏艰难,砥砺前行。
- "劝君莫惜金缕衣,劝君惜取少年时。"祖国在快速发展,日新月异,我们作为新时代的主人能为祖国作什么贡献?拿什么报效祖国?只有好好学习,提升自己,才能无愧盛世华夏。

12.1 网络物理连接

按照图 12-1 所示,在模拟器 eNSP 1.3.0 中搭建网络,设备之间的连接方式可按表 12-1 执行,根据需要为路由器添加或删除 S 口。

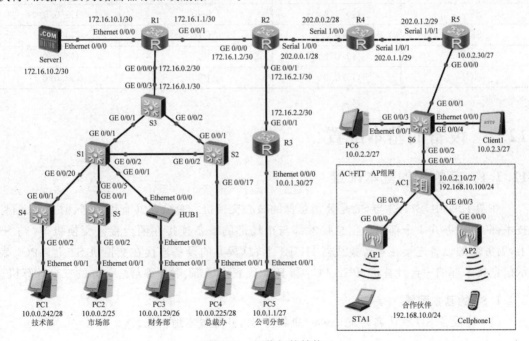

图 12-1　网络拓扑结构

表 12-1　设备之间连接端口对应表

源设备名称	设备接口	目标设备名称	设备接口
S1	G0/0/1	S3	G0/0/1
S1	G0/0/2	S2	G0/0/2
S2	G0/0/1	S3	G0/0/2
S3	G0/0/3	R1	G0/0/0
R1	G0/0/1	R2	G0/0/0
R1	E0/0/0	Server1	E0/0/0
R2	S1/0/0	R4	S1/0/0
R2	G0/0/1	R3	G0/0/1
R3	E0/0/0	PC4	E0/0/1
S1	G0/0/20	S4	G0/0/1
S1	G0/0/5	S5	G0/0/1
S1	G0/0/11	HUB1	E0/0/0
S4	G0/0/2	PC1	E0/0/0
S5	G0/0/2	PC2	E0/0/0
HUB1	E0/0/1	PC3	E0/0/0
S2	G0/0/17	PC4	E0/0/1
R4	S1/0/1	R5	S1/0/1
R5	G0/0/0	S6	G0/0/1
S6	G0/0/3	PC6	E0/0/1
S6	G0/0/4	Client1	E0/0/0
S6	G0/0/2	AC1	G0/0/1
AC1	G0/0/2	AP1	G0/0/0
AC1	G0/0/3	AP2	G0/0/0

12.2　设备的基本配置

12.2.1　交换机的基本配置

在图 12-1 中,S1、S2 与 S3 是公司总部的核心交换机。总公司共有市场部、财务部、信息技术部、总裁办共 4 个部门。信息技术部与市场部的设备连接在两台接入交换机 S4 与 S5 上,财务部的设备连接在一台集线器 HUB1 上,总裁办的设备连接在交换机 S2 上。PC1 表示信息技术部的一台计算机,PC2、PC3 和 PC4 代表市场部、财务部与总裁办的三台计算机。

1. S1 的基本配置

(1) 将设备 S1(默认名为 Huawei)命名为 S1,并配置本地密码。

```
<Huawei>system-view
[Huawei]sysname S1
```

```
[S1]user-interface console 0
[S1-ui-console0]authentication-mode password
[S1-ui-console0]set authentication password cipher 123456
[S1-ui-console0]quit
```

（2）配置 SSH 远程登录的密码。

```
[S1]stelnet server enable
[S1]ssh authentication-type default password
[S1]aaa
[S1-aaa]local-user root password cipher 111111
[S1-aaa]local-user root service-type ssh
[S1-aaa]local-user root privilege level 3
[S1-aaa]quit
[S1]rsa local-key-pair create
[S1]user-interface vty 0 4
[S1-ui-vty0-4]authentication-mode aaa
[S1-ui-vty0-4]protocol inbound ssh
[S1-ui-vty0-4]quit
```

（3）配置交换机远程管理的 IP 地址并保存配置。

```
[S1]interface Vlanif 1
[S1-Vlanif1]ip address 192.168.100.1 255.255.255.248
[S1-Vlanif1]quit
[S1]quit
<S1>save
```

2. S2 的基本配置

（1）将设备 S2（默认名为 Huawei）命名为 S2，并配置本地密码。

```
<Huawei>system-view
[Huawei]sysname S2
[S2]user-interface console 0
[S2-ui-console0]authentication-mode password
[S2-ui-console0]set authentication password cipher 123456
[S2-ui-console0]quit
```

（2）配置远程登录的密码。

```
[S2]stelnet server enable
[S2]ssh authentication-type default password
[S2]aaa
[S2-aaa]local-user root password cipher 111111
[S2-aaa]local-user root service-type ssh
[S2-aaa]local-user root privilege level 3
[S2-aaa]quit
[S2]rsa local-key-pair create
[S2]user-interface vty 0 4
[S2-ui-vty0-4]authentication-mode aaa
[S2-ui-vty0-4]protocol inbound ssh
[S2-ui-vty0-4]quit
```

(3) 配置交换机远程管理的 IP 地址并保存配置。

```
[S2]interface Vlanif 1
[S2-Vlanif1]ip address 192.168.100.2 255.255.255.248
[S2-Vlanif1]quit
[S2]quit
<S2>save
```

3. S3 的基本配置

(1) 将设备 S3(默认名为 Huawei)命名为 S3,并配置本地密码。

```
<Huawei>system-view
[Huawei]sysname S3
[S3]user-interface console 0
[S3-ui-console0]authentication-mode password
[S3-ui-console0]set authentication password cipher 123456
[S3-ui-console0]quit
```

(2) 配置 SSH 远程登录的密码。

```
[S3]stelnet server enable
[S3]ssh authentication-type default password
[S3]aaa
[S3-aaa]local-user root password cipher 111111
[S3-aaa]local-user root service-type ssh
[S3-aaa]local-user root privilege level 3
[S3-aaa]quit
[S3]rsa local-key-pair create
[S3]user-interface vty 0 4
[S3-ui-vty0-4]authentication-mode aaa
[S3-ui-vty0-4]protocol inbound ssh
[S3-ui-vty0-4]quit
```

(3) 配置交换机远程管理的 IP 地址并保存配置。

```
[S3]interface Vlanif 1
[S3-Vlanif1]ip address 192.168.100.3 255.255.255.248
[S3-Vlanif1]quit
[S3]quit
<S3>save
```

4. S4 的基本配置

```
<Huawei>system-view
[Huawei]sysname S4
[S4]interface Vlanif 1
[S4-Vlanif1]ip address 10.0.0.241 255.255.255.240
[S4-Vlanif1]quit
```

5. S5 的基本配置

```
<Huawei>system-view
[Huawei]sysname S5
[S5]interface Vlanif 1
```

```
[S5-Vlanif1]ip address 10.0.0.1 255.255.255.128
[S5-Vlanif1]quit
```

12.2.2　路由器的基本配置

1. R1 的基本配置

（1）基本配置。

```
<Huawei>system-view
[Huawei]sysname R1
[R1]interface g0/0/0
[R1-GigabitEthernet0/0/0]ip address 172.16.0.2 255.255.255.252
[R1-GigabitEthernet0/0/0]quit
[R1]interface g0/0/1
[R1-GigabitEthernet0/0/1]ip address 172.16.1.1 255.255.255.252
[R1-GigabitEthernet0/0/1]quit
[R1]vlan 10
[R1-vlan10]int vlanif 10
[R1-Vlanif10]ip address 172.16.10.1 255.255.255.252
[R1-Vlanif10]int e0/0/0
[R1-Ethernet0/0/0]port link-type access
[R1-Ethernet0/0/0]port default vlan 10
[R1-Ethernet0/0/0]quit
```

（2）配置 SSH 远程登录和本地密码。

```
[R1]user-interface console 0
[R1-ui-console0]set authentication password cipher 123456
[R1-ui-console0]quit
[R1]stelnet server enable
[R1]aaa
[R1-aaa]local-user root password cipher 111111
[R1-aaa]local-user root service-type ssh
[R1-aaa]local-user root privilege level 3
[R1-aaa]quit
[R1]user-interface vty 0 4
[R1-ui-vty0-4]authentication-mode aaa
[R1-ui-vty0-4]protocol inbound ssh
[R1-ui-vty0-4]quit
[R1]quit
<R1>save
```

2. R2 的基本配置

（1）基本配置。

```
<Huawei>system-view
[Huawei]sysname R2
[R2]interface g0/0/0
[R2-GigabitEthernet0/0/0]ip address 172.16.1.2 255.255.255.252
[R2-GigabitEthernet0/0/0]quit
[R2]interface g0/0/1
```

```
[R2-GigabitEthernet0/0/1]ip address 172.16.2.1 255.255.255.252
[R2-GigabitEthernet0/0/0]quit
```

(2) 配置 SSH 远程登录和本地密码。

```
[R2]user-interface console 0
[R2-ui-console0]set authentication password cipher 123456
[R2-ui-console0]quit
[R2]stelnet server enable
[R2]aaa
[R2-aaa]local-user root password cipher 111111
[R2-aaa]local-user root service-type ssh
[R2-aaa]local-user root privilege level 3
[R2-aaa]quit
[R2]user-interface vty 0 4
[R2-ui-vty0-4]authentication-mode aaa
[R2-ui-vty0-4]protocol inbound ssh
[R2-ui-vty0-4]quit
[R2]quit
<R2>save
```

3. R3 的基本配置

(1) 基本配置。

```
<Huawei>system-view
[Huawei]sysname R3
[R3]interface g0/0/1
[R3-GigabitEthernet0/0/1]ip address 172.16.2.2 255.255.255.252
[R3-GigabitEthernet0/0/1]quit
[R3]vlan 10
[R3-vlan10]int vlanif 10
[R3-Vlanif10]ip address 10.0.1.30 255.255.255.224
[R3-Vlanif10]int e0/0/0
[R3-Ethernet0/0/0]port link-type access
[R3-Ethernet0/0/0]port default vlan 10
[R3-Ethernet0/0/0]quit
```

(2) 配置 SSH 远程登录和本地密码。

```
[R3]user-interface console 0
[R3-ui-console0]set authentication password cipher 123456
[R3-ui-console0]quit
[R3]stelnet server enable
[R3]aaa
[R3-aaa]local-user root password cipher 111111
[R3-aaa]local-user root service-type ssh
[R3-aaa]local-user root privilege level 3
[R3-aaa]quit
[R3]user-interface vty 0 4
[R3-ui-vty0-4]authentication-mode aaa
[R3-ui-vty0-4]protocol inbound ssh
[R3-ui-vty0-4]quit
```

```
[R3]quit
<R3>save
```

4. R4 的基本配置

```
<Huawei>system-view
[Huawei]sysname R4
[R4]interface s1/0/0
[R4-Serial1/0/0]ip address 202.0.0.6 255.255.255.240
[R4-Serial1/0/0]quit
[R4]interface s1/0/1
[R4-Serial1/0/1]ip address 202.0.1.1 255.255.255.252
[R4-Serial1/0/1]quit
[R4]quit
<R4>save
```

5. R5 的基本配置

```
<Huawei>system-view
[Huawei]sysname R5
[R5]interface g0/0/0
[R5-GigabitEthernet0/0/0]ip address 10.0.2.30 255.255.255.224
[R5-GigabitEthernet0/0/0]quit
```

12.3　VLAN 配置与可靠性实现

为了做到各部门二层隔离,需要在交换机上进行 VLAN 划分与端口分配。

1. S3 配置

(1) 创建 VLAN。

```
[S3]vlan 10
[S3-vlan10]description Marketing
[S3-vlan10]quit
[S3]vlan 20
[S3-vlan20]description Finance
[S3-vlan20]quit
[S3]vlan 30
[S3-vlan30]description HR
[S3-vlan30]quit
[S3]vlan 40
[S3-vlan40]description CEO
[S3-vlan40]quit
[S3]vlan 50
[S3-vlan50]description IT
[S3-vlan50]quit
```

(2) 设置 Trunk 链路。

```
[S3]port-group group-member g0/0/1 to g0/0/2
[S3-port-group]port link-type trunk
[S3-port-group]port trunk allow-pass vlan all
```

```
[S3-port-group]quit
[S3]vlan 2
[S3-vlan2]interface Vlanif 2
[S3-Vlanif2]ip address 172.16.0.1 255.255.255.252
[S3-Vlanif1]quit
[S3]interface g0/0/3
[S3-GigabitEthernet0/0/3]port link-type access
[S3-GigabitEthernet0/0/3]port default vlan 2
[S3-GigabitEthernet0/0/3]quit
[S3]quit
<S3>save
```

2. S1 配置

（1）创建 VLAN。

```
[S1]vlan 10
[S1-vlan10]description Marketing
[S1-vlan10]quit
[S1]vlan 20
[S1-vlan20]description Finance
[S1-vlan20]quit
[S1]vlan 30
[S1-vlan30]description HR
[S1-vlan30]quit
[S1]vlan 40
[S1-vlan40]description CEO
[S1-vlan40]quit
[S1]vlan 50
[S1-vlan50]description IT
[S1-vlan50]quit
```

（2）设置 Trunk 链路。

```
[S1]port-group group-member g0/0/1 to g0/0/2
[S1-port-group]port link-type trunk
[S1-port-group]port trunk allow-pass vlan all
[S1-port-group]quit
[S1]quit
<S1>save
```

3. S2 配置

（1）创建 VLAN。

```
[S2]vlan 10
[S2-vlan10]description Marketing
[S2-vlan10]quit
[S2]vlan 20
[S2-vlan20]description Finance
[S2-vlan20]quit
[S2]vlan 30
[S2-vlan30]description HR
[S2-vlan30]quit
```

```
[S2]vlan 40
[S2-vlan40]description CEO
[S2-vlan40]quit
[S2]vlan 50
[S2-vlan50]description IT
[S2-vlan50]quit
```

（2）设置 Trunk 链路。

```
[S2]port-group group-member g0/0/1 to g0/0/2
[S2-port-group]port link-type trunk
[S2-port-group]port trunk allow-pass vlan all
[S2-port-group]quit
[S2]quit
<S2>save
```

4. 向 VLAN 添加端口

（1）S1 配置。

```
[S1]port-group group-member g0/0/5 to g0/0/10
[S1-port-group]port link-type access
[S1-port-group]port default vlan 10
[S1-port-group]quit
```

```
[S1]port-group group-member g0/0/11 to g0/0/13
[S1-port-group]port link-type access
[S1-port-group]port default vlan 20
[S1-port-group]quit
```

```
[S1]port-group group-member g0/0/14 to g0/0/16
[S1-port-group]port link-type access
[S1-port-group]port default vlan 30
[S1-port-group]quit
```

```
[S1]port-group group-member g0/0/17 to g0/0/19
[S1-port-group]port link-type access
[S1-port-group]port default vlan 40
[S1-port-group]quit
```

```
[S1]port-group group-member g0/0/20 to g0/0/22
[S1-port-group]port link-type access
[S1-port-group]port default vlan 50
[S1-port-group]quit
```

（2）S2 配置。

```
[S2]port-group group-member g0/0/5 to g0/0/10
[S2-port-group]port link-type access
[S2-port-group]port default vlan 10
[S2-port-group]quit
```

```
[S2]port-group group-member g0/0/11 to g0/0/13
```

```
[S2-port-group]port link-type access
[S2-port-group]port default vlan 20
[S2-port-group]quit

[S2]port-group group-member g0/0/14 to g0/0/16
[S2-port-group]port link-type access
[S2-port-group]port default vlan 30
[S2-port-group]quit

[S2]port-group group-member g0/0/17 to g0/0/19
[S2-port-group]port link-type access
[S2-port-group]port default vlan 40
[S2-port-group]quit

[S2]port-group group-member g0/0/20 to g0/0/22
[S2-port-group]port link-type access
[S2-port-group]port default vlan 50
[S2-port-group]quit
```

(3) S3 配置。

```
[S3]port-group group-member g0/0/5 to g0/0/10
[S3-port-group]port link-type access
[S3-port-group]port default vlan 10
[S3-port-group]quit

[S3]port-group group-member g0/0/11 to g0/0/13
[S3-port-group]port link-type access
[S3-port-group]port default vlan 20
[S3-port-group]quit

[S3]port-group group-member g0/0/14 to g0/0/16
[S3-port-group]port link-type access
[S3-port-group]port default vlan 30
[S3-port-group]quit

[S3]port-group group-member g0/0/17 to g0/0/19
[S3-port-group]port link-type access
[S3-port-group]port default vlan 40
[S3-port-group]quit

[S3]port-group group-member g0/0/20 to g0/0/22
[S3-port-group]port link-type access
[S3-port-group]port default vlan 50
[S3-port-group]quit
```

5. 实现 VLAN 间互通

下面为各 VLAN 配置虚接口 IP。按规划为每个 VLAN 定义自己的虚拟接口地址。各 VLAN 虚接口规划如下。

VLAN 10 虚接口 IP 地址为 10.0.0.126,子网掩码为 255.255.255.128。

VLAN 20 虚接口 IP 地址为 10.0.0.190,子网掩码为 255.255.255.192。

VLAN 30 虚接口 IP 地址为 10.0.0.222,子网掩码为 255.255.255.224。

VLAN 40 虚接口 IP 地址为 10.0.0.238,子网掩码为 255.255.255.240。

VLAN 50 虚接口 IP 地址为 10.0.0.254,子网掩码为 255.255.255.240。

配置命令如下:

```
[S3]interface Vlanif 10
[S3-Vlanif10]ip address 10.0.0.126 255.255.255.128
[S3]interface Vlanif 20
[S3-Vlanif20]ip address 10.0.0.190 255.255.255.192
[S3]interface Vlanif 30
[S3-Vlanif30]ip address 10.0.0.222 255.255.255.224
[S3]interface Vlanif 40
[S3-Vlanif40]ip address 10.0.0.238 255.255.255.240
[S3]interface Vlanif 50
[S3-Vlanif50]ip address 10.0.0.254 255.255.255.240
```

12.4 路由连通

12.4.1 添加静态路由

1. 添加公司外网并接入路由器 R2 的静态路由

(1) 在公司外网并接入路由器 R2 上添加到公司分部的静态路由。下面添加到目的地网段 10.0.1.0/27 的静态路由,下一跳路由器的 IP 地址是 172.16.2.2。

```
[R2]ip route-static 10.0.1.0 255.255.255.224 172.16.2.2
```

(2) 在公司外网接入路由器 R2 上添加到公网路由器 R4 上的默认,路由下一跳地址是 202.0.0.6。

```
[R2]ip route-static 0.0.0.0 0 202.0.0.6
```

2. 添加分部路由器 R3 的默认路由

在分部路由器 R3 上添加到公司外网接入路由器的默认路由,下一跳地址是 172.16.2.1。

```
[R3]ip route-static 0.0.0.0 0 172.16.2.1
```

3. 添加合作伙伴路由器 R5 的默认路由

在合作伙伴路由器 R5 上配置到公网路由器 R4 的默认路由,下一跳地址是 202.0.1.1。

```
[R5]ip route-static 0.0.0.0 0 202.0.1.1
```

12.4.2 配置动态路由

1. R1 的动态路由配置

```
[R1]ospf 1 router-id 1.1.1.1
[R1-ospf-1]area 0
[R1-ospf-1-area-0.0.0.0]network 172.16.0.0 0.0.0.3
[R1-ospf-1-area-0.0.0.0]network 172.16.10.0 0.0.0.3
```

[R1-ospf-1-area-0.0.0.0]network 172.16.1.0 0.0.0.3

2. R2 的动态路由配置

[R2]ospf 1 router-id 2.2.2.2
[R2-ospf-1]area 0
[R2-ospf-1-area-0.0.0.0]network 172.16.1.0 0.0.0.3

3. S3 的动态路由配置

[S3]ospf 1 router-id 3.3.3.3
[S3-ospf-1]area 0
[S3-ospf-1-area-0.0.0.0]network 172.16.0.0 0.0.0.3
[S3-ospf-1-area-0.0.0.0]network 10.0.0.0 0.0.0.127
[S3-ospf-1-area-0.0.0.0]network 10.0.0.128 0.0.0.63
[S3-ospf-1-area-0.0.0.0]network 10.0.0.192 0.0.0.31
[S3-ospf-1-area-0.0.0.0]network 10.0.0.224 0.0.0.15
[S3-ospf-1-area-0.0.0.0]network 10.0.0.240 0.0.0.15
[S3-ospf-1-area-0.0.0.0]network 192.168.100.0 0.0.0.7

4. S2 的动态路由配置

[S2]ospf 1 router-id 4.4.4.4
[S2-ospf-1]area 0
[S2-ospf-1-area-0.0.0.0]network 192.168.100.0 0.0.0.7

5. S1 的动态路由配置

[S1]ospf 1 router-id 5.5.5.5
[S1-ospf-1]area 0
[S1-ospf-1-area-0.0.0.0]network 192.168.100.0 0.0.0.7

6. S4 的动态路由配置

[S4]ospf 1 router-id 6.6.6.6
[S4-ospf-1]area 0
[S4-ospf-1-area-0.0.0.0]network 10.0.0.240 0.0.0.15

7. S5 的动态路由配置

[S5]ospf 1 router-id 7.7.7.7
[S5-ospf-1]area 0
[S5-ospf-1-area-0.0.0.0]network 10.0.0.0 0.0.0.127

8. R5 的动态路由配置

[R5]ospf 1 router-id 8.8.8.8
[R5-ospf-1]area 0
[R5-ospf-1-area-0.0.0.0]network 10.0.2.0 0.0.0.31

9. 重新分配路由

(1) 在路由器 R2 上把到公司分部的静态路由引入到 OSPF。

```
[R2]ospf 1 router-id 2.2.2.2            //进入 OSPF 路由协议模式
[R2-ospf-1]import-route static          //把静态路由引入 OSPF
```

(2) 在路由器 RT2 上把直连路由引入到 OSPF。

```
[R2-ospf-1]import-route direct                            //把直连路由引入 OSPF
```

（3）在路由器 RT2 上把到合作伙伴的默认路由引入到 OSPF。

```
[R2-ospf-1]default-route-advertise always                //把默认路由引入 OSPF
```

12.5　广域网接入

12.5.1　PPP 的 CHAP 验证

为图 12-1 中 R2 和公网路由器 R4 之间添加 PPP 的 CHAP 验证。路由器两端的验证账号为 user01，密码为 admin123。

（1）在接口下封装 PPP。

① R2 在接口下封装 PPP。

```
[R2]interface s1/0/0
[R2-Serial1/0/0]link-protocol ppp
```

② R4 在接口下封装 PPP。

```
[R4]interface s1/0/0
[R4-Serial1/0/0]link-protocol ppp
```

（2）配置 PPP 的 CHAP 验证。

① 在 R4 路由器上配置 CHAP。

```
[R4]aaa
[R4-aaa]local-user user01 password cipher admin123
[R4-aaa]local-user user01 service-type ppp
[R4-aaa]quit
[R4]interface s1/0/0
[R4-Serial1/0/0]ppp authentication-mode chap
[R4-Serial1/0/0]ppp chap user user01
[R4-Serial1/0/0]remote address 202.0.0.1
[R4-Serial1/0/0]quit
```

② 在 R2 路由器上配置 CHAP。

```
[R2-Serial1/0/0]ppp chap user user01
[R2-Serial1/0/0]ppp chap password cipher admin123
[R2-Serial1/0/0]undo ip address
[R2-Serial1/0/0]ip address ppp-negotiate
```

12.5.2　PPP 的 PAP 验证

为图 12-1 中 R4 和 R5 之间添加 PPP 的 PAP 验证，路由器两端的验证账号为 user02，密码为 admin123。

（1）R4 的配置。

```
[R4]aaa
```

```
[R4-aaa]local-user user02 password cipher admin123
[R4-aaa]local-user user02 service-type ppp
[R4-aaa]quit
[R4]interface s1/0/1
[R4-Serial1/0/1]link-protocol ppp                    //接口下封装 PPP
[R4-Serial1/0/1]ppp authentication-mode pap
[R4-Serial1/0/1]remote address 202.0.1.2
[R4-Serial1/0/1]quit
```

（2）R5 的配置。

```
[R5]interface s1/0/1
[R5-Serial1/0/1]link-protocol ppp          //接口下封装 PPP
[R5-Serial1/0/1]ppp pap local-user user02 password cipher admin123
[R5-Serial1/0/1]undo ip address
[R5-Serial1/0/1]ip address ppp-negotiate
```

12.6　网络安全配置

1. 禁止分部访问公司总部的财务部

（1）配置访问控制列表。

```
[R3]acl number 3000
[R3-acl-adv-3000]rule deny ip source 10.0.1.0 0.0.0.31 destination 10.0.0.128 0.0.
0.63      //禁止 10.0.1.0/27 网络访问公司总部的 10.0.0.128/26 网络
[R3-acl-adv-3000]rule permit ip source any destination any
     //允许其他所有的网络访问。此条规矩必须添加,否则所有的数据包都会被此规则丢弃(因为启
     用 ACL 后,系统会默认在所有规则后添加 deny any 规则)
```

（2）将访问控制列表应用到接口上。

```
[R3]interface g0/0/1
[R3-GigabitEthernet0/0/1]traffic-filter outbound acl 3000
     //将访问控制列表应用到 g0/0/1 接口上
```

2. 禁止公司总部的市场部访问分部

（1）配置访问控制列表。

```
[R3]acl number 3001
[R3-acl-adv-3001]rule deny ip source 10.0.0.0 0.0.0.127 destination 10.0.1.0 0.0.
0.31              //禁止公司总部的 10.0.0.0/25 网络访问 10.0.1.0/27 网络
[R3-acl-adv-3001]rule permit ip source any destination any     //允许其他所有的网络访问
```

（2）将访问控制列表应用到接口上。

```
[R3]interface g0/0/1
[R3-GigabitEthernet0/0/1]traffic-filter inbound acl 3001
     //将访问控制列表应用到 F0/1 接口上
```

3. 只允许信息技术部的工作人员通过 Telnet 访问设备

（1）R1 的配置。

```
[R1]acl 3100
[R1-acl-adv-3100]rule permit ip source 10.0.0.240 0.0.0.15 destination any
[R1-acl-adv-3100]rule deny ip source any destination any
[R1-acl-adv-3100]quit
[R1]user-interface vty 0 4
[R1-ui-vty0-4]acl 3100 inbound
[R1-ui-vty0-4]quit
```

（2）R2 的配置。

```
[R2]acl 3100
[R2-acl-adv-3100]rule permit ip source 10.0.0.240 0.0.0.15 destination any
[R2-acl-adv-3100]rule deny ip source any destination any
[R2-acl-adv-3100]quit
[R2]user-interface vty 0 4
[R2-ui-vty0-4]acl 3100 inbound
[R2-ui-vty0-4]quit
```

（3）R3 的配置。

```
[R3]acl 3100
[R3-acl-adv-3100]rule permit ip source 10.0.0.240 0.0.0.15 destination any
[R3-acl-adv-3100]rule deny ip source any destination any
[R3-acl-adv-3100]quit
[R3]user-interface vty 0 4
[R3-ui-vty0-4]acl 3100 inbound
[R3-ui-vty0-4]quit
```

（4）S3 的配置。

```
[S3]acl 3100
[S3-acl-adv-3100]rule permit ip source 10.0.0.240 0.0.0.15 destination any
[S3-acl-adv-3100]rule deny ip source any destination any
[S3-acl-adv-3100]quit
[S3]user-interface vty 0 4
[S3-ui-vty0-4]acl 3100 inbound
[S3-ui-vty0-4]quit
```

（5）S2 的配置。

```
[S2]acl 3100
[S2-acl-adv-3100]rule permit ip source 10.0.0.240 0.0.0.15 destination any
[S2-acl-adv-3100]rule deny ip source any destination any
[S2-acl-adv-3100]quit
[S2]user-interface vty 0 4
[S2-ui-vty0-4]acl 3100 inbound
[S2-ui-vty0-4]quit
```

（6）S1 的配置。

```
[S1]acl 3100
[S1-acl-adv-3100]rule permit ip source 10.0.0.240 0.0.0.15 destination any
[S1-acl-adv-3100]rule deny ip source any destination any
```

```
[S1-acl-adv-3100]quit
[S1]user-interface vty 0 4
[S1-ui-vty0-4]acl 3100 inbound
[S1-ui-vty0-4]quit
```

4. 在 R2 上配置 PAT,使公司总部主机能访问 Internet

(1) 定义全局地址。

```
[R2]nat address-group 1 202.0.0.2 202.0.0.4
```

(2) 定义访问控制列表。

```
[R2]acl number 3010
[R2-acl-adv-3010]rule permit ip source 10.0.0.0 0.0.0.255
[R2-acl-adv-3010]quit
```

(3) 指定外部接口。

```
[R2]interface s1/0/0
[R2-Serial1/0/0]nat outbound 3010 address-group 1
[R2-Serial1/0/0]quit
```

5. 在 R2 上配置 PAT,使公司分部主机能访问 Internet

(1) 定义全局地址。

```
[R2]nat address-group 2 202.0.0.7 202.0.0.10
```

(2) 定义访问控制列表。

```
[R2]acl number 3020
[R2-acl-adv-3020]rule permit ip source 10.0.1.0 0.0.0.31
[R2-acl-adv-3020]quit
```

(3) 指定内部接口。

```
[R2]interface s1/0/0
[R2-Serial1/0/0]nat outbound 3020 address-group 2
[R2-Serial1/0/0]quit
```

6. 在 R2 上配置静态 NAT,将服务器 Server1 发布到 Internet

```
[R2]interface s1/0/0
[R2-Serial1/0/0]nat static global 202.0.0.5 inside 172.16.10.2
//配置静态 NAT,将服务器地址 172.16.10.2 转换为 Internet 地址 202.0.0.5
```

7. 在 R5 上配置 PAT,使合作伙伴能连入 Internet

(1) 定义访问控制列表。

```
[R5]acl number 3010
[R5-acl-adv-3010]rule permit ip source 10.0.2.0 0.0.0.31
[R5-acl-adv-3010]quit
```

(2) 定义外部接口。

```
[R5]interface s1/0/1
```

```
[R5-Serial1/0/1]nat outbound 3010
[R5-Serial1/0/1]quit
```

8. 实现总部的总裁办与分部之间采用安全隧道的方式进行通信

（1）R1 端配置 VPN 参数。

```
[R1]acl number 3200
[R1-acl-adv-3200]rule permit ip source 10.0.0.224 0.0.0.15 destination 10.0.1.0 0.
0.0.31
[R1-acl-adv-3200]quit
[R1]ipsec proposal pro1
[R1-ipsec-proposal-pro1]esp authentication-algorithm sha1
[R1-ipsec-proposal-pro1]quit
[R1]ipsec policy P1 10 manual                              //manual 代表手动配置 SA
[R1-ipsec-policy-manual-P1-10]security acl 3200
[R1-ipsec-policy-manual-P1-10]proposal pro1
[R1-ipsec-policy-manual-P1-10]tunnel remote 172.16.2.2
[R1-ipsec-policy-manual-P1-10]tunnel local 172.16.1.1
[R1-ipsec-policy-manual-P1-10]sa spi outbound esp 54321    //密钥队
[R1-ipsec-policy-manual-P1-10]sa spi inbound esp 12345
[R1-ipsec-policy-manual-P1-10]sa string-key outbound esp cipher vpn123
[R1-ipsec-policy-manual-P1-10]sa string-key inbound esp cipher vpn123
[R1-ipsec-policy-manual-P1-10]quit
[R1]interface g0/0/1
[R1-GigabitEthernet0/0/1]ipsec policy P1
[R1-GigabitEthernet0/0/1]quit
```

（2）R3 端配置 VPN 参数。

```
[R3]acl number 3200
[R3-acl-adv-3200]rule permit ip source 10.0.1.0 0.0.0.31 destination 10.0.0.224 0.
0.0.15
[R3-acl-adv-3200]quit
[R3]ipsec proposal pro1
[R3-ipsec-proposal-pro1]esp authentication-algorithm sha1
[R3-ipsec-proposal-pro1]quit
[R3]ipsec policy P1 10 manual                              //manual 代表手动配置 SA
[R3-ipsec-policy-manual-P1-10]security acl 3200
[R3-ipsec-policy-manual-P1-10]proposal pro1
[R3-ipsec-policy-manual-P1-10]tunnel remote 172.16.1.1
[R3-ipsec-policy-manual-P1-10]tunnel local 172.16.2.2
[R3-ipsec-policy-manual-P1-10]sa spi outbound esp 12345
[R3-ipsec-policy-manual-P1-10]sa spi inbound esp 54321
[R3-ipsec-policy-manual-P1-10]sa string-key outbound esp cipher vpn123
[R3-ipsec-policy-manual-P1-10]sa string-key inbound esp cipher vpn123
[R3-ipsec-policy-manual-P1-10]quit
[R3]interface g0/0/1
[R3-GigabitEthernet0/0/1]ipsec policy P1
[R3-GigabitEthernet0/0/1]quit
```

12.7　无线局域网搭建

要求合作伙伴网络可以实现任意位置的移动办公,所以必须选择无线局域网;其次项目要求网络组建后,无线联入局域网的用户能访问有线网资源,并能访问 Internet,所以可以确定本项目的网络架构为 WLAN 和有线局域网混合的非独立 WLAN。在该结构中,无线接入点与周边的无线终端形成一个星形网络结构,使用无线接入点或无线路由器的 LAN 口与有线网络相连,从而使整个 WLAN 的终端都能访问有线网络的资源,并能访问 Internet。

若无线接入点或无线路由器未进行安全设置,那么所有在它信号覆盖范围内的移动终端设备都可以查找到它的 SSID 值,设置密码为 12345678,可以接入 WLAN 中,这样整个 WLAN 完全暴露在一个没有安全设置的环境下,是非常危险的。因此需要在无线接入点或无线路由器上进行安全设置。图 12-2 所示为 AAA 公司的无线局域网的网络拓扑结构。

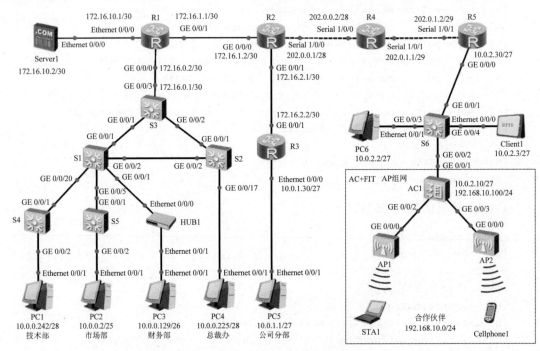

图 12-2　AAA 公司无线局域网的网络拓扑结构

1. 创建 AC VLAN

管理 VLAN 为 VLAN 1,10.0.2.10/27;业务 VLAN 为 VLAN 10,192.168.10.100/24。命令如下:

```
<AC6005>system-view
[AC6005]sysname AC1
[AC1]vlan 1                               //创建 VLAN 1
[AC1-vlan1]vlan 10                        //创建 VLAN 10
[AC1-vlan10]interface vlan 1              //进入 VLAN 1
[AC1-Vlanif1]ip address 10.0.2.10 27      //为 VLAN 1 配置 IP 地址
```

```
[AC1-Vlanif1]interface vlan 10                    //进入 VLAN 10
[AC1-Vlanif10]ip address 192.168.10.100 24        //为 VLAN 10 配置 IP 地址
[AC1-Vlanif10]quit
```

2. 将连接 AP 的口设为 Trunk 接口,在 Trunk 接口上允许所有的 VLAN 通过

```
[AC1]port-group 1                                 //创建一个组
[AC1-port-group-1]group-member g0/0/2 to g0/0/3   //把连接 AC 的接口放到这个组中
[AC1-port-group-1]port link-type trunk            //为这个组中的接口配置 Trunk 链路
[AC1-port-group-1]port trunk allow-pass vlan all  //允许所有的 VLAN 通过
[AC1-port-group-1]quit
```

3. 设置无线终端和 AP 的 DHCP 服务

```
[AC1]dhcp enable                                  //开启 DHCP 功能
[AC1]ip pool vlan_1                               //创建地址池
[AC1-ip-pool-vlan_1]network 10.0.2.0 mask 27      //创建地址的网段
[AC1-ip-pool-vlan_1]gateway-list 10.0.2.10        //地址池的网关
[AC1-ip-pool-vlan_1]int vlan 1
[AC1-Vlanif1]dhcp select global                   //选择 DHCP 全局模式
[AC1]ip pool vlan_10                              //创建地址池
[AC1-ip-pool-vlan_10]network 192.168.10.0 mask 24 //创建地址的网段
[AC1-ip-pool-vlan_10]gateway-list 192.168.10.100  //地址池的网关
[AC1-ip-pool-vlan_10]interface vlan 10
[AC1-Vlanif10]dhcp select global                  //选择 DHCP 全局模式
[AC1-Vlanif10]quit
```

4. 在 AC 上设置 WLAN 并添加相关 AP

```
[AC1]capwap source interface vlan 1
[AC1]wlan                                         //进入 WLAN
[AC1-wlan-view]ap-group name ap-1                 //设置一个 AP 组
[AC1-wlan-ap-group-ap-1]ap-id 1 ap-mac 00E0-FC88-3610
                                                  //设置 AP1 的 ID 号来匹配对应的 MAC
                                                  地址
[AC1-wlan-ap-1]ap-name area1                      //给 AP 设置一个名称
[AC1-wlan-ap-1]ap-group ap-1                      //把此 AP 添加到 AP 组中
[AC1-wlan-ap-1]quit

[AC1-wlan-view]ap-id 2 ap-mac 00E0-FC59-6930      //设置 AP2 的 ID 号
[AC1-wlan-ap-2]ap-name area2
[AC1-wlan-ap-2]ap-group ap-1
[AC1-wlan-ap-2]quit
```

5. 在 AC 上进行模板配置,并下发给 AP

```
[AC1-wlan-view]security-profile name hzhb01
[AC1-wlan-sec-prof-hzhb01]security wpa2 psk pass-phrase 12345678 aes
                                                  //设置安全密码
[AC1-wlan-sec-prof-hzhb01]quit
[AC1-wlan-view]ssid-profile name hzhb01           //配置 SSID 模板的名称
[AC1-wlan-ssid-prof-hzhb01]ssid HZHB             //配置 SSID 的名称
[AC1-wlan-ssid-prof-hzhb01]quit
[AC1-wlan-view]vap-profile name hzhb01            //配置 VAP 模板的名称
[AC1-wlan-vap-prof-hzhb01]security-profile hzhb01 //把安全模板放入 VAP 模板
```

```
[AC1-wlan-vap-prof-hzhb01]ssid-profile hzhb01        //把 SSID 模板放入 VAP 模板
[AC1-wlan-vap-prof-hzhb01]forward-mode tunnel        //设置转发模式
[AC1-wlan-vap-prof-hzhb01]service-vlan vlan-id 10    //设置业务 VLAN 为 VLAN 10
[AC1-wlan-vap-prof-hzhb01]quit
[AC1-wlan-view]ap-group name ap-1
[AC1-wlan-ap-group-ap-1]vap-profile hzhb01 wlan 1 radio all   //将 VAP 模板应用到所
                                                               有射频接口上
```

6. 配置 PAT 使合作伙伴内部主机能访问 Internet

（1）在 AC1 上添加默认路由。

```
[AC1]ip route-static 0.0.0.0 0 10.0.2.30
```

（2）在 R5 上添加静态路由。

```
[R5]ip route-static 192.168.10.0 255.255.255.0 10.0.2.10
```

（3）在 R5 上配置 PAT,使合作伙伴内部主机能访问 Internet。

```
[R5]nat address-group 1 202.0.1.3 202.0.1.6
[R5]acl number 3010
[R5-acl-adv-3010]rule permit ip source 10.0.2.0 0.0.0.31
[R5-acl-adv-3010]rule permit ip source 192.168.10.0 0.0.0.255
[R5-acl-adv-3010]quit
[R2]interface s1/0/1
[R2-Serial1/0/1]nat outbound 3010 address-group 1
[R2-Serial1/0/1]quit
```

第四篇
综 合 实 训

夫运筹策帷幄之中,决胜于千里之外。

——西汉·司马迁《史记·高祖本纪》

（1）网络拓扑设计。根据企业应用的需求，搭建网络拓扑结构，并对企业进行 IP 地址规划和 VLAN 规划。

根据 IP 地址规划原则，本项目企业总部网络中采用 10.0.0.0/16 地址段。企业有 2 个部门和一个服务器群，其网段分别为 10.0.1.0/24、10.0.2.0/24 和 10.0.3.0/24，其相应的 VLAN 划分为 VLAN 10、VLAN 20 和 VLAN 30。设备之间互连的接口地址采用 30 位子网掩码。

IP 地址和 VLAN 规划完成后，网络拓扑结构如图 13-1 所示。

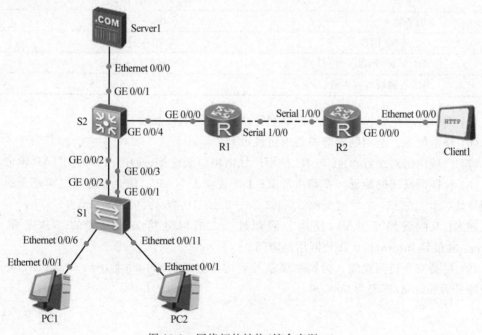

图 13-1　网络拓扑结构（综合实训一）

（2）网络设备基本配置。网络设备基本配置如表 13-1 所示。

（3）VLAN 配置。为了做到各部门二层隔离，需要在交换机上进行 VLAN 划分与端口分配。根据表 13-2 完成 VLAN 配置和端口分配。

表 13-1　网络设备基本配置表(综合实训一)

设备名称	配置主机名
S1	S1
S2	S2
R1	R1
R2	R2

表 13-2　VLAN 配置和端口分配表(综合实训一)

VLAN 编号	VLAN 名称	说　明	端 口 映 射
VLAN 10	scb	市场部	S1 上的 E0/0/6~E0/0/10
VLAN 20	cwb	财务部	S1 上的 E0/0/11~E0/0/20
VLAN 30	fwq	服务器	S2 上的 G0/0/1~G0/0/3

(4) IP 地址规划与配置。规划的结果如表 13-3 所示。

表 13-3　IP 地址规划表(综合实训一)

区　　域	IP 地址段
市场部	10.0.1.0/24
财务部	10.0.2.0/24
服务器	10.0.3.0/28
S2 至 R1 网段	10.0.4.0/30
R1 至 R2 网段	2.2.1.0/28
R2 右侧设备或主机	66.100.10.0/28

(5) 端口汇聚配置。进行端口汇聚配置,增强系统的可靠性。

(6) 路由配置。全网配置静态路由协议。

(7) 广域网链路配置。R1 与 R2 使用广域网串口线连接,使用 PPP 的 CHAP 验证。

(8) 转换网络间的地址。在路由器 R1 上配置动态 NAPT,使企业能通过申请到的一组公网地址(2.2.1.0/28)中的地址池 2.2.1.3/28~2.2.1.10/28 访问 Internet。

在 R1 上配置静态 NAT,使用公网地址 2.2.1.1/28 将公司总部的 WWW 服务器 Server1 发布到 Internet,允许公网用户访问。

(9) 设备安全访问设置。为网络设备开启远程登录(SSH)功能,S1、S2、R1、R2 的远程登录账号为 admin,密码为 000000。

项目 14

综合实训二

（1）网络拓扑设计。根据企业应用的需求，搭建网络拓扑结构，并对企业进行 IP 地址规划和 VLAN 规划。

根据 IP 地址规划原则，本项目企业总部网络中采用 172.16.0.0/16 地址段。企业有 4 个部门和一个服务器群，其网段分别为 172.16.1.0/24、172.16.2.0/24、172.16.3.0/24 和 172.16.4.0/24、172.16.5.0/28，其相应的 VLAN 划分为 VLAN 10、VLAN 20、VLAN 30 和 VLAN 40。设备之间互连的接口地址采用 30 位子网掩码。

IP 地址和 VLAN 规划完成后，网络拓扑结构如图 14-1 所示。

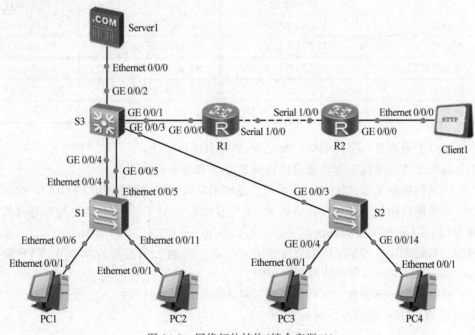

图 14-1 网络拓扑结构(综合实训二)

（2）网络设备基本配置。网络设备基本配置如表 14-1 所示。

（3）VLAN 配置。为了做到各部门二层隔离，需要在交换机上进行 VLAN 划分与端口分配。根据表 14-2 完成 VLAN 配置和端口分配。

表 14-1　网络设备基本配置表（综合实训二）

设备名称	配置主机名
S1	S1
S2	S2
S3	S3
R1	R1
R2	R2

表 14-2　VLAN 配置和端口分配表（综合实训二）

VLAN 编号	VLAN 名称	说　明	端口映射
VLAN 10	scb	市场部	S1 上的 E0/0/6～E0/0/10
VLAN 20	cwb	财务部	S1 上的 E0/0/11～E0/0/20
VLAN 30	rl	人力资源部	S2 上的 G0/0/4～G0/0/13
VLAN 40	bgs	办公室	S2 上的 G0/0/14～G0/0/20

（4）IP 地址规划与配置。规划的结果如表 14-3 所示。

表 14-3　IP 地址规划

区　　域	IP 地址段	区　　域	IP 地址段
市场部	172.16.1.0/24	S2 至 S3 网段	172.16.6.4/30
财务部	172.16.2.0/24	S3 至 R1 网段	172.16.6.0/30
人力资源部	172.16.3.0/24	R1 至 R2 网段	66.6.6.0/29
办公室	172.16.4.0/24	R2 右侧设备或主机	66.6.7.0/29
服务器	172.16.5.0/28		

（5）端口汇聚配置。进行端口汇聚配置，增强系统可靠性。

（6）路由配置。全网配置动态路由协议 RIPv2 和静态路由协议。

（7）广域网链路配置。R1 与 R2 使用广域网串口线连接，使用 PPP 的 CHAP 验证。

（8）转换网络间的地址。在路由器 R1 上配置动态 NAPT，使企业能通过申请到的一组公网地址（66.6.6.0/29）中的地址池 66.6.6.3/29～66.6.6.6/29 访问 Internet。

在 R1 上配置静态 NAT，使用公网地址 66.6.6.1/29 将公司总部的 WWW、FTP 服务器 Server0 发布到 Internet，允许公网用户访问。

（9）设备安全访问设置。为网络设备开启远程登录（SSH）功能，S1、S2、S3、R1、R2 的远程登录账号为 admin，远程登录密码为 000000。

项目 **15**

综合实训三

（1）网络拓扑设计。根据企业应用的需求，搭建网络拓扑结构，并对企业进行 IP 地址规划和 VLAN 规划。

根据 IP 地址规划原则，本项目中企业总部网络中采用 192.168.0.0/16 地址段。企业有 4 个部门和一个服务器群，其网段分别为 192.168.1.0/24、192.168.2.0/24、192.168.3.0/24、192.168.4.0/24 和 192.168.5.0/28，其相应的 VLAN 划分为 VLAN 10、VLAN 20、VLAN 30 和 VLAN 40。设备之间互连的接口地址采用 30 位子网掩码。

IP 地址和 VLAN 规划完成后，网络拓扑结构如图 15-1 所示。

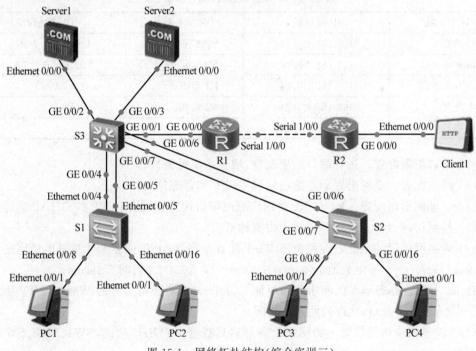

图 15-1　网络拓扑结构（综合实训三）

（2）网络设备基本配置。网络设备基本配置如表 15-1 所示。

（3）VLAN 配置。为了做到各部门二层隔离，需要在交换机上进行 VLAN 划分与端口分配。根据表 15-2 完成 VLAN 配置和端口分配。

表 15-1 网络设备基本配置表(综合实训三)

设备名称	配置主机名
S1	S1
S2	S2
S3	S3
R1	R1
R2	R2

表 15-2 VLAN 配置和端口分配表(综合实训三)

VLAN 编号	VLAN 名称	说 明	端 口 映 射
VLAN 10	scb	市场部	S1 上的 E0/0/8～E0/0/15
VLAN 20	cwb	财务部	S1 上的 G0/0/16～G0/0/24
VLAN 30	rl	人力资源部	S2 上的 G0/0/8～G0/0/15
VLAN 40	bgs	办公室	S2 上的 G0/0/16～G0/0/24
VLAN 50	fwq	服务器	S3 上的 G0/0/2～G0/0/3

(4)IP 地址规划与配置。规划的结果如表 15-3 所示。

表 15-3 IP 地址规划表(综合实训三)

区 域	IP 地址段	区 域	IP 地址段
市场部	192.168.1.0/24	SW2 至 SW3	192.168.6.4/30
财务部	192.168.2.0/24	SW3 至 R1	192.168.6.0/30
人力资源部	192.168.3.0/24	R1 至 R2	77.7.7.0/29
办公室	192.168.4.0/24	R2 右侧	77.7.8.0/28
服务器	192.168.5.0/28		

(5)端口汇聚配置。进行端口汇聚配置,增强系统可靠性。

(6)路由配置。全网配置动态路由协议 OSPF 和静态路由协议。

(7)广域网链路配置。R1 与 R2 使用广域网串口线连接,使用 PPP 的 CHAP 验证。

(8)控制访问。禁止市场部访问人力资源部。

(9)转换网络间的地址。在路由器 R1 上配置动态 NAPT,使企业能通过申请到的一组公网地址(77.7.7.0/29)中的地址池 77.7.7.3/29～77.7.7.6/29 访问 Internet。

在 R1 上配置静态 NAT,使用公网地址 77.7.7.1/29 将公司总部的 WWW、FTP 服务器 Server0 发布到 Internet,允许公网用户访问。

(10)设备安全访问设置。为网络设备开启远程登录(SSH)功能,SW1、SW2、SW3、R1 的远程登录账号为 admin,远程登录密码为 000000。

Windows 自带了一些常用的网络测试命令,可以用于网络的连通性测试、配置参数测试和协议配置、路由跟踪测试等。常用的命令有 ping、tracert、debug 等几种。这些命令有两种执行方式,即通过"开始"菜单打开"运行"窗口直接执行,或在命令提示符下执行。如果要查看它们的帮助信息,可以在命令提示符下直接输入"命令符"或"命令符/?"。

1. ping 命令

ping 命令是在网络中使用最频繁的测试连通性的工具,同时它还可以诊断其他一些故障。ping 命令使用 ICMP 来发送 ICMP 请求数据包,如果目标主机能够收到这个请求,则发回 ICMP 相应。ping 命令便可利用相应数据包记录的信息对每个包的发送和接收时间进行报告,并报告无响应包的百分比,这在确定网络是否正确连接以及网络连接的状况(丢包率)时十分有用。

该命令的使用方法很简单,只需要在 DOS 或 Windows 的"开始"菜单下的"运行"程序中用 ping 命令加上所要测试的目标计算机的 IP 地址或主机名即可(目标计算机要与运行 ping 命令的计算机在同一网络,或通过电话线及其他专线方式连接成一个网络),其他参数可不加。

下面介绍一下 ping 命令中每个参数的含义。

```
ping [-t] [-a] [-n count] [-l length] [-f] [-i ttl] [-v tos] [-r count] [-s count]
[-j computer-list] | [-k computer-list] [-w timeout] destination-list
```

参数说明如下。

-t:ping 指定的计算机,直到连接中断才取消。

-a:将地址解析为计算机名。

-n count:发送 count 指定的 ECHO 数据包数。默认值为 4。

-l length:发送包含由 length 指定的数据量的 ECHO 数据包。默认为 32 字节,最大值是 65527 字节。

-f:在数据包中发送"不要分段"标志,数据包就不会被路由上的网关分段。

-i ttl:将"生存时间"字段设置为 ttl 指定的值。

-v tos:将"服务类型"字段设置为 tos 指定的值。

-r count:在"记录路由"字段中记录传出和返回数据包的路由。count 可以指定最少 1 台、最多 9 台计算机。

-s count：设置 count 指定的跃点数的时间戳。

-j computer-list：利用 computer-list 指定的计算机列表路由数据包。连续排列的计算机可以被中间网关分隔（路由稀疏源）IP 地址允许的最大数量为 9。

-k computer-list：利用 computer-list 指定的计算机列表通过路由发送数据包。连续排列的计算机不能被中间网关分隔（路由严格源）。IP 地址允许的最大数量为 9。

-w timeout：指定超时的间隔，单位为毫秒。

destination-list：指定要 ping 的远程计算机。

例如，要测试一台 IP 地址为 192.168.1.21 的工作站与服务器是否已联网成功，就可以在服务器上运行 ping -a 192.168.1.21。如果工作站上 TCP/IP 工作正常，即会以 DOS 屏幕方式显示如下所示的信息。

```
Ping wlsbtsy[192.168.1.21] with 32 bytes of data:
Reply from 192.168.1.21:bytes=32 time<10ms TTL=254
Reply from 192.168.1.21:bytes=32 time<10ms TTL=254
Reply from 192.168.1.21:bytes=32 time<10ms TTL=254
Reply from 192.168.1.21:bytes=32 time<10ms TTL=254
Ping statisti for 192.168.1.21:
Packets:Sent=4,Received=4,Lost=0 (0%loss),Approximate round trip times in milli
-seconds:
Minimum=0ms,Maximum=0ms,Average=0ms
```

从上面我们就可以看出目标计算机与服务器连接成功，TCP/IP 正常工作，因为加了 -a 这个参数，所以还可以知道 IP 地址为 192.168.1.21 的计算机的 NetBIOS 名为 wlsbtsy。

如果网络未连接成功，则显示如下错误信息。

```
Ping wlsbtsy[192.168.1.21] with 32 bytes of data
Request timed out.
Request timed out.
Request timed out.
Request timed out.
Ping statistics for 192.168.1.21:
Packets:Sent=4,Received=4,Lost\=4 (100%loss),Approximate round trip times in
milli-seconds:
Minimum=0ms,Maximum=0ms,Average=0ms
```

为什么不管网络是否连通，在提示信息中都会有重复 4 次一样的信息呢（如"Reply from 192.168.1.21：bytes＝32 time＜10ms TTL＝254"和"Request timed out"），那是因为一般系统默认每次用 ping 命令测试时是发送 4 个数据包，这些提示就是告诉用户所发送的 4 个数据包的发送情况。

出现以上错误提示情况时，就要仔细分析一下网络故障出现的原因和可能有问题的网络节点了，一般先不要急着检查物理线路，而要从以下几个方面来着手检查：一是看一下被测试计算机是否已安装了 TCP/IP；二是检查一下被测试计算机的网卡是否安装正确且是否已经连通；三是看一下被测试计算机的 TCP/IP 是否与网卡有效地绑定（具体方法是通过选择"开始"→"设置"→"控制面板"→"网络"来查看）；四是检查一下 Windows 服务器的网络功能是否已启动（可通过选择"开启"→"设置"→"控制面板"→"服务"，在出现的对话框中找到 Server 一项,看"状态"下所显示的是否为"已启动")。如果通过以上 4 个步骤的检查还没有发现问题的症结,此时再查物理连接,我们可以借助看目标计算机所连接 HUB 或交换机端口的指示灯状态来判断目标计算机目前网络的连通情况。

2. tracert 命令

tracert 命令的作用是显示源主机与目标主机之间数据包走的路径,可确定数据包在网络上的停止位置,即定位数据包发送路径上出现的网关或者路由器故障。与 ping 命令一样,它也是通过向目标发送不同生存时间(TTL)的 ICMP 数据包,根据接收到的回应数据包的经历信息显示来诊断到达目标的路由是否有问题。数据包所经路径上的每个路由器在转发数据包之前,将数据包上的 TTL 递减 1。当数据包的 TTL 减为 0 时,路由器把"ICMP 已超时"的消息发回源系统。

tracert 命令先发送 TTL 为 1 的回应数据包,并在随后的每次发送过程中将 TTL 递增 1,直到目标响应或 TTL 达到最大值,从而确定路由。通过检查中间路由器发回的"ICMP 已超时"的消息确定路由。某些路由器不经询问直接丢弃 TTL 过期的数据包,这在 tracert 应用程序中看不到。

下面介绍一下 tracert 命令中每个参数的含义。

```
tracert [-d][-h maximum_hops][-j computer-list][-w timeout] target_name
```

参数说明如下。

-d:指定不将地址解析为计算机名。

-h maximum_hops:指定搜索目标的最大跃点数。

-j computer-list:指定沿 computer-list 的稀疏源路由。

-w timeout:每次应答等待 timeout 指定的微秒数。

target_name:目标计算机的名称。

tracert 命令按顺序打印返回"ICMP 已超时"消息的路径中的近端路由器接口列表。如果使用-d 选项,则 tracert 应用程序不在每个 IP 地址上查询 DNS。

在下例中,数据包必须通过两个路由器(10.0.0.1 和 192.168.0.1)才能到达主机 172.16.0.99。主机的默认网关是 10.0.0.1,192.168.0.0 网络上的路由器的 IP 地址是 192.168.0.1。

```
C:\>tracert 172.16.0.99 -d
Tracert route to 172.16.0.99 over a maximum of 30 hops
1 2s 3s 2s 10.0.0.01
2 75 ms 83 ms 88 ms 192.168.0.1
3 73 ms 79 ms 93 ms 172.16.0.99
Trace complete
```

可以使用 tracert 命令确定数据包在网络上的停止位置。下例中,默认网关确定 172.16.10.99 主机没有有效路径。这可能是路由器配置的问题,或者是 172.16.10.0 网络不存在(错误的 IP 地址)。

```
C:\>tracert 172.16.10.99
Tracert route to 172.16.10.99 over a maximum of 30 hops
1 10.0.0.1 reports:Destination net unreachable.
Trace complete.
```

tracert 应用程序对于解决大网络问题非常有用,此时可以采取几条路径到达同一个点。

3. debug 命令

一般来说,对路由器和交换机的故障诊断,只用一个 show 命令是远远不够的,而 debug 命令往往能够帮助我们看清楚背后的故障原因。debug 命令能够告诉我们路由交换设备的全部信息。比如,一条路由是什么时候加入或者从路由表中删除的,ISDN 线路出现故障的原因是什么,一个数据报文是否真得从路由器发出去了,或者指出收到了哪种 ICMP 错误信息。debug 命令能够提供实时(或者叫作动态)信息。动态信息对我们进行故障分析无疑更有用。

使用 debug 命令也有很大的弊端。路由器的工作是转发数据包,而不是监察工作过程和产生调试信息。例如,在路由器中存在数据包的某些问题,所以使用 debug 命令调试 IP 数据包,接着要去查看 RIP 方面的一些事件(events)。现在两个单独的调试报表正在处理和发送到控制台,debug 命令比其他的网络传输具有更高的优先级,所以这些 debug 命令可能危及路由器的性能。debug all 或 debug IP packet detail 这些命令都可以令负载过重的路由器崩溃。但是,如果路由器出了故障,用 debug 命令可以快速准确地拿出一个解决方案,这就是我们为什么要学会用 debug 命令去做故障排除的原因。

下面主要介绍一下如何利用 debug 命令来进行常规的故障诊断。

(1) debug all:表示打开全部调试开关。

由于打开调试开关会产生大量的调试信息,导致系统运行效率降低,甚至可能会引起网络系统瘫痪,因此建议不要使用 debug all 命令。

(2) debugPPP authentication:调试 PPP 验证。

如果出于安全目的在 dialup line 上配置了 PPP authentication,就可以通过用户名和密码来匹配或者阻断数据包的通过。如果不使用 debug ppp authentication 命令,就很难发现问题了。

这是一个路由器上 debug ppp authentication 密码出错的输出:

```
00:32:30: BR0/0:1 CHAP: O CHALLENGE id 13 len 23 from "r2"
00:32:31: BR0/0:1 CHAP: I CHALLENGE id 2 len 23 from "r1"
00:32:31: BR0/0:1 CHAP: O RESPONSE id 2 len 23 from "r2"
00:32:31: BR0/0:1 CHAP: I FAILURE id 2 len 26 msg is "Authentication failure"
```

这是一个路由器上 debug ppp authentication 用户出错的输出:

```
00:47:05: BR0/0:1 CHAP: O CHALLENGE id 25 len 23 from "r2"
00:47:05: BR0/0:1 CHAP: I CHALLENGE id 19 len 23 from "r1"
00:47:05: BR0/0:1 CHAP: O RESPONSE id 19 len 23 from "r2"
00:47:05: BR0/0:1 CHAP: I FAILURE id 19 len 25 msg is "MD/DES compare failed"
```

(3) Debug {topology} packet。例如,debug IP packet 可调试 IP 数据包,debug ip icmp 用于打开或关闭 ICMP 报文调试信息开关,debug frame-relay packet 用于打开帧中继报文调试信息开关。

可以用以上方法对各 OSI 层进行诊断测试,可显示为:

Cisco Certification: Bridges, Routers, and Switches for CCIEs

根据 OSI 模型，无论怎样的网络拓扑结构，都可以用 debug 去查看第二层使用了何种方式的封装（当然要保持接线正常）。假设用了帧中继，但是无法接收到数据包，在确认 link 是启用的情况下，可以使用 debug frame-relay packet，然后可以尝试 ping 远端路由器的接口，就可以获得以下调试信息。

```
01:03:22: Serial0/0:Encaps failed-no map entry link 7(IP)
```

这条信息说明帧中继的 IP 包封装失败了。不仅如此，它同时说明由于没有声明 frame-relay map 而出错。修复之后，则帧中继错误不再存在了，但是包仍有可能通不过，因此，还需要对第三层运用 debug，用 debug IP packet 后会得到：

```
01:06:46: IP: s=1.1.1.2 (local), d=11.11.11.11, len 100, unroutable
```

这就说明在第三层中没有路由可以让传输流通过，然后就可以添加路由彻底解决这个问题了。

还可以根据实际情况尝试以下几种方法进行调试。

- debug atm packet
- debug serial packet
- debug ppp packet
- debug dialer packet
- debug fastethernet packet

（4）debug ip nat：打开对 NAT 的监测，查看 NAT 地址转换的包信息。

（5）Debug crypto（IPSec 和 VPN 功能）。由于 IPSec 和 VPN 范围太大了，同时出现故障的情况会很多，无法一一列举。这里列举几个常用的 IPSec 和 VPN 的 debug 命令。

- debug crypto isakmp
- debug crypto ipsec
- debug crypto engine
- debug IP security
- debug tunnel

另外，debug IP packet 对 IPSec 的诊断也很有帮助。

（6）debug IP routing。当在网络环境中存在路由问题时，比如一条路由加入后很快就被删除，就可以利用 debug IP routing 来测试。

输出结果可能如下：

```
01:30:56: RT: add 111.111.111.111/32 via 12.12.12.11, OSPF metric [110/65]
01:31:13: RT: del 111.111.111.111/32 via 12.12.12.11, OSPF metric [110/65]
01:31:13: RT: delete subnet route to 111.111.111.111/32
01:31:13: RT: delete network route to 111.0.0.0
01:32:56: RT: add 111.111.111.111/32 via 12.12.12.11, OSPF metric [110/65]
01:33:13: RT: del 111.111.111.111/32 via 12.12.12.11, OSPF metric [110/65]
01:33:13: RT: delete subnet route to 111.111.111.111/32
01:33:13: RT: delete network route to 111.0.0.0
```

这说明网络中存在路由环路的问题。另外可能在拨号接口或帧中继接口上的链路马上又关闭了。

(7) debug ip {routing protocol}。路由协议 OSPF、EIGRP、IGRP 和 BGP 等均有自己的很多扩展选项,可以用 debug 诊断问题。例如,debug IP OSPF adjacency 是唯一可以知道你的两条 OSPF 路由之间由于认证类型不匹配而没有形成交互的诊断方式。

以下是输出结果,说明认证类型不匹配。

```
01:39:46: OSPF: Rcv pkt from 12.12.12.11, Serial0/0 : Mismatch Authentication type.
Input packet specified type 0, we use type 2
```

(8) debug IP packet detail ×××(access list number)。可以利用访问列表来查看特定的主机、协议、端口或者网络。当然这不是真正意义上的协议分析工具,但是它是 IOS 集成的一个特性,使用起来方便快捷。下面的例子是一个记录所有通过路由器的 Telnet 包的配置。

```
access-list 101 permit tcp any any eq telnet
debug ip packet detail 101
IP packet debugging is on (detailed) for access list 101
```

① 特权模式下用 debug 命令,可以用 display debug 了解到有哪些调试开关是打开的。

② 调试开关打开,对路由器性能会有相应程度的影响,所以用后要及时关闭调试信息。命令如下:

[Router]undo debug all(按 Ctrl+ D组合键也可以)

参 考 文 献

[1] 杨云,高静. 网络设备配置项目教程(微课版)[M]. 2 版. 北京：清华大学出版社,2020.

[2] 崔升广,杨宇,等. 高级网络互联技术项目教程(微课版)[M]. 北京：人民邮电出版社,2020.

[3] 王达. 华为技术认证——华为路由器学习指导[M]. 2 版. 北京：人民邮电出版社,2019.

[4] 华为技术有限公司. 华为技术认证——HCNP 路由交换实验指南[M]. 北京：人民邮电出版社,2020.

[5] 沈鑫剡,俞海英,等. 路由和交换技术实验及实训——基于华为 eNSP[M]. 2 版. 北京：清华大学出版社,2013.